中等职业学校立体化精品教材·计
Zhongdeng Zhiye Xuexiao Litihua Jingpin Jiaocai ·

计算机图形图像处理——
Photoshop CS3（第2版）

郭万军 李辉 周韫颖 编著

精品系列

人民邮电出版社
北京

图书在版编目（ＣＩＰ）数据

计算机图形图像处理：Photoshop CS3 / 郭万军,
李辉，周韫颖编著. -- 2版. -- 北京：人民邮电出版社,
2011.8（2021.6 重印）
中等职业学校立体化精品教材. 计算机系列
ISBN 978-7-115-23146-8

Ⅰ．①计… Ⅱ．①郭… ②李… ③周… Ⅲ．①图象处
理软件，Photoshop CS3－中等专业学校－教材 Ⅳ.
①TP391.41

中国版本图书馆CIP数据核字（2011）第139472号

内 容 提 要

　　本书以介绍实际工作中常见的平面设计作品的设计方法为主线，重点介绍利用 Photoshop CS3 中文版
进行平面设计的基本方法和图像处理技巧。全书共有 12 个项目，包括软件的基本操作以及宣传单设计、
圣诞插画绘制、房地产宣传折页设计、婚纱照片处理、网站主页设计、报纸广告设计、电影海报设计、
黑白老照片彩色化处理、各种特效制作、户外媒体与包装设计等内容。各项目内容的讲解都以实例操作
为主，全部操作实例都有详尽的操作步骤，突出对学生实际操作能力的培养。

　　本书适合作为中等职业学校"计算机图形图像处理"课程的教材，也可供 Photoshop 初学者自学参考。

◆ 编　著　郭万军　李　辉　周韫颖
　　责任编辑　王　平

◆ 人民邮电出版社出版发行　　北京市丰台区成寿寺路 11 号
　　邮编　100164　　电子邮件　315@ptpress.com.cn
　　网址　http://www.ptpress.com.cn
　　国铁印务有限公司印刷

◆ 开本：787×1092
　　印张：14.75　　　　　　　　　2011 年 8 月第 2 版
　　字数：366 千字　　　　　　　2021 年 6 月北京第 23 次印刷

ISBN 978-7-115-23146-8

定价：28.00 元

读者服务热线：**(010)81055256**　　印装质量热线：**(010)81055316**
反盗版热线：**(010)81055315**

前　言

Photoshop 是 Adobe 公司推出的计算机图形图像处理软件，也是迄今为止适用于 Windows 和 Macintosh 平台的使用面广泛的优秀图像处理软件。它凭借强大的功能，使设计者可以随心所欲地对图像进行自由创作。同时，Photoshop 也是广大网页设计者和三维设计师的得力工具。本书以 Photoshop CS3 中文版为平台，详细介绍利用 Photoshop 进行图形图像处理和创作的流程及方法。

本书以项目为基本单元，由浅入深、循序渐进地介绍图像处理基本知识，以及实际工作中各类平面设计作品的设计方法。除了教学项目外，本书还专门安排了实训，以帮助学生在课堂上即时巩固所学内容。每个项目安排有适量习题，以帮助学生在课后进一步掌握和巩固图像处理与平面设计的基础知识。本书还配有大量的教学资源，包括各项目的原始素材和最终效果、拓展项目、教学课件、相关知识点的动画演示等，提供全新的立体化教学手段。

对于本书，建议总的课时数为 72 课时，教师可根据实际需要进行调整。教师一般可用 28 课时来讲解书上的内容，再配以 44 课时的实训时间，即可较好地完成教学任务。

本书共 12 个项目，每个项目都包含一个相对独立的教学主题和重点，并通过多个"任务"来分解完成，而每一个任务又通过若干重点操作来具体细化。每一个"项目"中包含以下经过特殊设计的结构要素。

❖ 项目分析：分析项目的基本结构和组成以及项目涉及的知识点，从而明确项目的基本制作思路。

❖ 学习目标：罗列项目的主要学习目标，使学生学起来心中有数。

❖ 操作步骤：详细介绍项目的操作过程，并及时提醒学生应注意的问题。

❖ 知识链接：讲解在制作项目实例过程中要用到的工具及属性，使学生在学习和操作过程中能知其然，并知其所以然。

❖ 任务拓展：讲解与任务相关但在任务中没有体现的知识内容。

❖ 实训：为学生准备一个可以在课堂上即时练习的项目，以巩固所学的基本知识。

❖ 小结：在每个项目的后面，对项目所涉及的基本知识点进行简要总结。

❖ 习题：在每个项目的最后都准备了一组习题，用以检验学生的学习效果。

本书适合作为中等职业学校"计算机图形图像处理"课程的教材，也可作为广大平面设计人员和电脑美术设计爱好者的自学参考书。

本书由郭万军、李辉、周韫颖编著，参加本书编写工作的还有沈精虎、黄业清、宋一兵、谭雪松、向先波、冯辉、计晓明、董彩霞、滕玲。由于编者水平有限，书中难免存在疏漏之处，敬请广大读者指正。

编者
2011 年 3 月

目　　录

1

项目一 初识 Photoshop

Photoshop 是由 Adobe 公司推出的图形图像处理软件，其功能强大、操作灵活，自推出之日起就得到了广大专业人士的青睐，被广泛应用于平面广告设计、包装设计、网页设计、数码照片艺术处理等行业。为了让初学者更多地了解这个软件，本项目首先带领读者认识 Photoshop，然后简要介绍如何学好这个软件，最后对 Photoshop CS3 的界面进行详细介绍，为读者学习后续内容打下基础。

学习目标

★ 认识 Photoshop。

★ 了解位图和矢量图的基础知识。

★ 了解 Photoshop 的应用领域。

★ 掌握学好 Photoshop 的有效方法。

★ 掌握 Photoshop 工作界面的各组成部分及功能。

任务一 认识 Photoshop

就像利用画笔和颜料在纸上绘画一样，Photoshop 也是一种将用户想要绘制的图像在计算机上表现出来的工具。它的应用范围非常广，从修复照片到制作精美的相册，从简单的图案绘制到专业的平面设计或网页设计等，利用 Photoshop 可以优质高效地完成这些工作。

根据图像的存储方式不同，图像可以分为位图图像和矢量图。通过 Photoshop 创建的图像为位图图像。这类图像也叫做栅格图像，是由很多个色块（像素）组成的。当对位图图像进行放大且放大到一定的程度后，我们看到的将是一个个色块，如图 1-1 所示。

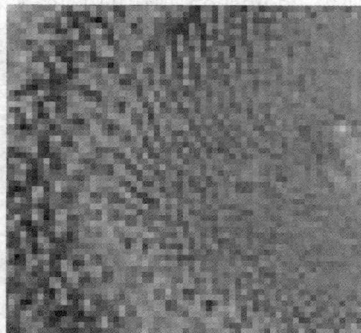

（a）100%显示的位图图像效果　　　　（b）放大显示的位图图像效果

图1-1　位图放大前后的对比效果

通过 Illustrator、PageMaker、FreeHand、CorelDRAW 等绘图软件创建的图形都是矢量图，这类图是由线条和图块组成的，又称为向量图形。当对矢量图进行放大时，无论放大多少倍，图形仍能保持原来的清晰度，且色彩不失真，如图 1-2 所示。

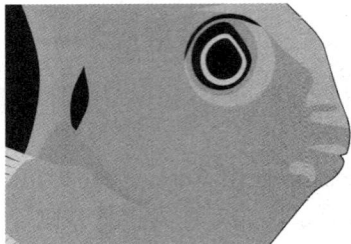

（a）矢量图形原图 　　　　　　　　　　　　　（b）放大显示的矢量图效果

图1-2　矢量图放大前后的对比效果

Photoshop 的应用领域主要有平面广告设计、产品包装设计、网页设计、CIS 企业形象设计、室内外建筑装潢效果图绘制、工业造型设计、家纺设计及印刷制版等。

❖　平面广告设计行业包括招贴设计、POP 设计、各种室内和室外媒体设计、DM 广告设计、杂志设计等。

❖　包装设计行业包括食品包装、化妆品包装、礼品包装、书籍装帧等。

❖　网页设计行业包括界面设计、动画素材的处理等。

❖　CIS 企业形象设计行业包括标志设计、服装设计、各种标牌设计等。

❖　装潢设计行业包括各种室内外效果图的后期处理等。通过 Photoshop 对效果图进行后期处理，可以使单调乏味的建筑场景产生真实、细腻的效果。

通过 Photoshop，设计师可以快速地绘制出设计方案，并创造出很多只有用计算机才能表现的设计效果，Photoshop 不失为设计师的得力助手。

任务二　案例赏析

在学习 Photoshop 之前，首先来看一些利用该软件制作的各种平面设计作品。通过案例赏析，读者可以了解学习 Photoshop 的目的及需要掌握的知识和技能。

（1）利用 Photoshop 制作的网页效果如图 1-3 所示。

图1-3　网页效果

（2）将已有的图片素材进行整合设计的宣传单和招贴效果如图 1-4 所示。

图1-4　宣传单和招贴效果

（3）利用 Photoshop 绘制的几何体、国画、实物及卡通效果如图 1-5 所示。

图1-5　几何体、国画、实物及卡通效果

（4）利用 Photoshop 对普通的老照片进行翻新处理或进行个性色调调整后的效果如图 1-6 所示。

图1-6　对老照片翻新处理或进行色调调整后的效果

（5）利用 Photoshop 合成数码照片及相册版面设计效果如图 1-7 所示。

图1-7　合成数码照片及设计的相册版面效果

（6）结合【滤镜】命令制作的各种特效如图 1-8 所示。

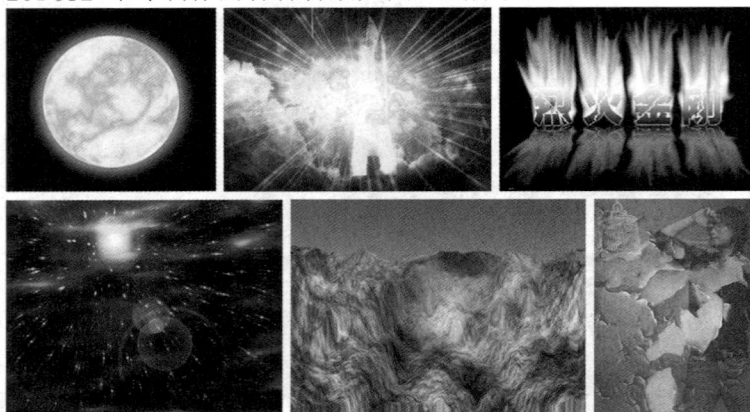

图1-8　结合【滤镜】命令制作的各种特效

（7）利用 Photoshop 设计的各类广告及包装效果如图 1-9 所示。

图1-9　各类广告及包装效果

任务三　如何学好 Photoshop

在学习 Photoshop 的最初阶段，读者无须深入研究其工作原理，只需了解它能做什么即可。另外，本书不是以依次介绍工具和菜单命令的方式讲解 Photoshop 的功能，而是结合实际操作来认识各种 Photoshop 工具及菜单命令，并逐步熟悉它们，在掌握了简单的工具和菜单命令后，就可以制作出相应的作品了。

1. 学习 Photoshop 的捷径

笔者通过多年从事平面设计工作及培训学员的经验，总结出以下学习 Photoshop 的有效方法，此方法对学习其他平面设计软件同样有效，读者不妨借鉴一下。

（1）初步认识阶段

在这个阶段，读者可以根据教材中对工具按钮和菜单命令的介绍，对要学习的内容做一个全面的了解，即初步认识工具箱中的工具按钮，熟悉常用的菜单命令且能够简单地应用即可。这一阶段主要是对概念的理解，达到由"门外汉"到能够"简单认识"的程度。

（2）动手操作阶段

在这个阶段，读者可以根据教材中给出的实例逐步学习实例的制作。在学习过程中，读者要注意每一种效果所用的工具和命令，且要记住它们的使用方法。做完一个实例后，若能够根据理解再做出类似的作品来，更有利于巩固记忆。学习完全部实例制作后，可以把书抛开，然后根据学习的印象再把书中的作品自己动手制作一遍，如果能够制作出来，说明已经掌握了 Photoshop 的要领，对于学习后面技巧性的操作也就非常容易了。这一阶段是动手操作、机械地模仿，达到学与练的学习目的。

（3）巩固掌握阶段

完成教材中的实例制作后，再把基础命令认真仔细地学习一遍，这时一定要边学习边思考，且展开想象去理解每一个工具按钮和菜单命令的作用。这一阶段的学习目的是全面掌握和理解 Photoshop 各工具按钮和菜单命令的含义及使用方法。

（4）临摹和创意阶段

在这个阶段，读者完全有能力将所看到的简单效果利用 Photoshop 制作出来。本阶段一定要多找一些可以临摹的作品进行模仿制作，只有做大量的练习才能够将工具按钮和菜单命令牢固掌握，从而达到灵活运用的目的。对于一些没有学到的效果，可以找一些实例制作方面的参考资料进行学习，这个时候就不再是机械地模仿制作了，而是技巧性地操作学习。当读者能够熟练地制作出一些特殊的效果后，可以尝试着做一些自己创意的作品，比如给某个公司设计一个标志、设计一套产品包装、设计各式各样的广告宣传作品等。

以上是一套行之有效的学习方法，相信读者只要认真学习和领悟，一定能够在最短的时间内掌握和应用好 Photoshop。

2. 学习本书的思路

本书的每个项目由多个任务来完成。涉及的项目也是由浅入深地给出，而且每个项目都综合了几个知识点，随着项目的加深，知识点也随之加深，待读者将书中的实例制作完成后，相应地，书中的工具和菜单命令等知识点也就学完了。

每个项目的具体安排如下。

❖ 首先给出项目简介，即说明要制作什么样的范例；然后对这个范例进行分析，即通过几个任务来完成；再进行简要的知识点总结，即通过学习这个范例后能掌握哪些知识。此阶段为初步认识阶段。

❖ 之后便开始进行实际的制作，即跟随书中的步骤一步步进行范例操作。此阶段为动手操作阶段。

重要提示
> 在进行实际操作的同时，为了让读者更好地了解每一步操作，本书还设有要点提示、知识链接和任务拓展小栏目，以帮助读者更深刻地掌握所学的内容。

❖ 在项目完成后都设有项目实训，即提出实训要求并给出简要的操作步骤提示，让读者自己动手完成最终的作品。此阶段为巩固掌握阶段。

❖ 在每个项目后都设有习题，如果读者达到了测试要求，便可以顺利地进入下一个项目的学习；如果仍存在一些问题，可以打开本书精心准备的教学辅助资料，以观看更加形象的模拟制作过程。此阶段为临摹和创意阶段。

对于本书，建议读者从前向后循序渐进地学习，以掌握更全面的工具和知识点。另外需要说明的是，为了让读者尽快掌握和熟练记忆 Photoshop 知识点及快捷键，本书在介绍教学范例的操作过程时运用了菜单命令和快捷方式结合的方法。这样可以让读者将命令和快捷方式同时掌握，以便在实际工作过程中提高效率。通过本书的学习，读者能在熟练使用 Photoshop 的基础上，用更简捷的方式进行作品的创作。

任务四　熟悉 Photoshop CS3 工作界面

通过前面对软件的介绍，想必读者已经迫不及待地想使用 Photoshop 大展身手了。下面将带领读者为原照片更换一个新的背景，借此领略 Photoshop 的神奇魅力。然后简单介绍 Photoshop 的界面，让读者对各部分名称及功能有一个初步的了解，以便在今后学习时知道讲的是哪一部分内容及要在哪些地方下功夫。

【设计目标】
初步了解 Photoshop 基本设计工具的用法。

【设计效果】
本例用到的素材及给原照片更换背景后的效果如图 1-10 所示。

图1-10　用到的素材图片及处理后的效果

【设计思路】

❖ 打开需要合成的图片。

❖ 将人物图片移动到新的场景中，调整至合适的大小后进行合成。

【操作步骤】

（1）选择菜单栏中的【文件】/【打开】命令，在弹出的【打开】对话框中框选素材文件夹中的"公园.jpg"和"人物.jpg"文件，然后单击 打开(O) 按钮，打开的图像文件如图 1-11 所示。

图1-11 打开的图像文件

（2）单击工具箱中的 按钮，将鼠标指针移动到打开的"人物.jpg"文件中按下鼠标左键并向"公园.jpg"文件中拖曳，状态如图 1-12 所示。

（3）释放鼠标后，即可将人物图像移动复制到"公园.jpg"文件中，如图 1-13 所示。

图1-12 移动复制图片时的状态

图1-13 复制的人物

（4）选择菜单栏中的【编辑】/【自由变换】命令，然后单击属性栏中的 按钮，并将【W】选项（或【H】选项）的参数设置为"68%"，对图像进行缩小调整，再单击右侧的 按钮，确认图片的等比例缩小操作。

下面利用 ![]工具和 ![]工具将人物图片中的原背景图像去除。

（5）单击工具箱中的 ![]按钮，将鼠标指针移动到如图 1-14 所示的位置单击，创建的选区如图 1-15 所示。

（6）按 Delete 键删除选区内的图像，效果如图 1-16 所示。

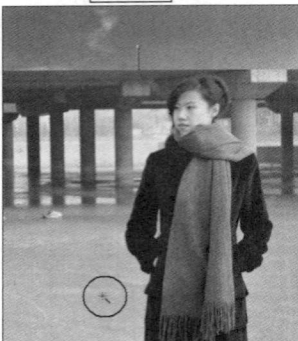

图1-14　鼠标指针放置的位置　　　　图1-15　创建的选区　　　　图1-16　删除图像后的效果

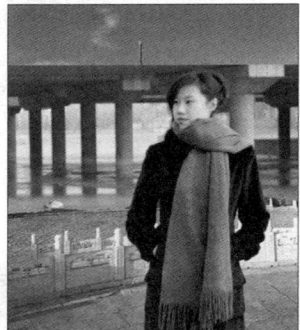

（7）将鼠标指针移动到人物右侧的灰色区域单击，创建选区并将选区内的图像删除，效果如图 1-17 所示。

（8）用与步骤（7）相同的方法，将人物胳膊处的灰色区域去除，然后按 Ctrl + D 组合键去除选区，效果如图 1-18 所示。

（9）单击工具箱中的 ![]按钮，然后单击属性栏中【画笔】选项右侧的 · 按钮，在弹出的【画笔选项】面板中设置参数如图 1-19 所示。

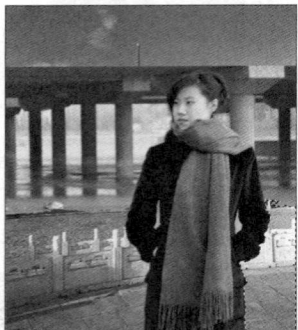

图1-17　删除图像后的效果　　　　图1-18　删除灰色背景后的效果　　　　图1-19　【画笔选项】面板

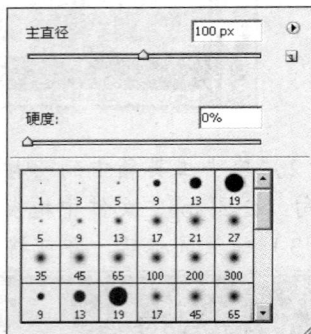

（10）将鼠标指针移动到画面的左上角按住鼠标左键并拖曳，即可擦除原图背景，如图 1-20 所示。

（11）用与步骤（10）相同的方法，沿人物图像的左、右两侧依次拖曳鼠标，将背景擦除，效果如图 1-21 所示。

（12）再次单击 ![]按钮，在【画笔选项】面板中设置参数如图 1-22 所示。即将画笔笔头改小，将画笔的【硬度】值设置得更大一些，以便擦除清晰的边缘轮廓。

（13）将鼠标指针移动到人物背景的其他位置依次拖曳鼠标，将剩余的背景擦除，最终效果如图 1-23 所示。

图1-20　擦除图像状态

图1-21 擦除背景后的效果　　　图1-22 【画笔选项】面板　　　图1-23 擦除背景后的效果

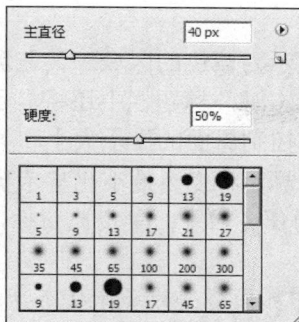

画面中显示的人物背景已经完全擦除，但有一部分背景处于隐藏状态，此时利用 工具向右移动人物图像，即可将这部分背景显示，下面来除去这部分背景。

（14）选择菜单栏中的【选择】/【全部】命令将图像选取，然后选择【图像】/【裁剪】命令，将超出文件的图像全部裁剪掉。

> **重要提示**　利用【选择】/【全部】命令生成的选区，是以"背景"层中图像的大小为标准进行全选。

（15）选择菜单栏中的【文件】/【存储为】命令，将合成的图像命名为"合成图像.psd"另存。

【任务小结】

Photoshop CS3 的工作界面如图 1-24 所示，下面对 Photoshop CS3 的设计工具总结。

图1-24 Photoshop CS3 的工作界面

Photoshop CS3 界面按其功能可分为标题栏、菜单栏、工具箱、属性栏、控制面板、停放折叠为图标的面板、图像窗口、状态栏、工作区等几部分，如果想要灵活自如地进行图形操作就必须熟练掌握各组成部分的基本名称和功能，下面来具体介绍。

1. 标题栏

标题栏位于界面的最上方，显示为蓝色的区域。其左侧显示的是软件图标和名称，当工作区中的图像窗口显示为最大化状态时，标题栏中还将显示当前被编辑文档的名称。标题栏右侧有 3 个按钮 ▬ ▣ ✕，主要用于控制界面的显示大小和关闭。

❖ 单击【最小化】按钮 ▬，工作界面将变为最小化显示状态，此时将以 `Ps Adobe Photoshop CS3...` 图标的形式显示在 Windows 桌面的任务栏中；单击此图标，可使工作界面还原为最小化显示前的状态。

❖ 单击【还原】按钮 ▣，工作界面将变为还原状态，此时 ▣ 按钮将变为【最大化】按钮 ▢，单击 ▢ 按钮，可以将还原后的工作界面最大化显示。

> **重要提示**　无论工作界面是以最大化显示还是还原显示，只要在标题栏中双击鼠标就可以在最大化和还原状态之间切换。当工作界面处于还原状态时，在标题栏中按住鼠标左键并拖曳，可以将工作界面移动到任意位置；将鼠标指针放置在工作界面的任意边缘，待指针显示为双向箭头时按住鼠标左键并拖曳，可将工作界面调整至任意大小。

❖ 单击【关闭】按钮 ✕ 或选择菜单栏中的【文件】/【退出】命令（快捷键为 Ctrl+Q），可以关闭当前工作界面，退出 Photoshop CS3。

2. 菜单栏

菜单栏位于标题栏的下方，包括【文件】、【编辑】、【图像】、【图层】、【选择】、【滤镜】、【分析】、【视图】、【窗口】和【帮助】10 个菜单。单击任意一个菜单，将会弹出相应的下拉菜单，其中又包含若干个子命令，选择任意一个子命令即可实现相应的命令操作。

❖ 在下拉菜单中，有些命令后面有英文字母组合，这样的字母组合叫做快捷键，即不用打开下拉菜单，直接按键盘上的快捷键就可以选择相应的命令。例如，【文件】/【新建】命令的后面有 "Ctrl+N"，这表示不用打开【文件】菜单，直接按 Ctrl+N 组合键就可以选择【新建】命令。

❖ 在下拉菜单中有些命令的后面有省略号，表示选择此命令可以弹出相应的对话框。有些命令的后面有向右的三角形，表示此命令还有下一级子菜单。

❖ 另外，下拉菜单中的命令除了显示黑色外，还有一部分显示为灰色，此部分命令表示暂时不可用，只有在满足一定的条件之后方可执行。

3. 工具箱

工具箱默认位于界面的左侧，包含 Photoshop CS3 的各种图形绘制和图像处理工具，如对图像进行选择、移动、绘制、编辑和查看的工具，在图像中输入文字的工具，更改前景色和背景色的工具，不同编辑模式工具等。另外，将鼠标指针放置在工具箱上方的蓝色区域内，按住鼠标左键并拖曳即可移动工具箱的位置。单击工具箱中最上方的 ▸▸ 或 ◂◂ 按钮，可以将工具箱转换为双列或单列显示。

将鼠标指针移动到工具箱中的任一按钮上时，该按钮将凸出显示，如果鼠标指针在工具按钮上停留一段时间，鼠标指针的右下角会显示该工具的名称。单击工具箱中的任意一个工具按钮可将其选择。另外，绝大多数工具按钮的右下角带有黑色的小三角形，表示该工具还隐藏有其他同类工具，将鼠标指针放置在这样的按钮上按下鼠标左键不放或单击鼠标右键，即可将隐藏的工具显示出来。

将鼠标指针移动到弹出工具组中的任意一个工具上单击，可将该工具选择。工具箱以及隐藏的工具按钮如图 1-25 所示。

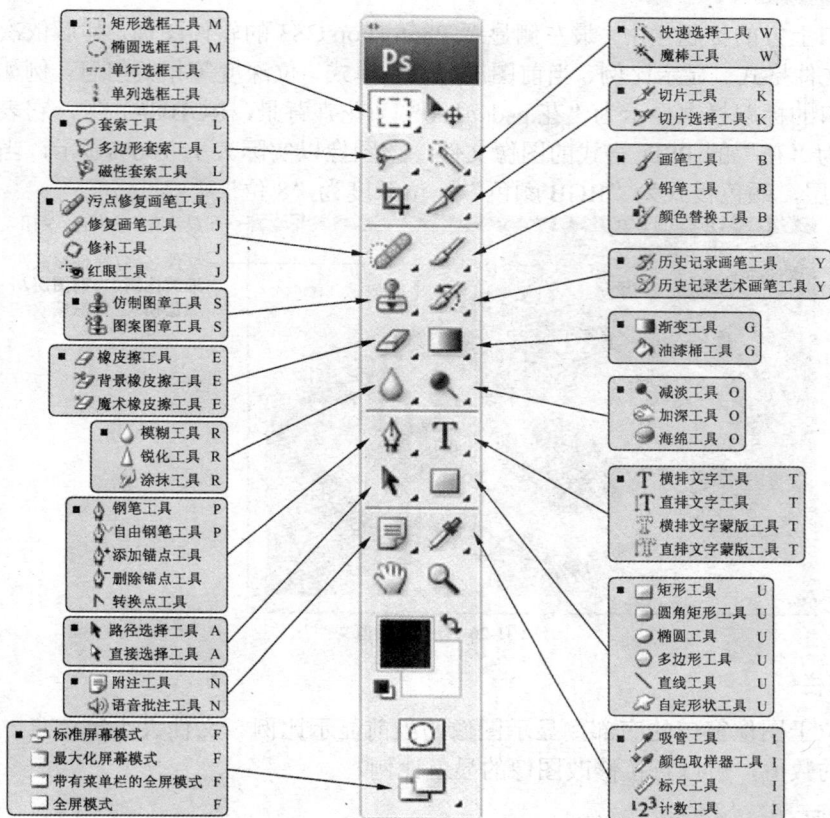

图1-25 工具箱及隐藏的工具按钮

4. 属性栏

　　属性栏位于菜单栏的下方，用于显示工具箱中当前被选择按钮的参数和选项设置。在工具箱中选择不同的按钮，属性栏中显示的选项和参数也各不相同。例如，单击工具箱中的【横排文字】按钮 T 后，属性栏中就只显示与文本有关的选项及参数；在画面中输入文字后，单击【移动】按钮 ⊕ 来调整文字的位置，属性栏中将更新显示为与移动工具有关的选项及参数。

　　将鼠标指针放置在属性栏左侧的灰色区域按住鼠标左键并拖曳，可以将属性栏拖曳至界面的任意位置。

5. 控制面板

　　控制面板默认位于界面的右侧，在 Photoshop CS3 中共提供了 21 种控制面板。利用这些控制面板可以对当前图像的色彩、大小显示、样式以及相关的操作等进行设置和控制。

　　将鼠标指针移动到任意一个组控制面板上方的灰色区域内，按住鼠标左键并拖曳，可以将其移动至界面的任意位置。反复按 Shift+Tab 组合键可以将工作区中的所有控制面板显示或隐藏。

6. 图像窗口

　　图像窗口是表现和创作 Photoshop 作品的主要区域，图形的绘制和图像的处理都是在该区域内进行。Photoshop CS3 允许同时打开多个图像窗口，每创建或打开一个图像文件，工作区中就会增加一个图像窗口。

图像窗口上方的标题栏中，最左侧显示 Photoshop CS3 的软件图标，其后依次显示图像文件的名称、文件格式、显示比例、当前图层、颜色模式、位深度等相关信息。例如，在图 1-26 中，图像窗口的标题栏中显示为"花.psd@100%（花卉背景，RGB/8#）"，它表示当前打开的是一个名为"花"的 PSD 格式的图像文件，该图像以实际大小 100%显示，当前工作层为"花卉背景"层，颜色模式为"RGB 颜色"，位深度为"8 位"。

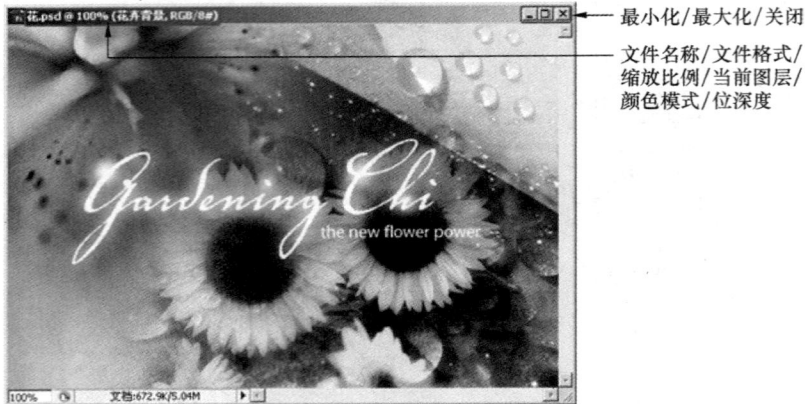

图1-26 打开的图像文件

7. 状态栏

状态栏位于图像窗口的底部，显示图像的当前显示比例、文件大小等信息。在比例窗口中输入相应的数值，可以直接修改图像的显示比例。

8. 工作区

工作区是指工作界面中的大片灰色区域，工具箱、图像窗口和各种控制面板都处于工作区内。为了获得较大的空间显示图像，可按 Tab 键将工具箱、属性栏和控制面板同时隐藏；再次按 Tab 键可以使它们重新显示出来。

小结

本项目主要介绍了 Photoshop 的用途、学好该软件的方法及 Photoshop CS3 的操作界面。通过本项目的学习及一些典型的广告设计作品展示，希望读者对 Photoshop 有一个总体的认识并且能了解其工作界面中各部分的功能及作用，为后续内容的学习打下基础。

习题

一、简答题

1. 简述位图和矢量图及它们之间的区别。
2. 简述 Photoshop CS3 工作界面的组成部分及功能。

二、　操作题

1. 仿照本项目中的实例将人物合成到另一幅场景画面中，原素材及合成后的效果如图 1-27 所示。

图1-27　原素材及合成后的效果

2. 尝试将现实生活中的照片进行合成，如果遇到问题就记录下来，在以后的学习中找到解决的方法。

项目二　Photoshop 基本操作

本项目主要介绍利用 Photoshop 进行工作的流程，包括文件的基本操作、颜色设置、图层的基本概念与应用、标尺和参考线设置及置入图像进行合成等。通过本项目的学习，读者可以了解利用 Photoshop 进行工作的流程，掌握文件的新建、打开和保存方法，并对图层有一个理性的认识。

学习目标

★　掌握文件的各种操作，如新建、打开、保存或另存文件等。

★　了解分辨率、像素及各种颜色模式。

★　掌握颜色的设置方法。

★　掌握图层的概念、原理、作用及使用方法。

★　熟悉参考线及标尺的使用方法。

★　掌握【置入】命令的使用方法。

★　了解色彩知识。

任务一　文件的基本操作

本任务主要介绍新建文件、设置颜色、保存文件、打开文件、为图像文件填充图案及另存文件的方法。通过本任务的学习，读者可以学会文件的各种基本操作。

操作一　新建文件修改背景颜色后保存

下面主要介绍【文件】/【新建】命令和【文件】/【存储】命令的使用。

【操作步骤】

（1）启动 Photoshop CS3 中文版。选择菜单栏中的【文件】/【新建】命令，弹出【新建】对话框如图 2-1 所示。

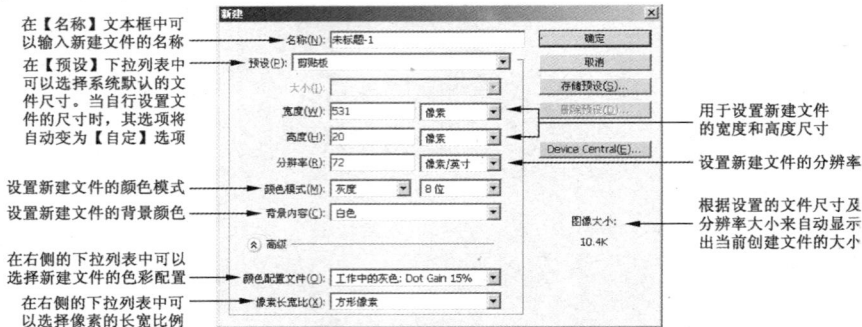

在【名称】文本框中可以输入新建文件的名称

在【预设】下拉列表中可以选择系统默认的文件尺寸。当自行设置文件的尺寸时，其选项将自动变为【自定】选项

设置新建文件的颜色模式

设置新建文件的背景颜色

在右侧的下拉列表中可以选择新建文件的色彩配置

在右侧的下拉列表中可以选择像素的长宽比例

用于设置新建文件的宽度和高度尺寸

设置新建文件的分辨率

根据设置的文件尺寸及分辨率大小来自动显示出当前创建文件的大小

图2-1　【新建】对话框

重要提示

打开【新建】文件对话框有以下 3 种方法：① 选择菜单栏中的【文件】/【新建】命令；② 按 Ctrl+N 组合键；③ 按住 Ctrl 键在工作区中双击鼠标左键。

知识链接

❖ 像素：像素（Pixel）是构成图像的最小单位，位图中的每一个色块就是一个像素，且每一个像素只显示一种颜色。

❖ 分辨率：分辨率（Resolution）是指单位面积内图像所包含像素的数目。分辨率的高低直接影响图像的效果，使用太低的分辨率会导致图像粗糙，在排版打印时图片会变得非常模糊；而使用较高的分辨率则会增加文件的大小，并降低图像的打印速度。

❖ 颜色模式：颜色模式是指同一属性下不同颜色的集合，它使用户在使用各种颜色进行显示、印刷、打印时不必重新调配颜色而直接进行转换和应用。常用的颜色模式主要有 RGB 颜色、CMYK 颜色、Lab 颜色、位图、灰度和索引模式。

（2）将鼠标指针放置在【名称】文本框中自右向左拖曳，将其中的文字反白显示，然后输入"新建文件练习"文本。

（3）单击【宽度】下拉列表框右侧的▼按钮，在弹出的下拉列表中选择"厘米"选项，然后将【宽度】和【高度】文本框中的数值依次设置为反白显示状态，并分别输入数字"10"和"8"。

（4）将【分辨率】值设置为"200"，然后单击【颜色模式】下拉列表框右侧的▼按钮，在弹出的下拉列表中选择"RGB 颜色"选项，设置各选项及参数后的【新建】对话框如图 2-2 所示。

（5）单击 确定 按钮，即可按照设置的选项及参数创建一个新的文件，如图 2-3 所示。

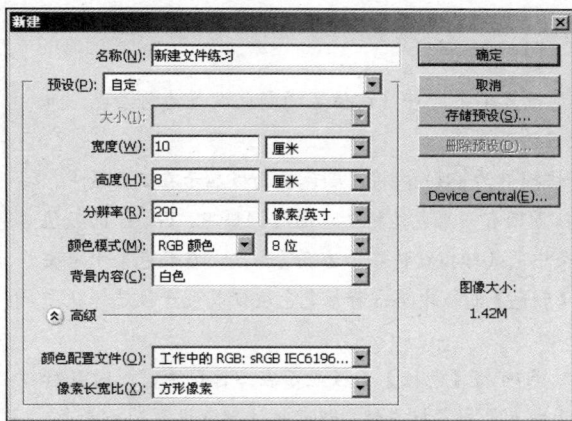

图2-2　【新建】对话框参数设置

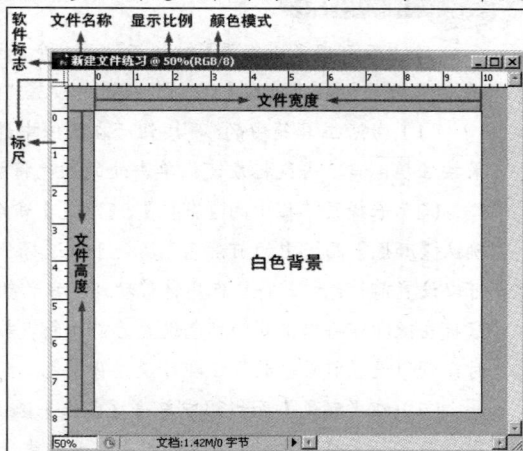

图2-3　创建出的新文件

下面为新建的文件设置另一种背景颜色。

（6）单击工具箱中如图 2-4 所示的前景色，弹出【拾色器】对话框。

（7）在【拾色器】对话框右侧的参数设置区中选择一组颜色模式并设置相应的参数值，即可改变当前前景色的颜色，如图 2-5 所示。

图2-4　前景色和背景色设置窗口

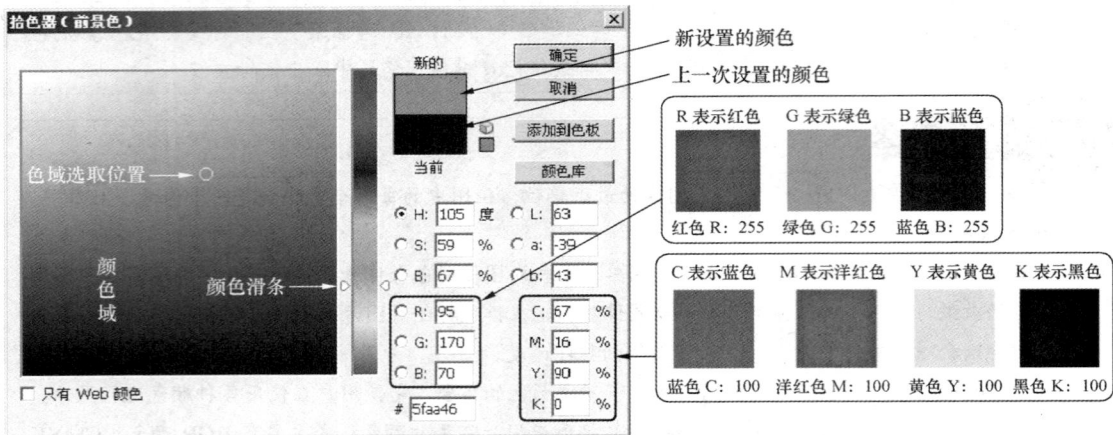

图2-5 【拾色器】对话框

重要提示

在设置颜色时，如最终作品用于彩色印刷，通常选择 CMYK 颜色模式设置颜色，即通过设置 C（蓝）、M（洋红）、Y（黄）和 K（黑）4 种颜色值来设置颜色；如最终作品用于网络，即在计算机屏幕上观看，通常选择 RGB 颜色模式，即通过设置 R（红）、G（绿）、B（蓝）3 种颜色值来设置颜色。

（8）单击 _____确定_____ 按钮，关闭【拾色器】对话框，此时工具箱中的前景色即显示为已设置的颜色。

知识链接

除上面利用【拾色器】对话框设置颜色的方法外，还可利用工具箱中的【吸管】按钮 及【颜色】控制面板和【色板】控制面板进行设置。

（1）激活工具箱中的 按钮后在图像中的任意位置单击，可将该位置的颜色设置为前景色；如果按住 Alt 键单击鼠标左键，单击处的颜色将被设置为背景色。

（2）选择菜单栏中的【窗口】/【颜色】命令（快捷键为 F6），将【颜色】面板显示在工作区中。确认【颜色】面板中的前景色色块处于被选择状态（周围有一黑色边框），通过调整 R、G、B 的数值可以设置前景色；若将鼠标指针移动到下方的颜色条中，鼠标指针将显示为吸管形态，在颜色条中单击鼠标左键即可将单击处的颜色设置为前景色。当在【颜色】面板中单击背景色色块使其处于被选择状态时，利用设置前景色的方法即可设置背景色。

（3）在【颜色】面板组中单击【色板】选项卡，即可将【色板】面板显示在工作区中，此时鼠标指针将显示为吸管形状。在【色板】面板中某一颜色块上单击鼠标左键，即可将该颜色设置为前景色；如按住 Ctrl 键单击某颜色块，可将该颜色设置为背景色。

设置完颜色后，下面将设置的颜色填充到图像文件中。

（9）选择菜单栏中的【编辑】/【填充】命令（快捷键为 Shift+F5），弹出如图 2-6 所示的【填充】对话框。

确认在当前画面或
选择区域中填充颜
色还是填充图案

勾选此选项，将锁定当前
层的透明区域，即在对画
面或选择区域进行填充颜
色或图案时，只能在不透
明区域内进行填充

在右侧的下拉列表中可选择填充颜
色或图案与其画面之间的混合形式
在右侧的文本框中设置不同的数值可
以设置填充颜色或图案的不透明度。
此数值越小填充的颜色或图案越透明

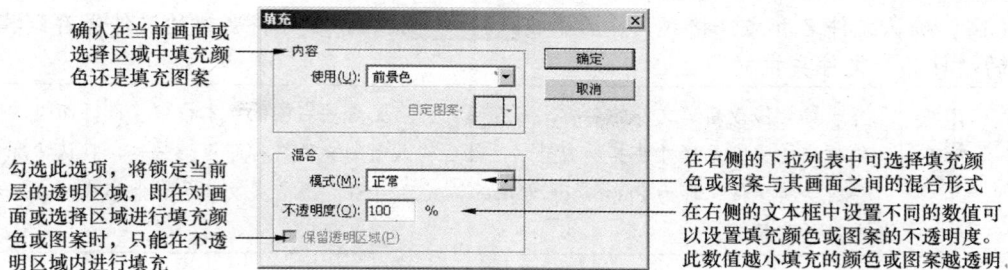

图2-6 【填充】对话框

知识链接

除上面利用【填充】命令为图像文件填充颜色外，还可利用 按钮或快捷键的方式填充颜色。

（1）在工具箱中的【渐变】按钮 上按住鼠标左键不放，在弹出的隐藏工具组中选择【油漆桶】
按钮 ，然后将鼠标指针移动到图像文件中单击，即可将设置的颜色填充到当前图像文件中。

（2）按 Alt+Delete 组合键可以为选区或画面填充前景色；按 Ctrl+Delete 组合键可以为选区或画
面填充背景色；按 Alt+Shift+Delete 组合键可以为画面或选区内的不透明区域填充前景色，而透明区
域仍保持透明；按 Ctrl+Shift+Delete 组合键可以为画面的不透明区域填充背景色。

（10）单击 确定 按钮，即可将设置的前景色填充到当前图像文件中。

至此，新建文件并为其更换背景颜色的操作就完成了，下面将此文件进行保存。

（11）选择菜单栏中的【文件】/【存储】命令（快捷键为 Ctrl+S），弹出【存储为】对话
框，如图 2-7 所示。

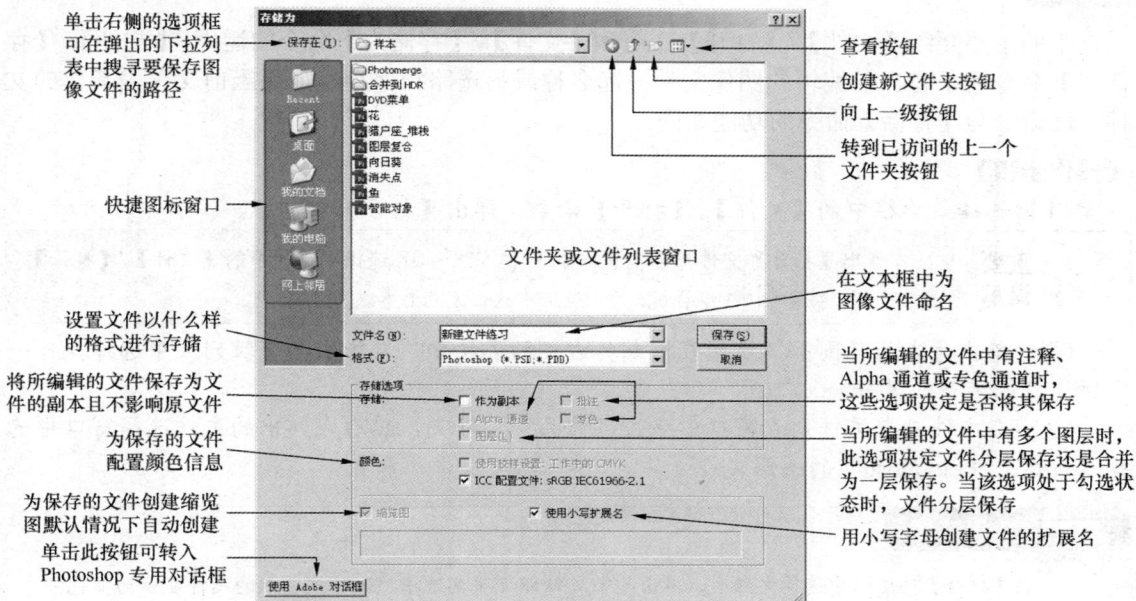

单击右侧的选项框
可在弹出的下拉列
表中搜寻要保存图
像文件的路径

快捷图标窗口

文件夹或文件列表窗口

设置文件以什么样
的格式进行存储

将所编辑的文件保存为文
件的副本且不影响原文件

为保存的文件
配置颜色信息

为保存的文件创建缩览
图默认情况下自动创建

单击此按钮可转入
Photoshop 专用对话框

查看按钮
创建新文件夹按钮
向上一级按钮
转到已访问的上一个
文件夹按钮

在文本框中为
图像文件命名

当所编辑的文件中有注释、
Alpha 通道或专色通道时，
这些选项决定是否将其保存

当所编辑的文件中有多个图层时，
此选项决定文件分层保存还是合并
为一层保存。当该选项处于勾选状
态时，文件分层保存

用小写字母创建文件的扩展名

图2-7 【存储为】对话框

（12）单击【保存在】下拉列表框右侧的 按钮，在弹出的下拉列表中选择合适的盘符，
然后单击【新建文件夹】按钮 ，创建一个新的文件夹。

（13）将文件夹的名称修改为"作品"，然后双击该文件夹将其打开。

（14）确认文件名和文件格式，然后单击 保存(S) 按钮，即可将新建的文件保存到指定盘符下的"作品"文件夹中。

> **重要提示**
> 如要修改新建文件的名称，可在【文件名】选项右侧的文本框中修改，即将右侧文本框中的文字选择并使其反白显示，然后输入新的文件名称即可。另外，默认情况下，系统会将文件保存为 Photoshop 专用的格式"*.PSD"。有关文件的其他格式读者可参照书后的附录A。

【任务小结】

文件的新建和保存是工作过程中必不可少的操作。在工作之前建立一个合适大小的文件至关重要，除尺寸设置要合理外，分辨率的设置也要合理。图像分辨率的正确设置应考虑图像最终发布的媒介，通常对如下一些有特别用途的图像，分辨率都有一些基本的标准。

❖ Photoshop 默认分辨率为 72 像素/英寸，这是满足普通显示器的分辨率。

❖ 发布于网页上的图像分辨率通常可以设置为 72 像素/英寸或 96 像素/英寸。

❖ 报纸图像通常设置为 120 像素/英寸或 150 像素/英寸。

❖ 彩版印刷图像通常设置为 300 像素/英寸。

❖ 大型灯箱图像一般不低于 30 像素/英寸。

❖ 只有一些特大的墙面广告等有时可设定在 30 像素/英寸以下。

以上提供的这些分辨率数值只是通常情况下使用的设置值，读者在作图时可根据实际情况灵活运用。

操作二　打开文件修改后另存

下面主要介绍【文件】/【打开】命令和【文件】/【存储为】命令的运用。【文件】/【存储为】命令用于将当前编辑的图像文件另起名称或另选路径保存。如果当前文件为新建的文件，此命令与【存储】命令的功能相同。

【操作步骤】

（1）选择菜单栏中的【文件】/【打开】命令，弹出【打开】对话框。

> **重要提示**
> 弹出【打开】文件对话框有以下 3 种方法：① 选择菜单栏中的【文件】/【打开】命令；② 按 Ctrl+O 组合键；③ 在工作区中双击鼠标左键。

（2）单击【查找范围】下拉列表框或其右侧的▼按钮，在弹出的下拉列表中选择操作一中新建文件保存的盘符。

（3）在文件夹或文件列表窗口中双击"作品"文件夹，然后在弹出的文件选择窗口中选择"新建文件练习.psd"的图像文件。

> **知识链接**
> 在【打开】对话框中选择文件时，单击某个文件即可将其选中，此时被选中的文件显示为蓝色。按住 Ctrl 键单击未选中的文件，可以将其与当前被选中的文件同时选中；按住 Ctrl 键单击已选中的文件，可以将其选择取消。单击一个文件将其选中，然后按住 Shift 键单击另一个文件，可以将两个文件及其之间的所有文件同时选中。

（4）单击 打开(O) 按钮，稍等片刻即可将选择的图像文件在工作区中打开。

以上为打开文件的操作步骤，下面对打开的文件进行修改后另存。

（5）按 Shift + F5 组合键将【填充】对话框调出，单击【使用】下拉列表框，弹出如图 2-8 所示的下拉列表。

（6）选择"图案"选项，【填充】对话框中的【自定图案】选项即为可用状态，单击此选项右侧的 · 按钮，可弹出如图 2-9 所示的图案选项面板，在其中可以选择需要的图案。

（7）在图案选项面板中选择【木质】选项，然后单击 确定 按钮，即将当前图像文件的单色背景修改为图案。

（8）选择菜单栏中的【文件】/【存储为】命令（快捷键为 Shift + Ctrl + S），弹出【存储为】对话框。此时对话框中显示的路径为打开文件时的路径。

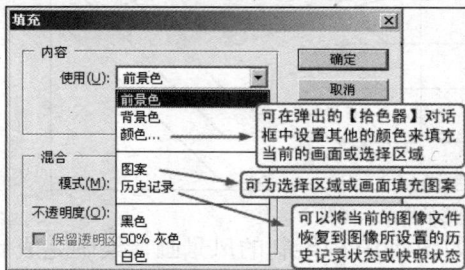

图2-8　弹出的下拉列表

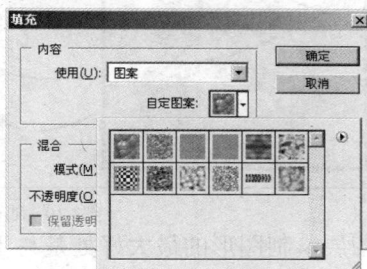

图2-9　弹出的图案选项面板

（9）在【文件名】文本框中将图像文件名修改为"填充图案练习"，然后单击 保存(S) 按钮，即可将打开的文件在相同的路径下另起名保存。

【任务小结】

文件的保存命令包括【存储】和【存储为】两种方式。对于新建的文件编辑后保存，使用【存储】和【存储为】命令性质是一样的，都是为当前文件命名并进行保存。但对于打开的文件编辑后再保存，就要分清用【存储】命令还是【存储为】命令，【存储】命令是将文件以原文件名保存，是在覆盖原文件的基础上直接保存，不弹出【存储为】对话框；而【存储为】命令仍会弹出【存储为】对话框，是将修改后的文件重命名或重选路径后保存，原文件不会发生变化，希望读者注意这两个命令的区别。

任务二　认识图层

图层是利用 Photoshop 进行图形绘制和图像处理的最基础、最重要的命令。可以说每一幅图像的处理都离不开图层的应用。灵活地运用图层还可以提高作图速度和效率，并且可以制作出很多意想不到的特殊艺术效果。

图层就像一张透明的纸，透过图层的透明区域可以清晰地看到下面图层中的图像。在绘图时可以创建多个图层，并在每个图层上分别绘制不同的图像，以便对图像的某个局部进行单独调整。例如，要绘制一幅风景画，首先创建一个不透明的图层（背景层）作为画面的背景，然后在背景上方创建一个透明图层来绘制其他的图形……依此类推，绘制风景画的每一部分之前都要先创建一个透明图层，然后再在该图层上绘制。图像绘制完成后，只要将所有图层按照一定的顺序叠加在一起，就可以得到一幅完整的风景画。

利用图层绘制图形的原理示意图如图 2-10 所示。

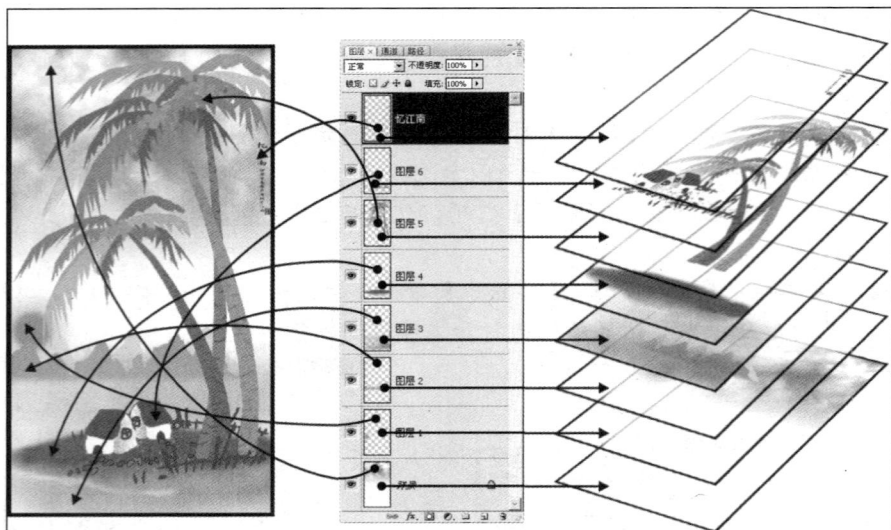

图2-10 利用图层绘制图形的原理示意图

利用图层绘制图形的最大好处是易于修改。如图 2-10 中绘制的风景画，绘制完成后，若想将小房子图形改为太阳伞，此时只需将小房子图形所在的图层删除，然后再添加一个图层绘制太阳伞，绘制完成后放到刚才删除图层的位置即可，如图 2-11 所示。这样可以大大节省绘图时间，但如果是在一张纸上绘制的画面，要进行修改就非常麻烦，一般只能重新绘制了。

利用图层绘制图形除了易修改的优点外，还可以在一个图层中随意拖动、复制和粘贴图形，并能对图层中的图形制作各种特效，而这些操作都不会影响其他图层中的图形。图 2-12 所示为利用图层中的【图层样式】命令制作的玉效果，这是传统的手绘方法无法比拟的。

图2-11 将小房子图形修改为太阳伞后的效果

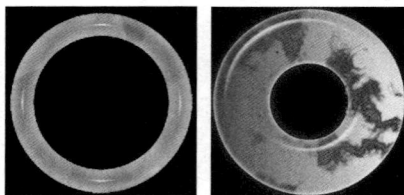

图2-12 利用【图层样式】命令制作的玉效果

任务三　组合一幅作品

本任务主要通过实例让读者了解【置入】命令的功能及使用方法。由于每执行一次【置入】命令，置入的画面都会生成一个单独的图层，因此通过此实例读者可加深对图层的理解。

【操作步骤】

（1）按 Ctrl+O 组合键，在弹出的【打开】对话框中选择素材文件夹中的"风景.jpg"文件，然后单击 打开(0) 按钮，将其在工作区中打开，如图 2-13 所示。

下面先为图像文件添加参考线，以确定要置入图像的放置位置。

（2）选择菜单栏中的【视图】/【标尺】命令（快捷键为 Ctrl+R）将标尺调出，标尺在图像文件的上方和左侧显示。

（3）将鼠标指针移动到竖直标尺上按下鼠标左键并向右拖曳，状态如图 2-14 所示，释放鼠标后，即可在释放鼠标的位置添加一条垂直的参考线。

图2-13　打开的风景图片

图2-14　添加参考线时的状态

知识链接

参考线是浮在整个图像上但不可打印的线，用于精确地对图形进行定位和对齐。在添加参考线时按住 Shift 键可创建与标尺刻度对齐的参考线。选择菜单栏中的【视图】/【新建参考线】命令，在弹出的【新建参考线】对话框中可以精确地添加参考线。另外，利用工具箱中的 ➤⊹ 工具将参考线拖曳到图像文件的边界外，可将该参考线删除。

（4）用与步骤（3）相同的方法，按住 Shift 键依次在如图 2-15 所示的画面中添加参考线。下面来置入需要的图像。

（5）选择菜单栏中的【文件】/【置入】命令，在弹出的【置入】对话框中选择素材文件夹中的"照片 01.psd"文件。

知识链接

利用【文件】/【置入】命令可以将选择的图像作为智能对象置入当前文件中，且生成一个新的图层。使用【置入】命令置入的图像，会出现在当前图像文件中央位置的定界框中，并会保持其原始的长宽比；如果图片比当前图像大，将被重新调整到合适的尺寸。另外，在确认置入的图像前，还可以对其进行移动、缩放、旋转或斜切操作，以满足设计需要。

重要提示

智能对象实际上是一个嵌入在另一个文件中的文件。当在【图层】面板中将一个或多个图层创建为智能对象时，实际上是创建了一个嵌入在当前文件中的新文件。

（6）单击 置入(P) 按钮即可将选择的图像文件置入到当前文件的中心位置，如图 2-16 所示。

图2-15　添加的参考线

图2-16　置入的图像文件

（7）按住 Shift 键，将鼠标指针移动到定界框中按住鼠标左键并向下拖曳，将置入图像的底边与当前文件的底边对齐，然后单击属性栏中的 ✓ 按钮确认图像的置入，生成的图像效果及【图层】面板如图 2-17 所示。

> **重要提示** 按 Enter 键或在定界框中单击鼠标右键，在弹出的快捷菜单中选择【置入】命令，也可确认图像的置入操作。

知识链接

通过【置入】命令置入图像生成的图层为智能对象图层，即允许用户编辑其源文件。选择菜单栏中的【图层】/【智能对象】/【编辑内容】命令，源文件将会在 Photoshop（如果源文件是位图图像）或 Illustrator（如果源文件是矢量 PDF 或 EPS 数据）中被打开，更新并存储了源文件后，编辑结果将会显示在当前的图像文件中。另外，当选择菜单栏中的【图层】/【智能对象】/【转换到图层】命令后，智能对象层将转换为普通层，此时将不能直接对图像的源文件进行编辑。

（8）利用与步骤（5）～（6）相同的方法，将素材文件夹中的"文字.psd"文件置入到当前文件中，然后将其向上移动到如图 2-18 所示的位置。

图2-17　生成的图像效果及【图层】面板　　　　　　图2-18　艺术文字调整后的位置

（9）按住 Alt+Shift 组合键，将鼠标指针放置到定界框的右上角位置，当鼠标指针显示为双向箭头 ↗ 时，按住鼠标左键并向右上方拖曳，将艺术文字以中心向四周等比例缩放，状态如图 2-19 所示。

（10）将文字缩放至合适大小后释放鼠标及按键，然后按 Enter 键确认图像的置入。

（11）依次按 Ctrl+R 和 Ctrl+H 组合键，将标尺和参考线隐藏，合成后的图像效果如图 2-20 所示。

图2-19　缩放时的状态　　　　　　　　　图2-20　合成后的图像效果

（12）按 Shift+Ctrl+S 组合键，在弹出的【存储为】对话框中将合成后的图像命名为"合成图像.psd"另存。

任务四　　学习色彩知识

本任务主要介绍平面设计中有关色彩的知识。色彩是平面设计作品的关键要素之一，不同的色彩给人的心理感受不同，每一种颜色都有其自身的颜色性质，合理地运用色彩，能给人带来良好的心理感受，从而达到捕捉人们注意力的目的，所以掌握一些设计色彩方面的知识对于平面设计来说是非常重要的。

1.　光源色与印刷色

在现实生活中，色彩主要分光源色和印刷色。

（1）光源色

自然界中的白色光是由红（Red）、绿（Green）、蓝（Blue）3 种波长不同的颜色组成的，即 RGB 三原色。人们看到的红花，是因为绿色和蓝色波长的光线被物体吸收，而把红色的光线反射到人们的眼睛里。同样的道理，绿色和红色波长的光线被物体吸收而反射蓝色，蓝色和红色波长的光线被物体吸收而反射绿色。

3 种原色中的任意两种颜色相互重叠都会产生间色，即红和绿混合成黄色、红和蓝混合成洋红色、蓝和绿混合成青色。这 3 种原色相互混合会形成为白色，因此又称为"加色法三原色"。我们平常所说的 7 色或 6 色光谱也是通过三原色得到的。图 2-21 中所示的色环说明了光源色混合成其他颜色的原理。

（2）印刷色

印刷色是通过油墨显现的，混合不同颜色的油墨将产生不同的颜色效果。油墨本身并不发光，它是通过吸收（减去）一些色光，而把其他色光反射到人们的眼睛里产生颜色效果。洋红、青色、黄色又称为"减色法三原色"。

印刷制版是通过 4 种颜色进行的，即洋红（Magenta）、青色（Cyan）、黄色（Yellow）和黑色（Black）。其中黑色并不是由 100% 的洋红、青色和黄色混合产生的，这 3 种颜色相互混合只能产生一种深褐色。在印刷制版时通过 UCR/GCR 方式产生黑色。图 2-22 中所示的色环说明了印刷色调和成其他颜色的原理。

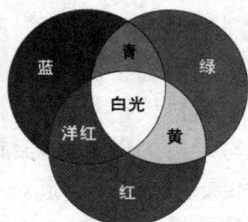

图2-21　光源色加色法颜色混合色环　　　　　　　图2-22　印刷色减色法颜色混合色环

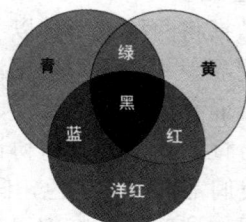

2.　色彩三要素

色彩具有 3 种属性，即色相、明度和纯度。三者之间既相互独立，又相互关联、相互制约，共同形成一种颜色或一组色彩关系。色彩的属性变化可以产生色彩调和感觉，也能产生不同的心理效应。

❖　色相：色相是颜色的面貌，决定于反射光或透射光的波长。根据波长的不同，产生不同的色彩面貌，如红、蓝、黄、绿等。

❖　明度：明度是指色彩的亮度，由于物体反射同一波长的光亮有所不同，使色彩的深浅

（明暗）有了差别。

❖ 纯度：纯度是指色彩的饱和程度，可以用数值来表示。在色彩中加白、加黑或加与色相明度相同的灰，都可使纯度降低。各种色彩不仅明度不同，纯度值也不相同，红或黄的纯度最高，而蓝、青、绿的纯度较低。

3. 配色方法

平面设计的色彩搭配在色彩设计中占有非常重要的地位，一幅精彩的平面设计作品与其色彩的运用有着密不可分的关系。下面介绍色彩的基本配色方法。

（1）暖色调配色

以红、黄、橙等暖色色彩组合成的色调称为暖色调。暖色调常用的颜色有红色、黄色、褐色、紫色等，图 2-23 所示为以暖色调为主色调设计的作品。

（2）冷色调配色

以蓝、绿等冷色色彩组合成的色调称为冷色调。冷色调常用的颜色有蓝色、绿色等，图 2-24 所示为以冷色调为主色调设计的作品。

图2-23 以暖色调配色设计的作品　　　　图2-24 以冷色调配色设计的作品

（3）对比色调配色

以对比比较鲜明的色彩如红与绿、黄与紫、蓝与橙等组合而成的色调称为对比色调。对比色调的作品画面视觉效果强烈，具有愉快、热烈的气氛，但在使用过程中要注意对比色之间的面积大小比例，要有主次轻重，不可面积均等运用，而且要有疏密安排。几个色的明度也不能过于接近，应该有强弱之分，不然画面会显得杂乱，不能获得明朗的效果，"万绿丛中一点红"即为此道理。图 2-25 所示为以对比色调设计的作品。

（4）调和色配色

色彩调和是指将两种或两种以上的色彩组合在一起时产生的既协调又统一的视觉效果。调和可以使有明显差别的色彩变得协调统一。我们在日常生活中经常发现，有的物品色彩搭配得非常协调，而有的却显得平淡、乏味。单一的颜色无所谓协调，只有在几种颜色具有基本的共性或融合性时，才会变得协调。以纯度较高的红色与绿色为例，红与绿是两种对立的色彩，也就是我们常说的对比色，假如将面积相同的红色和绿色放置在一起，会觉得太刺眼，很不舒服；如果在这两种纯度都很高的对比色中加入相同量的其他颜色，如白色或黑色，或者将红色面积减小，这时的视觉效果会变得很舒服，这就是调和色配色的结果。图 2-26 所示为以调和色配色设计的作品。

图2-25 以对比色调配色设计的作品　　　　图2-26 以调和色配色设计的作品

（5）亮色调配色

画面背景留有大面积空白或在主体色中调和进白色来增加画面的亮度，使画面较为明亮的色调称为亮色调。亮色调分为暖色亮调、冷色亮调、对比色亮调等。在具体运用时，要注意背景白色面积的大小以及白色调和进其他颜色的数量，以免造成画面苍白无力的感觉。图2-27 所示为以亮色调配色设计的作品。

（6）暗色调配色

画面背景以黑色为主或在主体色中调和进黑色来增加画面的沉稳性和神秘感，使画面较为灰暗的色调称为暗色调。暗色调也可以分为暖色暗调、冷色暗调、对比色暗调等。在具体运用时，要注意背景黑色面积的大小以及黑色调和进其他颜色的数量，以免造成画面太黑暗的感觉。图 2-28 所示为以暗色调配色设计的作品。

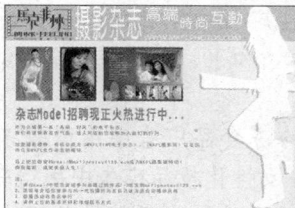

图2-27　以亮色调配色设计的作品　　　　图2-28　以暗色调配色设计的作品

4. 色彩对人的心理影响

每一种颜色都有其自身的颜色性质，不同的色彩给人的心理感受也是不同的，在平面设计中合理地运用色彩，能给人带来良好的心理感受，从而达到捕捉人们注意力的目的。

（1）冷、暖色对人的心理影响

色彩的冷暖是通过人们的知觉和心理感受产生的，这是人们在生活中慢慢积累的一种心理经验。例如，人们看到红色、橙色时都有一种温暖的感觉，因为红色和橙色都是一种刺激性很强、引人兴奋并能留下深刻印象的色彩，往往和火、太阳等联系在一起。而看到蓝色、紫色时就会产生寒冷的感觉，因为蓝色、紫色往往和夜空、海水、冰、雪等联系在一起。所以，在平面设计中要以所要表现的主题来确定是采用冷色还是暖色。

（2）色彩的平衡

平面设计中经常会遇到这样的情况：明度较浅的颜色与明度较深的颜色搭配在一起时，浅色感觉很轻，而深色感觉很重，这是因为色彩在视觉上有轻重的感觉。色彩的轻重感是根据色彩的明度高低而产生的，如相同明度的两种色彩搭配时，纯度较高的颜色在视觉上感觉较轻。平面设计中的颜色平衡就是把这种轻重悬殊的颜色合理搭配，使之产生舒服、稳定的感觉。在设计时还要注意平衡轻色与重色的关系和膨胀色与收缩色的色性。图 2-29 所示为面积同样大小的浅黄色和红色，在视觉上红色比黄色有重量感。图 2-30 所示为面积同样大小的黄色和青色，在视觉上黄色有膨胀感，青色有收缩感。

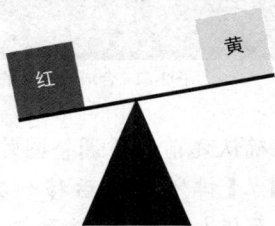

图2-29　色彩平衡中轻色与重色的关系比较　　　图2-30　色彩平衡中膨胀色与收缩色的色性比较

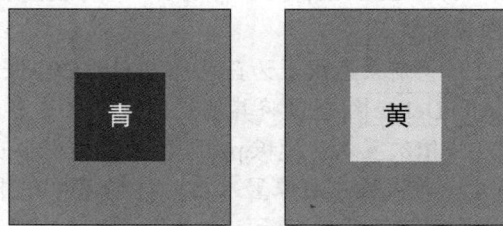

（3）色彩的华丽与朴素

在色彩体系中，纯度较高的颜色会显得华丽，纯度较低的颜色则显得朴素。在无彩色体系中，黑、白、灰显得朴素，金、银显得华丽。

（4）色彩的象征和联想

根据人们的生活经验和对色彩的心理感受，每种颜色都有一定的象征性。

❖ 红色：红色代表爱情、活力、通俗、豪华、行动，把它运用在商品广告设计中，会使商品显得新鲜、充满活力，给人一种光明愉快的感觉，在广告中成功的例子很多，如可口可乐、肯德基、麦当劳等。

❖ 橙色：橙色也是使人激奋的色彩。橙色代表活泼、热闹、欢迎、温馨，一般用在食品类的广告中。

❖ 黄色：黄色是一种欢快的色彩，带有少许的兴奋性质，在广告中以食品类用得最多。

❖ 绿色：绿色是介于冷暖两色的中间色彩，象征宁静、青春、和平、自然、安全、纯情。绿色在广告中的成功例子有富士胶卷包装设计等。

❖ 蓝色：蓝色代表宁静、清爽、理智、保守等，在药品及冷冻食品广告中用得较多。

❖ 紫色：紫色代表神秘、高贵、威严，是很难运用的色彩，在女性化妆品广告中用得较多。

❖ 白色：白色是纯洁的颜色，代表和平、清洁、无污染，运用时要注意其易玷污性。

❖ 黑色：黑色表现高级、雄壮、高雅、朴素、深沉等强烈的个性特点。

❖ 银色：银色是带金属光泽的色彩，代表冷静、优雅、高贵等，印刷成本较高，因此多在高级物品及礼品的包装上使用。

❖ 金色：金色是带金属光泽的色彩，属于暖色系，代表富贵、华丽、丰富、气派等，也是印刷成本较高的色彩，一些高级物品如酒、烟及各式礼盒等使用最多。

实训一　合成图像

【实训要求】

新建【预设】为"默认 Photoshop 大小"的文件，然后将背景色设置为蓝色（R:111,G:207,B:246），并依次置入素材文件夹中的"模板.psd"和"照片 02.psd"文件，合成后的最终效果如图 2-31 所示。

【操作步骤】

（1）在【新建】对话框的【预设】下拉列表中选择"默认 Photoshop 大小"选项，即可创建指定尺寸的图像文件。

图2-31　合成图像后的效果

（2）将前景色设置为蓝色（R:111,G:207,B:246），并按 Alt+Delete 组合键将其填充到图像文件中。

（3）依次置入"模板.psd"和"照片 02.psd"文件，在确认之前注意调整图片放置的位置。

（4）确认照片图像置入后，选择菜单栏中的【图层】/【排列】/【后移一层】命令，将照片放置到模板层的后面，调整图层堆叠顺序的【图层】面板如图 2-32 所示。

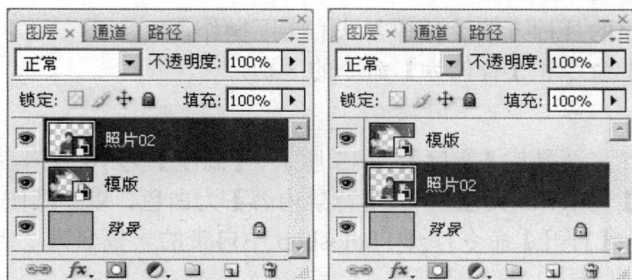

图2-32　调整图层堆叠顺序前后的【图层】面板

实训二　练习保存

【实训要求】

　　将"实训一"的最终效果以"合成图像 01.psd"为名保存，然后将"照片 02.psd"图片删除，并置入素材文件夹中的"照片 03.psd"文件，合成后的效果如图 2-33 所示，最后将此文件另存为"合成图像 02.psd"。

【操作步骤】

　　（1）将实训一合成的图像效果保存为"合成图像 01.psd"。

　　（2）将鼠标指针放置到【图层】面板中的"照片 02"层上按住鼠标左键并向下拖曳至  按钮上释放鼠标，即可将"照片 02.psd"删除。

　　（3）置入"照片 03.psd"文件，调整位置和大小后确认，最后按 Shift + Ctrl + S 组合键将此文件另存为"合成图像 02.psd"。

图2-33　合成后的图像效果

小结

　　本项目的主要目的是引领读者对 Photoshop 的工作方式有一个总体认识，包括新建文件、打开文件、存储文件、颜色的设置与填充、图层及【置入】命令的运用等。通过本项目的学习，希望读者能对 Photoshop 有一个大体的了解，为后续内容的学习打下基础。

习题

一、简答题

1. 简述设置颜色的几种方法及各种方法的实际操作。

2. 简述填充颜色的几种方法及各种方法的实际操作。

3. 简述【存储】命令和【存储为】命令的区别。

二、 操作题

1. 新建一个文件，设置其【宽度】为 15 厘米、【高度】为 10 厘米、【分辨率】为 120 像素/英寸、【颜色模式】为 RGB 颜色 8 位、【背景内容】为白色，以"操作题 1.psd"为名保存。

2. 利用【文件】/【打开】命令打开 Photoshop 中自带的一幅名为"小鸭.tif"的图像文件，然后将其另存至其他盘符中。

3. 利用【置入】命令将素材文件夹中的"模板 01.psd"和"照片 04.jpg"文件依次置入"操作题 1.psd"文件中，合成后的效果如图 2-34 所示。

图2-34 图像合成后的效果

项目三　设计宣传单

本项目以设计宣传单为例,详细介绍各种选区工具、【选择】菜单命令、【渐变】工具、【移动】工具及【变换】命令和【对齐与分布】命令的运用。本项目运用的工具和命令比较多,但都是实际工作中最基础、最常用的,希望读者能认真学习并将其掌握。

项目分析

本项目设计完成的宣传效果如图 3-1 所示,主要通过以下几个任务来完成。

★　运用【矩形选框】工具 🔲 和【椭圆选框】工具 ⭕ 来设计标志。

★　综合运用各种选区工具在素材文件中选择需要的图像。

★　利用【渐变】工具 🔲 制作渐变按钮。

★　利用【移动】工具 ✛ 和【变换】命令将选取的图像移动复制到新建的文件中并进行大小调整。

★　运用各种选区工具为整个画面添加辅助图形并设计出整体的宣传单。

图3-1　设计完成的宣传单

学习目标

★　掌握【矩形选框】工具、【椭圆选框】工具和【魔棒】工具的使用方法。

★　掌握【套索】工具、【多边形套索】工具和【磁性套索】工具的使用方法。

★　熟悉【选择】菜单下各命令的使用方法。

★　掌握【渐变】工具的使用方法及渐变颜色的设置方法。

★　掌握利用【移动】工具移动和复制图像的方法。

★　了解【编辑】/【变换】命令的基本使用方法。

★　了解利用【窗口】菜单命令切换图像文件的方法。

★　掌握利用【对齐和分布】按钮对齐图像的方法。

任务一　设计标志

本任务主要运用【矩形选框】工具 和【椭圆选框】工具 来设计标志。

在工具箱中的 按钮上按住鼠标左键不放或单击鼠标右键，将弹出该工具的隐藏工具组，如图3-2所示。

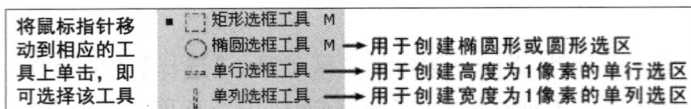

图3-2　弹出的隐藏工具组

❖ 【矩形选框】工具 ：用于创建矩形或正方形选区。激活 按钮后，将鼠标指针移动到图像文件中拖曳，即可创建矩形选区，如按住 Shift 键拖曳可创建正方形选区。

❖ 【椭圆选框】工具 ：选择该工具后，将鼠标指针移动到图像文件中随意拖曳，释放鼠标后即可创建出椭圆形选区，如按住 Shift 键拖曳可创建圆形选区。

❖ 【单行选框】工具 和【单列选框】工具 ：选择相应的工具后在图像文件中单击即可创建出单行或单列选区。

【设计目标】

练习【椭圆选框】工具、【移动】工具及【变换】命令的灵活运用。

【设计效果】

设计完成的"欧陆风景"汽车标志如图3-3所示。

【设计思路】

❖ 首先利用【椭圆选框】工具及【变换选区】命令绘制出象征汽车的形状。

图3-3　设计完成的标志

❖ 然后利用【椭圆选框】工具及缩小复制操作绘制出象征路的图形。

❖ 最后利用【横排文字】工具输入文字。

【操作步骤】

1. 绘制"汽车"图形。

（1）新建文档，设置【宽度】为13厘米、【高度】为5厘米、【分辨率】为120像素/英寸。

（2）单击 按钮，在新建的文件中绘制出如图3-4所示的椭圆形选区。

图3-4　绘制的椭圆形选区

（3）单击前景色色块，在弹出的【拾色器】对话框中将颜色设置为蓝色（R:42,G:87,B:165）。

（4）单击【图层】面板中的 按钮，新建"图层 1"，然后按 Alt+Delete 组合键将设置的颜色填充至椭圆选区内。

（5）选择菜单栏中的【选择】/【变换选区】命令，将鼠标指针放置到变形框上方中间的控制点上按住鼠标左键并向下拖曳至如图3-5所示的位置释放鼠标。

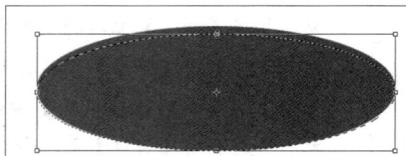

（6）将鼠标指针放置到变形框下方中间的控制点上按住鼠标左键并稍微向下拖曳变形框。

图3-5　选区调整后的状态

（7）单击属性栏中的 ✓ 按钮，确认选区的变形调整，然后按 $\boxed{\text{Delete}}$ 键将选区内的图形删除。

（8）选择菜单栏中的【选择】/【取消选择】命令（快捷键为 $\boxed{\text{Ctrl}}+\boxed{\text{D}}$）去除选区，此时的图形形态如图3-6所示。

（9）单击 ⬭ 按钮，按住 $\boxed{\text{Shift}}$ 键绘制出如图3-7所示的圆形选区。

（10）新建"图层2"，按 $\boxed{\text{Alt}}+\boxed{\text{Delete}}$ 组合键将前面设置的蓝色填充至圆形选区内。

（11）选择菜单栏中的【选择】/【变换选区】命令，按住 $\boxed{\text{Shift}}+\boxed{\text{Alt}}$ 组合键，将鼠标指针放置到变形框右上角的控制点上按住鼠标左键并向左下方拖曳，将选区以中心为基点等比例缩小，单击 ✓ 按钮，生成的选区如图3-8所示。

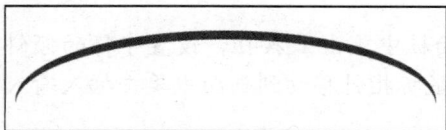

图3-6 变换选区后的图形形态　　　　图3-7 绘制的圆形选区　　　　图3-8 生成的选区

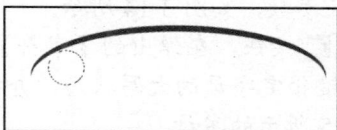

（12）按 $\boxed{\text{Delete}}$ 键将选区内的图形删除，然后按 $\boxed{\text{Ctrl}}+\boxed{\text{D}}$ 组合键去除选区。

（13）在【图层】面板的"图层2"上按住鼠标左键并向下拖曳至 ⬚ 按钮处释放鼠标，复制图层，其复制状态及复制后的效果如图3-9所示。

（14）单击 ➕ 按钮，按住 $\boxed{\text{Shift}}$ 键，将复制出的圆环图形水平向右移动至如图3-10所示的位置。

图3-9 复制图层状态及复制后的效果　　　　图3-10 复制圆环图形调整后的位置

> **重要提示** 【移动】工具 ➕ 的主要功能是对选择的内容进行移动、复制、变形、对齐、分布等。拖曳除背景层外的内容可以将其移动。按住 $\boxed{\text{Alt}}$ 键的同时移动被选择的内容可将其复制。

2. 绘制"路"图形。

（1）继续利用 ⬭ 工具，在新建的"图层3"上绘制出如图3-11所示的椭圆形。

（2）按 $\boxed{\text{Ctrl}}+\boxed{\text{D}}$ 组合键去除选区，然后用与步骤1第（13）步相同的方法复制"图层3"为"图层3 副本"。

（3）利用 ➕ 工具将复制的图形垂直向下移动，然后选择菜单栏中的【编辑】/【自由变换】命令（快捷键为 $\boxed{\text{Ctrl}}+\boxed{\text{T}}$），再按住 $\boxed{\text{Alt}}$ 键将鼠标指针放置到变形框右侧中间的控制点上按住鼠标左键并向左拖曳至如图3-12所示的状态释放鼠标。

（4）按 $\boxed{\text{Enter}}$ 键确认图形的缩小变形操作，然后将前景色设置为浅蓝色（G:130,B:200），并单击【图层】面板中的 ⊠ 按钮，锁定透明像素，再按 $\boxed{\text{Alt}}+\boxed{\text{Delete}}$ 组合键将设置的颜色填充至缩小后的图形中。

> **重要提示** 激活 ☒ 按钮可使当前层的透明区域保持透明，否则按 Alt+Delete 组合键是为整个层填充颜色。

（5）用与步骤（2）～（4）相同的方法复制出最下方的图形，填充颜色为天蓝色（G:175,B:240），最终效果如图 3-13 所示。

图3-11　绘制的椭圆形图形　　　　图3-12　缩小图形时的状态　　　　图3-13　缩小复制出的图形效果

3．输入文字。

（1）单击工具箱中的 T 按钮，将工具箱中的前景色设置为橘红色（R:243,G:120,B:55），然后设置属性栏中的选项及参数，如图 3-14 所示。

（2）单击属性栏中的 ▤ 按钮，在弹出的【字符】面板中单击 T 按钮，设置字符的倾斜属性，然后按 Caps Lock 键锁定字母的大写状态，并将鼠标指针移动到画面中单击插入输入光标，再依次输入如图 3-15 所示的字母。

图3-14　文字工具的属性设置　　　　　　　　　　　图3-15　输入的字母

（3）按 Ctrl+S 组合键，将此文件以"欧陆风景标志设计.psd"为文件名保存。

【任务小结】

【变换】命令可以对选择的图像或选区进行缩放、旋转、倾斜等操作。利用【自由变换】命令对选择的图像进行的各种变换操作，如图 3-16 所示。

图3-16　利用【自由变换】命令对选择的图像进行的各种变换操作

> **重要提示**　利用菜单栏中的【选择】/【变换选区】命令也可选择【变换】子菜单下的命令，只是【变换】命令是相对于图形而言的，而【变换选区】命令是相对于选区而言的。

课堂练习

① 利用【矩形选框】工具■和变形操作设计如图 3-17 所示的标志图形。

② 利用【矩形选框】工具■和【椭圆选框】工具○及【编辑】/【变换】命令设计标志图形，最终效果如图3-18所示。

图3-17　设计完成的标志

图3-18　设计的标志

任务二　选取图像

本任务主要运用各种选区工具和【选择】菜单命令来选取图像，通过本任务的学习，希望读者能掌握各种选区工具的使用方法并能灵活运用【选择】菜单命令。

操作一　利用【矩形选框】工具选取图像

本操作主要运用【矩形选框】工具■选取"飞机"图像。

【设计目标】

学习利用【矩形选框】工具■选取出边角为圆滑效果的图形。

【设计效果】

原素材图片及选取的图片效果如图 3-19 所示。

图3-19　原素材图片及选取的图片效果

【设计思路】

在打开的图片上绘制矩形选区后选择菜单栏中的【选择】/【修改】/【平滑】命令。

【操作步骤】

1. 创建圆角选区。

（1）按 Ctrl+O 组合键，打开素材文件夹中的"飞机.jpg"文件，然后单击 ... 按钮，绘制出如图 3-20 所示的矩形选区。

（2）选择菜单栏中的【选择】/【修改】/【平滑】命令，弹出【平滑选区】对话框，将【取样半径】设置为"30"像素，单击 确定 按钮，选区平滑后的形态如图 3-21 所示。

图3-20 绘制的矩形选区   图3-21 平滑后的选区形态

2. 存储选区。

（1）选择菜单栏中的【选择】/【存储选区】命令，在弹出的【存储选区】对话框中将【名称】设置为"选区"，如图 3-22 所示。

（2）单击 确定 按钮即可将创建的选区保存，此时在【通道】面板中将显示选区通道，可通过菜单栏中的【窗口】/【通道】命令调出【通道】面板来观察。

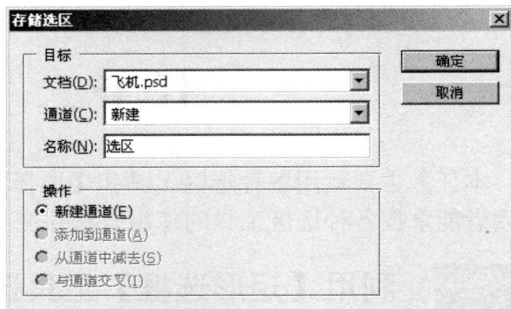

图3-22 【存储选区】对话框

重要提示　【通道】面板主要用于保存图像颜色数据、蒙版和选区，本项目中主要介绍选区的存储和调用，其他的功能将在项目九中详细介绍。

（3）单击图像文件右上角的 X 按钮关闭该文件，此时系统将弹出【Adobe Photoshop】询问对话框，询问用户是否对该文件进行存储。

（4）单击 是(Y) 按钮，然后在弹出的【存储为】对话框中单击 保存(S) 按钮，将当前文件以".psd"格式存储，即将存储的选区一起存储，以备后用。

知识链接

选区的【修改】命令的子命令包括【边界】、【平滑】、【扩展】和【收缩】。原选区与选择【修改】命令的子命令后的形态分别如图 3-23 所示。

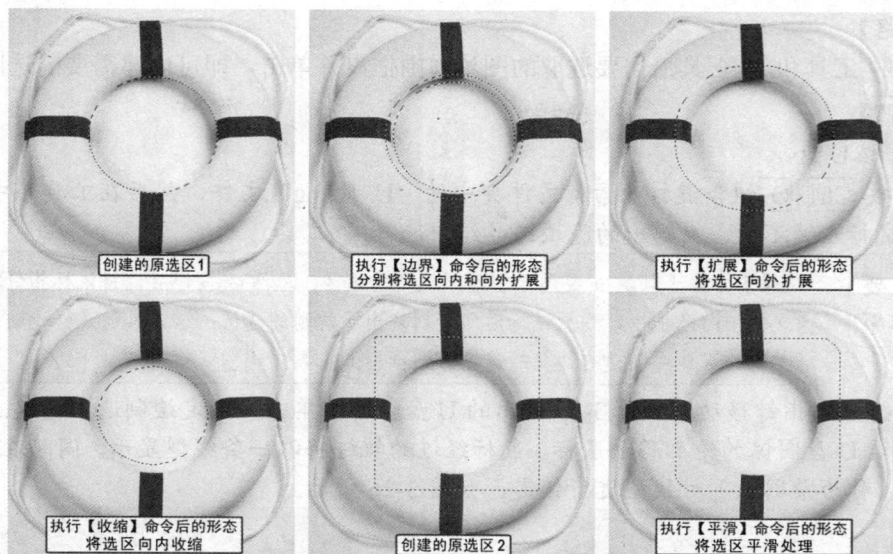

图3-23　原选区与分别选择【修改】子菜单命令后的选区形态

【任务小结】

在实际工作过程中创建完选区后，就可将选区内的图像移动复制到新建的文件中进行下一步操作了，但本任务为了详细介绍各选区工具和菜单命令的应用，故在此操作中将创建的选区进行了存储，待后面将需要的图像全部选出后，再进行下一步的操作。

操作二　利用【套索】工具选取图像

本操作主要运用【多边形套索】工具 和【磁性套索】工具 选取"U 盘"和"汽车模型"图像。

❖ 【多边形套索】工具 ：主要用于创建不规则的选区。激活 按钮后，将鼠标指针移动到图像文件中依次在不同的位置单击，当终点与起点闭合时，即可创建出不规则的多边形选区。

❖ 【磁性套索】工具 ：主要是根据图像明显的边界来创建选区，即图像边界与背景颜色有较大的差别时运用。激活 按钮后，将鼠标指针移动到图像的边缘处单击，确定要创建选区的起点，然后根据要选择图像的边界拖曳鼠标，当终点与起点闭合时，即可创建自动吸附色彩边缘的选区。

【设计目标】

学习利用【多边形套索】工具 和【磁性套索】工具 选取图像的方法。

【设计效果】

原素材图片及选取的图片效果如图 3-24 所示。

图3-24　原素材图片及选取的图片效果

【设计思路】

利用 ![icon]工具和 ![icon]工具沿需要选取的图片周围拖曳并单击，即可创建需要的选区。

【操作步骤】

1. 选取 U 盘。

（1）按 Ctrl+O 组合键打开素材文件夹中的"U 盘.jpg"文件，然后在工具箱中的 ![icon]按钮上按住鼠标左键不放，在弹出的隐藏工具组中选择 ![icon]工具。

> **重要提示**
>
> 【套索】工具 ![icon]主要用于创建不规则的选区，激活 ![icon]按钮后，将鼠标指针移动到图像文件中随意拖曳，释放鼠标后即可创建出不规则的选区。该工具随意性北较强，也较难控制，因此在创建有边角的选区时不选用此工具。

（2）将鼠标指针移动到如图 3-25 所示的 U 盘轮廓处单击，确定绘制选区的起点。

（3）沿 U 盘图像的轮廓移动鼠标，鼠标经过的轨迹将以一条线型显示，同时在线型上出现多个点（称为紧固点）对线型进行锁定，如图 3-26 所示。

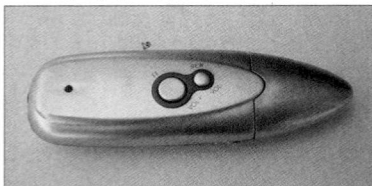

图3-25 确定的选区起点

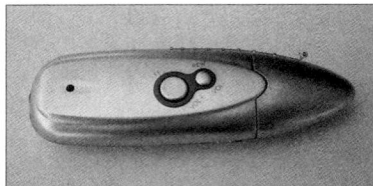

图3-26 出现的线型和紧固点

（4）继续沿图像边缘移动鼠标至右下方时，会发现线型并没有吸附在想要的图像边缘位置，此时可以通过多次按 Delete 键逐步撤销已生成的紧固点，然后通过单击鼠标左键手工添加紧固点来确定要吸附的位置。

（5）在不能自动吸附的区域手工添加紧固点后，继续沿图像轮廓移动鼠标，当移动到起点位置时，鼠标指针的右下角将出现一个小圆圈，如图 3-27 所示。

（6）单击鼠标，绘制的线型将自动闭合并生成选区，如图 3-28 所示。

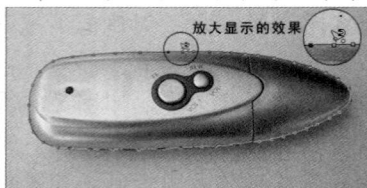

图3-27 移动鼠标指针至起点位置时指针的显示形态

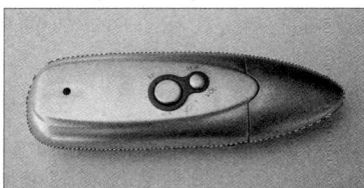

图3-28 生成的选区

（7）用与操作一中存储选区的相同方法将生成的选区存储。

> **重要提示**
>
> 在下面的操作过程中，读者每选出一个图像即将其存储，届时将不再提示。

2. 选取汽车模型和蝴蝶图像。

（1）按 Ctrl+O 组合键打开素材文件夹中的"汽车模型.jpg"文件，然后利用 ![icon]工具在汽车模型的图像轮廓处单击确定绘制选区的起点，然后移动鼠标，如图 3-29 所示。

> **重要提示**
>
> 当移动鼠标至车玻璃的右侧时，将再次出现不能自动吸附图像边缘的情况，此时用手工添加紧固点的方法也很难确定，这是因为文件显示过小，不容易控制，因此要想使线形吸附在图像的边缘必须放大显示图像文件。

（2）连续按 3 次 $\boxed{\text{Ctrl}}$＋$\boxed{+}$组合键，将图像文件放大显示，然后在要吸附的位置单击确定紧固点的位置，如图 3-30 所示。

图3-29 利用 🔲工具选取图像时的形态

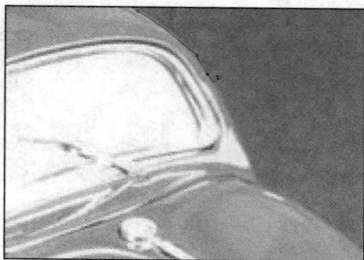

图3-30 单击鼠标添加的紧固点

依次单击鼠标确定紧固点的位置，至显示画面的右下角时，发现放大显示后的其余图像没有在当前画面中显示，这就需要调整图像的显示位置。

（3）按住空格键将当前工具切换为【抓手】工具🖐（鼠标指针将显示为平移图标），按住鼠标左键并向左上方拖曳，即可调整图像的显示位置，如图 3-31 所示。

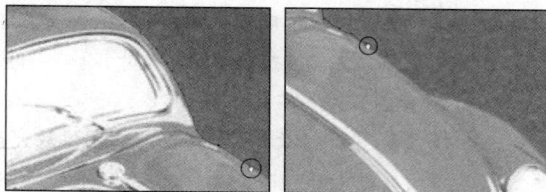

（4）释放空格键还原为 🔲工具，然后继续移动并单击鼠标确定吸附图像边缘的紧固点，下方车头位置添加的紧固点如图 3-32 所示。

图3-31 平移图像时的形态

（5）按住 $\boxed{\text{Alt}}$键在鼠标所在的位置单击，将当前 🔲工具转换为 🔲工具，然后依次移动鼠标至图像边缘的拐角处单击，绘制如图 3-33 所示的线型。

图3-32 在下方车头位置添加的紧固点

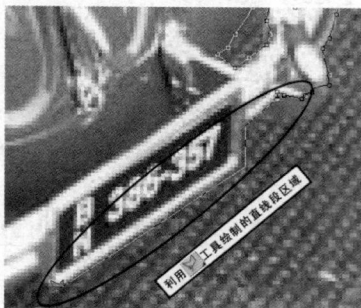

图3-33 利用 🔲工具绘制的线型

> **重要提示**
>
> 使用任意一种套索工具时，按住 $\boxed{\text{Alt}}$键在图像文件中拖曳，可将当前工具切换至 🔲工具；按住 $\boxed{\text{Alt}}$键在图像文件中单击，可切换至 🔲工具。

（6）释放 $\boxed{\text{Alt}}$键还原为 🔲工具，然后继续沿图像的轮廓边缘移动或单击鼠标，至车门下方的踏板位置时，再将 🔲工具转换为 🔲工具绘制直线。

> **重要提示**
>
> 在绘制车门下方踏板边缘的直线时，如当前画面没有完全显示整个踏板，要先将画面缩小显示，即多按几次 $\boxed{\text{Ctrl}}$＋$\boxed{-}$组合键，直至出现整个踏板图像即可。

（7）再次沿图像的轮廓边缘移动（或单击鼠标）直至起点位置，在起点位置单击鼠标闭合线型，生成的选区如图 3-34 所示。

（8）用与步骤（1）～（7）相同的方法将"蝴蝶"图像选出，如图 3-35 所示。

图3-34 创建的选区

图3-35 选取的蝴蝶

知识链接

在创建汽车模型的选区时灵活运用了【视图】菜单中的【放大】和【缩小】命令。下面来具体介绍【视图】菜单下调整画面显示的各个命令及工具箱中的【缩放】工具 🔍 和【抓手】工具 ✋ 。

需要注意的是，使用【视图】菜单命令或【缩放】工具对图像放大或缩小，只是放大或缩小了图像的显示比例，并没有改变图像的尺寸。

1. 【视图】菜单下的命令

（1）【视图】/【放大】命令：可将图像放大至下一个预设百分比，快捷键为 Ctrl++ 。当图像到达最大放大级别1600%时，此命令将无效。

（2）【视图】/【缩小】命令：可将图像缩小至上一个预设百分比，快捷键为 Ctrl+- 。当图像到达最大缩小级别（该级别根据图像尺寸的不同而不同），此命令将无效。

（3）【视图】/【实际像素】命令：可将图像按100%显示，快捷键为 Ctrl+0 。

（4）【视图】/【满画布显示】命令：可将图像更改为满屏显示，快捷键为 Alt+Ctrl+0 。

（5）【视图】/【打印尺寸】命令：可将图像以打印尺寸的大小显示。

2. 【缩放】和【抓手】工具

在观察图像或者需要对图像的局部进行调整时，可以先通过【缩放】工具将图像放大，再通过【抓手】工具在图像中拖曳来平移图像，然后对图像进行局部观察或修改，使图像的最终效果更加精细。

（1）【缩放】工具 🔍 的主要作用是将图像成比例放大或缩小，以便对图像进行处理。其属性栏中的各按钮和选项的含义如下。

❖ 【放大】 🔍 、【缩小】 🔍 、 实际像素 、 适合屏幕 和 打印尺寸 按钮与【视图】菜单下各命令的功能相同。

❖ 【调整窗口大小以满屏显示】选项：勾选该复选框，对图像进行缩放时，系统会自动调整图像窗口的大小，使其与当前图像适配。

❖ 【缩放所有窗口】选项：勾选该复选框，在当前图像文件中进行操作，可影响工作区中显示的所有图像文件。

（2）【抓手】工具 ✋ 的主要作用是在不改变图像相对位置的前提下移动整个画面的显示位置。即当图像无法在图像窗口中完全显示时，利用此工具在图像文件中拖曳，可观察图像窗口中原来没有显示的图像。

使用【抓手】工具时，按住 Ctrl 键可将其转换为【放大】工具，按住 Alt 键可将其转换为【缩小】工具。双击 ✋ 按钮，可以将图像适配至屏幕显示。双击 🔍 按钮，可以将图像按100%显示。当使用工具箱中的其他工具时，按住空格键，可将当前工具暂时切换为【抓手】工具。

操作三　利用【魔棒】工具选取图像

本操作主要运用【魔棒】工具 ✎ 选取鲜花、电视机、相机、MP3 和人物图像。【魔棒】工具主要用于选取颜色相近或有大色块的单色区域。激活 ✎ 按钮后，将鼠标指针移动到图像中单击，即可创建与单击处色彩相同或相近的选区。

【设计目标】

学习利用【魔棒】工具 ✎ 选取图像。

【设计效果】

选取的图片效果如图 3-36 所示。

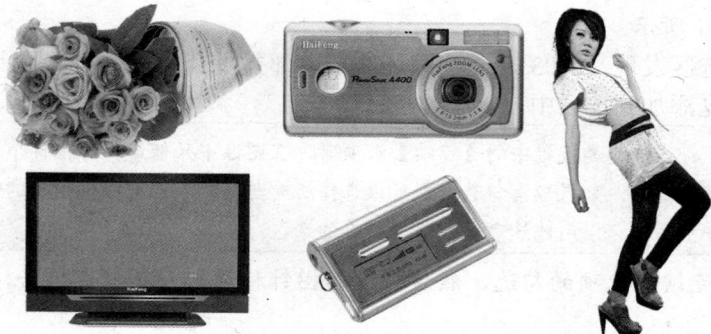

图3-36　选取的图片效果

【设计思路】

利用 ✎ 工具选取背景中相同的颜色区域，然后反选即可得到需要的选区。

【操作步骤】

1. 选取鲜花、电视机及相机图形。

（1）打开素材文件夹中的"鲜花.jpg"文件，单击 ✎ 按钮，并将属性栏中的【容差】值设置为"10"，然后将鼠标指针移动到如图 3-37 所示的位置单击创建选区，释放鼠标后生成的选区如图 3-38 所示。

图3-37　鼠标指针放置的位置　　　　　　　　　　图3-38　生成的选区

> **重要提示**　【容差】值的大小决定了创建选区的精度。数值越大，选择精度越小，选择范围越大。

（2）选择菜单栏中的【选择】/【反向】命令（快捷键为 Shift+Ctrl+I）将选区反选，生成的选区如图 3-39 所示。

> **重要提示**　本操作中选取图像的原理为：首先利用 ✎ 工具选取不需要的区域，然后选择菜单栏中的【选择】/【反向】命令即可得到所需的选区。

（3）用与步骤（1）、（2）相同的方法将"电视机"和"相机"图像选出，如图3-40所示。

图3-39 反选后的选区形态

图3-40 创建的选区

2．选取 MP3。

（1）打开素材文件夹中的"MP3.jpg"文件，然后利用 ![工具]工具在白色背景区域单击，生成的选区如图 3-41 所示。

观察生成的选区发现，MP3 左侧的圆环区域内部并没有选择，而实际上这块区域并不需要，因此也需要先添加到选区中。

> **重要提示** 当勾选属性栏中的【连续】选项时，在图像中只能选择与鼠标单击处颜色相近且相连的部分；如果取消勾选，则可以选择所有与鼠标单击处颜色相近的部分。此处来试验一下是否可以用此选项来创建出需要的选区。

（2）取消【连续】选项的勾选，然后将鼠标指针移动到圆环内部单击，生成的选区如图3-42所示。

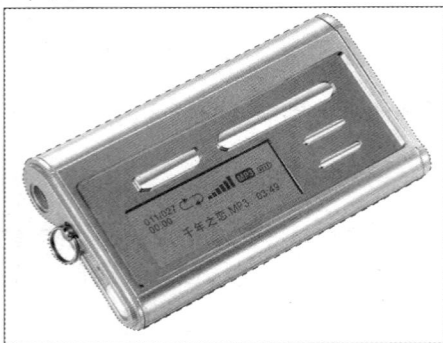

图3-41 生成的选区

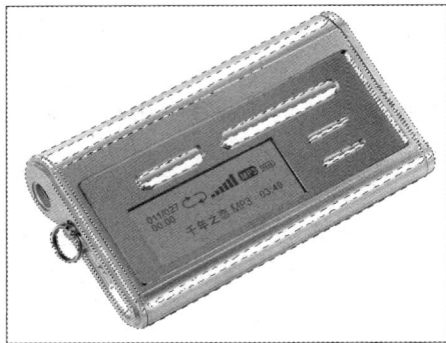

图3-42 取消【连续】选项的勾选时生成的选区

观察图 3-41 可以发现，图像中所有与白色相近的颜色都被选取了，这个结果并不是最终所需的，所以利用【连续】选项得不到想要的效果。在此处穿插这部分内容只为更形象地介绍【连续】选项的功能。下面利用选区运算按钮来添加选区，首先还原以前的选区形态。

（3）选择菜单栏中的【编辑】/【还原魔棒】命令（快捷键为 Ctrl+Z），还原为第 1 次利用【魔棒】工具创建的选区形态。

> **重要提示** 当对图像文件进行多步操作后又想将其还原，可选择菜单栏中的【编辑】/【后退一步】命令（快捷键为 Alt+Ctrl+Z），每执行一次将向后撤销一步操作。在此过程中，如选择菜单栏中的【编辑】/【向前一步】命令（快捷键为 Shift+Ctrl+Z），可将刚才撤销的操作恢复。

（4）单击属性栏中的【添加到选区】按钮 ![按钮]，然后将鼠标指针移动至图 3-43 所示的圆环内部单击，添加对该区域的选择。

（5）按 Shift+Ctrl+I 组合键将选区反选，生成的选区如图 3-44 所示。

（6）用与步骤（1）～（5）相同的方法将"人物"图像选出，创建的选区如图3-45所示。

图3-43 鼠标指针单击的位置

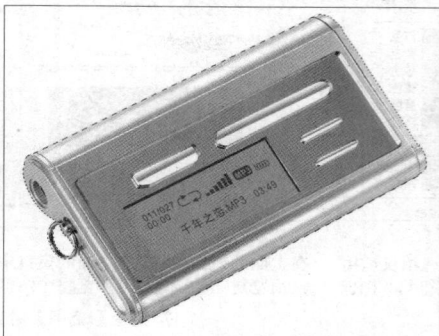

图3-44 反选后生成的选区

图3-45 选取的人物

知识链接

选区的运算按钮包括 ▢▢▢▢ 4个，可以将选区分别进行相加、相减和相交处理。

（1）【新选区】按钮 ▢：默认情况下此按钮处于激活状态，即在图像文件中依次创建选区，图像文件中将始终保留最后一次创建的选区。

（2）【添加到选区】按钮 ▢：激活此按钮或按住 Shift 键，在图像文件中依次创建选区，后创建的选区将与先创建的选区合并成为新的选区。

（3）【从选区中减去】按钮 ▢：激活此按钮或按住 Alt 键，在图像文件中依次创建选区，如果后创建的选区与先创建的选区有相交部分，则从先创建的选区中减去相交的部分，剩余的选区作为新的选区。

（4）【与选区交叉】按钮 ▢：激活此按钮或按住 Shift+Alt 组合键，在图像文件中依次创建选区，如果后创建的选区与先创建的选区有相交部分，则把相交的部分作为新的选区。

重要提示　如果创建的选区之间没有相交部分，系统将弹出【Adobe Photoshop】警告对话框，警告未选择任何像素。

操作四　利用【色彩范围】命令选取图像

除了灵活运用以上选区工具创建选区外，【色彩范围】命令也比较常用，它用于选择指定颜色的图像区域。下面以选取飘带为例来介绍该命令的使用方法。

【操作步骤】

（1）打开素材文件夹中的"飘带.jpg"文件，如图3-46所示。

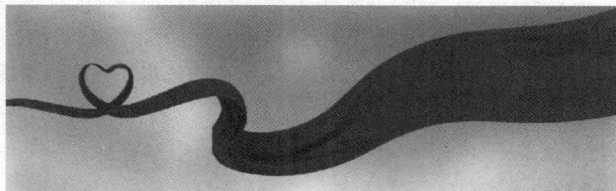

图3-46 打开的图像文件

（2）选择菜单栏中的【选择】/【色彩范围】命令，弹出【色彩范围】对话框，如图3-47所示。

设置取样的颜色

调整选取的色彩范围，数值越大，选取的范围越大

可在图像或预览窗口中单击要添加的颜色

可在图像或预览窗口中单击要减少的颜色

设置以何种方式在图像文件中预览选区

【溢色】选项仅适用于 RGB 和 Lab 图像

在上面的窗口中将只预览建立的选区

在上面的窗口中可预览整个图像

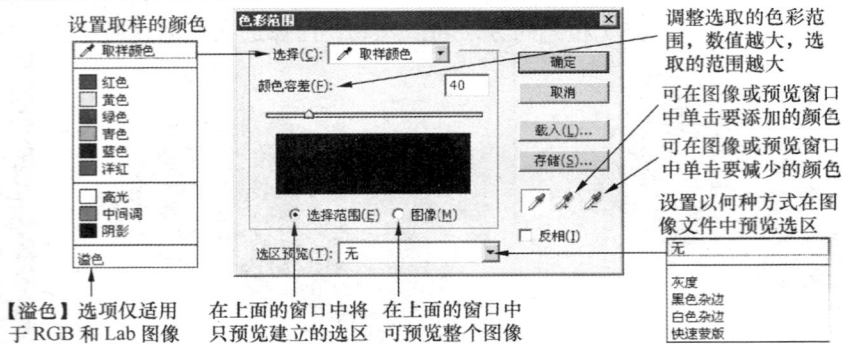

图3-47 【色彩范围】对话框

（3）确认【色彩范围】对话框中的按钮和【选择范围】单选按钮处于选择状态，将鼠标指针移动到图像中如图 3-48 所示的位置单击，吸取色样。

（4）在【颜色容差】文本框中输入数值 "200"，或拖曳下方的三角滑块调整选择的色彩范围，此时的【色彩范围】对话框如图 3-49 所示。

图3-48 吸取色样的位置

（5）单击 确定 按钮，此时图像文件中生成的选区如图 3-50 所示。

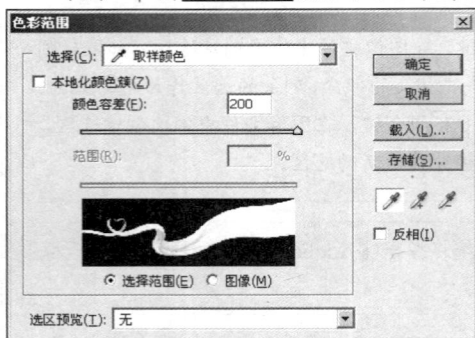

图3-49 吸取色样并设置参数后的对话框

图3-50 选取的图像

【任务小结】

在选取图像时有很多种方法，通过以上各图像的选取操作，希望读者在掌握这些基本工具和命令使用的前提下，能熟练掌握各工具的属性栏选项以及各工具之间的区别和联系，以便在今后的工作过程中能运用自如。

课堂练习

① 利用【魔棒】工具或【磁性套索】工具在背景中选取手图像，原图片和更换背景后的对比效果如图 3-51 所示。

② 利用【椭圆选框】工具将食物从背景中选取出来，并移动到另一文件中，原图片及更换背景后的对比效果如图 3-52 所示。

③ 综合运用【色彩范围】命令及选区运算工具选取人物的衣物，然后利用【图像】/【调整】/【色相/饱和度】命令调整人物衣服的颜色，调整颜色前后的对比效果如图 3-53 所示。

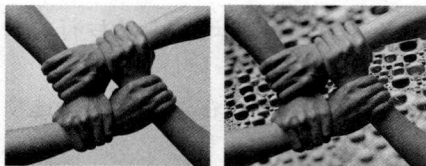

图3-51　更换背景前后的对比效果

图3-52　选取前后的图片对比效果

图3-53　调整衣服颜色前后的对比效果

任务三　制作按钮

本任务主要运用【多边形套索】工具、【椭圆选框】工具和【渐变】工具来制作按钮。

【渐变】工具 用于为画面或选区填充多种颜色渐变，使用前应先在属性栏中设置好渐变颜色及渐变类型，然后将鼠标指针移动到画面或选区内拖曳鼠标。

按钮属性栏中各按钮的功能与生成的渐变效果如图 3-54 所示。

【设计目标】

练习【渐变】工具 的灵活运用。

【设计效果】

制作完成的按钮效果如图 3-55 所示。

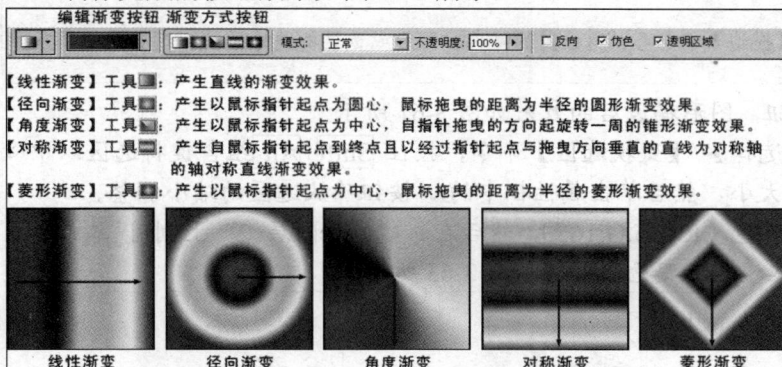

图3-54　属性栏中各按钮的功能与生成的渐变效果

图3-55　制作完成的按钮效果

【设计思路】

❖ 首先利用【多边形套索】工具、【渐变】工具及【描边】命令绘制出星形图形。

❖ 然后利用【椭圆选框】工具、【渐变】工具及旋转复制操作绘制出右上角的椭圆图形。

【操作步骤】

1．绘制星形图形。

（1）按 Ctrl+N 组合键，新建一个【宽度】为 8 厘米、【高度】为 6 厘米、【分辨率】为 120 像素/英寸的文件。

（2）利用 工具在画面中依次单击，绘制出如图 3-56 所示的星形选区，然后将前景色设置为橘红色（R:250,G:130），背景色设置为黄色（R:255,G:230）。

（3）单击 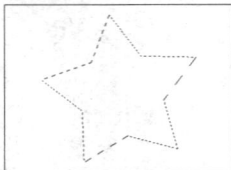 按钮，然后单击属性栏中编辑渐变按钮右侧的  按钮，在弹出的渐变选项面板中选择如图 3-57 所示的"前景到背景"渐变选项。

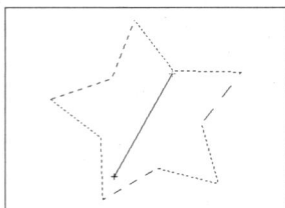

图3-56 绘制的星形选区

图3-57 选择的渐变选项

将鼠标指针放置到任一渐变选项上，稍等片刻系统将弹出该渐变选项的名称

（4）新建"图层 1"，然后将鼠标指针移动到选区内自左下角向右上方拖曳，状态如图 3-58 所示，释放鼠标后生成的渐变效果如图 3-59 所示。

（5）将前景色设置为红褐色（R:182,G:92,B:56），然后选择菜单栏中的【编辑】/【描边】命令，在弹出的【描边】对话框中设置选项及参数如图 3-60 所示。

图3-58 为选区填充渐变色时的状态

图3-59 生成的渐变效果

图3-60 【描边】对话框

重要提示

【编辑】/【描边】命令可以用设置的颜色沿图形或选区的边缘描绘指定宽度的线条。

（6）单击 **确定** 按钮，图形描边后的效果如图 3-61 所示。

（7）选择菜单栏中的【选择】/【变换选区】命令，按住 Shift+Alt 组合键将选区以中心等比例缩小至图 3-62 所示的大小，然后单击属性栏中的 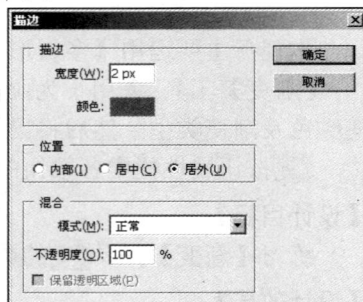 按钮确认选区的缩小调整。

（8）将前景色设置为橘黄色（R:255,G:165），然后在新建的"图层 2"上利用 工具自左下方向右上方拖曳，为选区填充渐变色，效果如图 3-63 所示。

图3-61 描边后的效果

图3-62 缩小选区时的状态

图3-63 填充渐变色后的效果

（9）单击 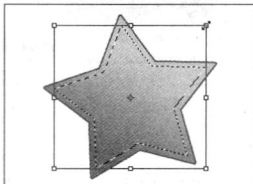 按钮，按住 Alt 键绘制如图 3-64 所示的选区，两选区相减后的效果如图 3-65 所示。

（10）将前景色设置为白色，背景色设置为浅黄色（R:250,G:240,B:165），然后单击  按钮，并激活属性栏中的 按钮，再将鼠标指针移动到选区中自上向下拖曳鼠标为选区渐变颜色，效果如图 3-66 所示。

图3-64 绘制的选区　　　　　图3-65 选区相减后的形态　　　　　图3-66 选区填充渐变色后的效果

2. 绘制椭圆图形。

（1）利用 ⬭ 工具在星形图形的右上方绘制出如图 3-67 所示的椭圆形图形，然后将前景色设置为黄色（R:255,G:240），背景色设置为橘红色（R:250,G:130）。

（2）新建"图层 3"，然后单击 ▣ 按钮，并激活属性栏中的 ▣ 按钮，再在选区中自上向下填充如图 3-68 所示的渐变色。

（3）将前景色设置为红褐色（R:182,G:92,B:56），然后利用【编辑】/【描边】命令为选区以【居外】的方式描绘【宽度】为"2 px"的边缘，效果如图 3-69 所示。

图3-67 绘制的椭圆形选区　　　　　图3-68 填充渐变色后的效果　　　　　图3-69 描绘边缘后的效果

（4）选择菜单栏中的【选择】/【变换选区】命令，按住 Shift+Alt 组合键将选区以中心等比例缩小，然后在新建的"图层 4"中为选区填充白色，效果如图 3-70 所示。

（5）利用 ⬭ 工具将选区向右下方调整位置，然后按 Delete 键删除选区内的图形，效果如图 3-71 所示。

（6）按 Ctrl+D 组合键去除选区，然后按 Ctrl+E 组合键将"图层 4"合并到"图层 3"中，生成的【图层】面板如图 3-72 所示。

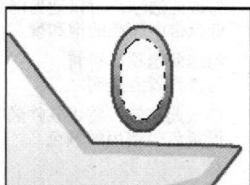

图3-70 选区缩小后填充的效果　　　　　图3-71 删除图形后的效果　　　　　图3-72 【图层】面板

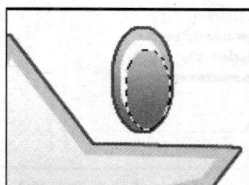

重要提示　　在实际操作过程中，将不再修改的图形合并为一个层，可方便这些图形的移动、缩放等调整。

（7）按 Ctrl+T 组合键为图形添加变形框，然后调整图形的大小及位置，再将鼠标指针放置到变形框的右上方，当鼠标指针显示为旋转符号时，按住鼠标左键并向下拖曳旋转图形，如图 3-73 所示。

（8）在【图层】面板中复制"图层 3"为"图层 3 副本"，然后利用【自由变换】命令将复制的图形调整至如图 3-74 所示的位置及形态。

（9）用与步骤（8）相同的方法制作出另一个图形，完成按钮的制作，最终效果如图 3-75 所示。

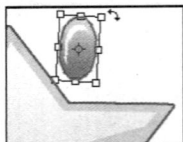

图3-73　旋转图形时的状态　　　图3-74　调整图形的位置及形态　　　图3-75　制作完成的按钮效果

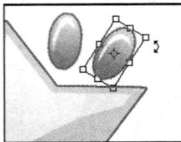

（10）按 Ctrl+S 组合键，将此文件命名为"按钮.psd"并保存。

【任务小结】

单击 ▣ 工具属性栏中编辑渐变按钮的颜色部分，将弹出【渐变编辑器】对话框如图 3-76 所示。在对话框的预设窗口中可设置渐变选项，在下方的色带上可编辑渐变的颜色。

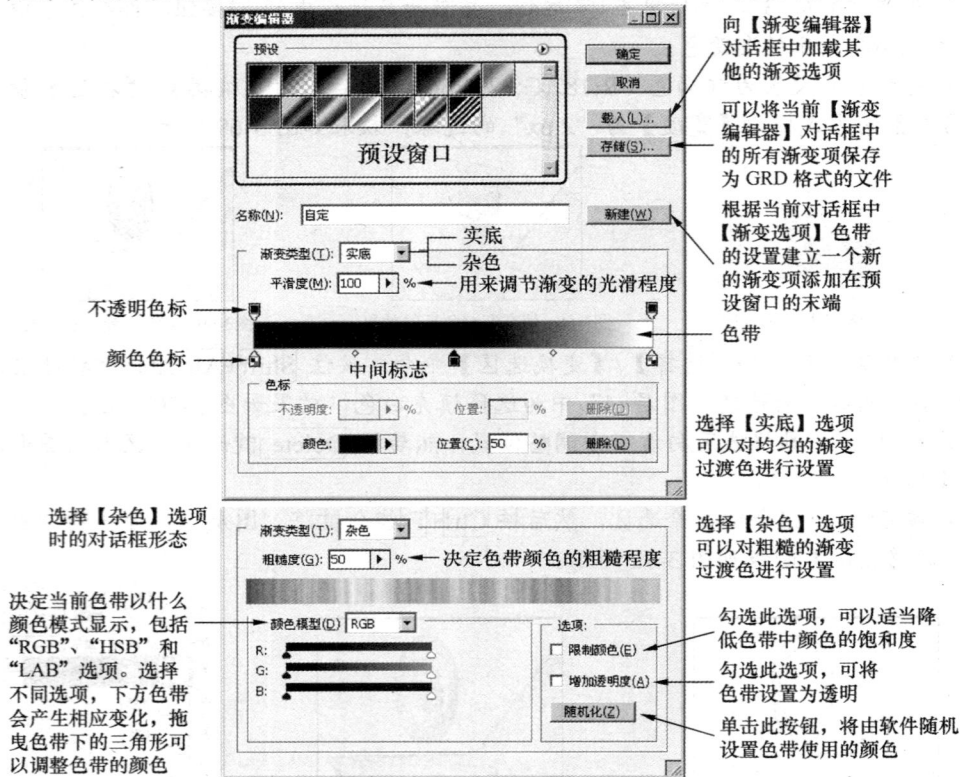

图3-76　【渐变编辑器】对话框

编辑渐变颜色的具体操作为：将鼠标指针移动到色带下方单击，在单击处将出现一个新添加的颜色色标，此时单击下方的【颜色】色块，可在弹出的【拾色器】对话框中设置需要的颜色；右侧的【位置】选项用于确定添加颜色色标在整条色带上的百分比位置，将鼠标指针放置到添加颜色色标左右两侧出现的中间标志上，分别将其向左和向右移动，可调整色带中添加颜色的范围。

课堂练习

① 利用【椭圆选框】工具 ◯ 和【渐变】工具 ▣ 制作如图 3-77 所示的小球效果。

② 利用【椭圆选框】工具 ◯ 和【渐变】工具 ▣ 制作如图 3-78 所示的按钮效果。

③ 利用【渐变】工具 ▣ 制作如图 3-79 所示的手镯效果。

图3-77　制作的小球效果　　　　图3-78　制作的按钮效果　　　　图3-79　制作的手镯效果

任务四　设计宣传单

本任务主要运用【移动】工具 进行移动复制、对齐和分布图像等操作来设计宣传单。

【设计目标】

练习各工具的综合运用并学习宣传单的整体设计方法。

【设计效果】

设计完成的宣传单效果如图 3-80 所示。

【设计思路】

❖　新建文件后将需要的图像素材分别复制其中。

❖　绘制其他辅助图形并添加文字，完成宣传单的设计。

图3-80　设计完成的宣传单

操作一　移动复制需要的图像

本操作来移动复制需要的图像。

【操作步骤】

1. 新建文件并制作渐变背景。

（1）按 Ctrl+N 组合键，新建一个【宽度】为 18 厘米、【高度】为 14 厘米、【分辨率】为 200 像素/英寸的文件。

（2）将前景色设置为红色（R:225,G:30,B:30），背景色设置为黑色，然后单击 按钮并激活属性栏中的 按钮。

（3）确认选择"前景到背景"渐变选项，按住 Shift 键，在图像文件的中心位置按住鼠标左键并向下拖曳，释放鼠标后，生成的渐变背景效果如图 3-81 所示。

（4）按 Ctrl+S 组合键，将当前文件命名为"宣传单设计.psd"保存。

> **重要提示**　在实际作图过程中，建议每完成一个任务都将其保存，以免因断电或死机等情况而造成数据丢失。希望读者能养成随时保存的习惯。

2. 移动鲜花和汽车等图像。

（1）打开任务二中选取的所有图像文件，然后选择菜单栏中的【窗口】/【鲜花.psd】命令，将"鲜花.psd"文件设置为当前文件。

（2）选择菜单栏中的【选择】/【载入选区】命令，弹出【载入选区】对话框，如图 3-82 所示。单击 确定 按钮，前面保存的选区即显示在当前图像文件中。

图3-81 生成的渐变背景效果

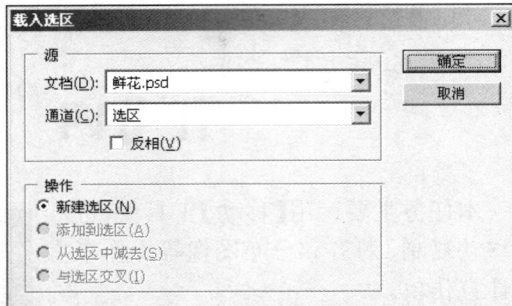

图3-82 【载入选区】对话框

（3）单击 按钮，将鼠标指针移动到选区内按住鼠标左键并向"宣传单设计.psd"文件中拖曳，当鼠标指针显示为 图标时释放鼠标。稍等片刻，选取的鲜花图像即被移动复制到"宣传单设计"文件中。

（4）选择菜单栏中的【编辑】/【变换】/【水平翻转】命令，将图像在水平方向上翻转，然后利用 工具将其调整到画面的左下角位置，如图 3-83 所示。

（5）按住 Ctrl 键，在【图层】面板中单击"图层 1"前面的图层缩览图，加载"鲜花"选区，如图 3-84 所示。

（6）单击【图层】面板下方的 按钮，在弹出的列表中选择【曲线】命令，在弹出的【曲线】对话框中调整曲线的形态，如图 3-85 所示。

图3-83 鲜花调整后的位置

图3-84 鼠标指针放置的位置

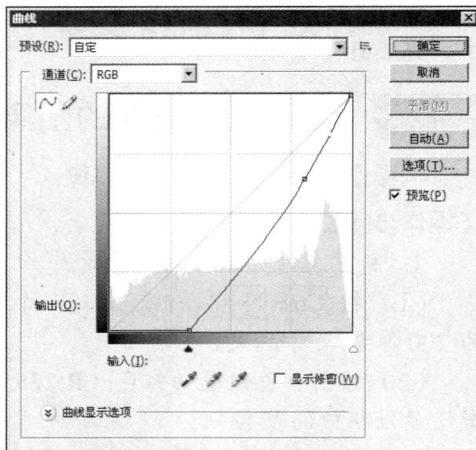

图3-85 调整的曲线形态

（7）单击 确定 按钮，鲜花图像调整后的颜色及【图层】面板中生成的调整层如图 3-86 所示。

（8）选择菜单栏中的【窗口】/【飘带】命令，将"飘带"图像文件设置为当前文件。

（9）用与步骤（2）相同的方法载入飘带选区后，利用 工具将其移动复制到"宣传单设计.psd"文件中，并放置到如图 3-87 所示的位置。

（10）选择 ⬙ 工具，将"飘带"左侧如图 3-88 所示的部分选取，然后按 Delete 键将选区内的图像删除。

图3-86　图像调整后的颜色及【图层】面板

图3-87　飘带调整后的位置

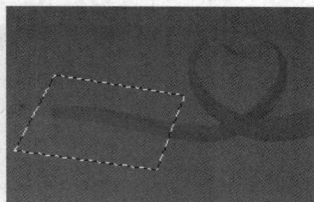

图3-88　绘制的选区

（11）按 Ctrl+D 组合键去除选区，然后选择 ☁ 工具，并设置属性栏中的选项参数如图 3-89 所示。

图3-89　【加深】工具属性栏

（12）将鼠标指针移动到飘带图像上拖曳，加深图像的颜色，最终效果如图 3-90 所示。

（13）选择菜单栏中的【窗口】/【人物】命令，将"人物"图像文件设置为当前文件。

（14）载入人物选区后，利用 ⬥ 工具将其移动复制到"宣传单设计.psd"文件中，如图 3-91 所示。

图3-90　飘带加深颜色后的效果

图3-91　移动复制入的人物

（15）单击【图层】面板中的 ⊠ 按钮，锁定"图层 3"的透明像素，然后选择 ✎ 工具，将前景色设置为黑色，再设置画笔工具的属性栏参数如图 3-92 所示。

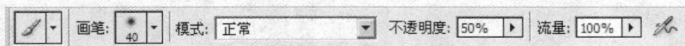

图3-92　画笔工具的属性栏

（16）将鼠标指针移动到人物的头发边缘位置拖曳，将红色边缘涂抹成黑色，效果如图 3-93 所示。

（17）选择菜单栏中的【编辑】/【自由变换】命令，为人物图像添加自由变换框，然后激活属性栏中的 ⬕ 按钮，并将【W】和【H】值设置为"62"，将图像等比例缩小。

> **重要提示**　　激活属性栏中的 🔒 按钮，可以锁定【W】值和【H】值，使之使用相同的缩放比例，也就是确保对图像进行等比例缩放。

（18）单击属性栏中的 ✓ 按钮，确认图像的缩小操作，然后利用 ⊕ 工具将缩小后的人物图像移动到如图 3-94 所示的位置。

> **重要提示**　　在变形框内双击鼠标或按 Enter 键，也可确认图像的变形操作。例如，单击属性栏中的 🚫 按钮或按 Esc 键，将取消图像的变形操作。

图3-93　涂抹后的效果

图3-94　人物图像放置的位置

（19）打开素材文件夹中的"汽车.psd"文件，利用 ⊕ 工具将汽车移动复制到"宣传单设计.psd"文件中，并利用【自由变换】命令将其调整至合适的大小后放置到画面的右上角位置。

（20）将任务一设计的"欧陆风景标志设计.psd"文件设置为当前状态，然后在【图层】面板中，按住 Shift 键依次单击"图层 1"和"文字"层，将除"背景"层外的所有图层同时选中。

（21）按 Ctrl+E 组合键合并选择的图层，然后利用 ⊕ 工具将合并后的标志移动复制到"宣传单设计"文件中，并利用【自由变换】命令将其调整至合适的大小后移动到画面的右上角位置，如图 3-95 所示。

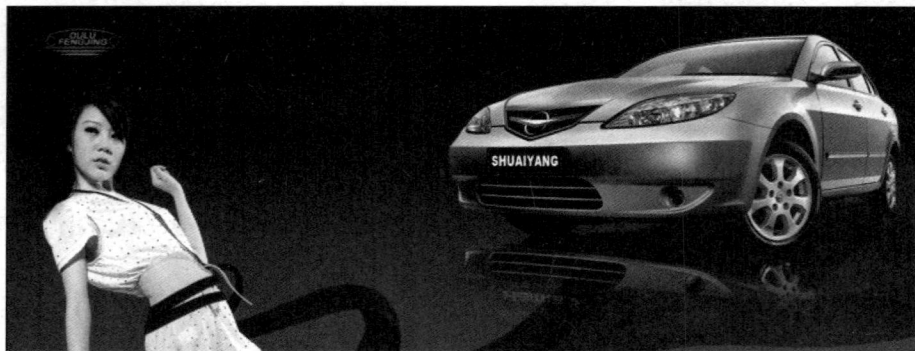

图3-95　汽车和标志放置的位置

（22）在【图层】面板中单击 🔒 按钮，锁定图层的透明像素，然后为标志图形填充白色。

（23）选择菜单栏中的【窗口】/【蝴蝶】命令，将"蝴蝶"图像文件设置为当前文件。

（24）用与步骤 2 中第（2）步相同的方法载入蝴蝶选区后，利用 ⊕ 工具将其移动复制到"宣传单设计.psd"文件中，并调整至如图 3-96 所示的大小及位置。

图3-96 蝴蝶图像调整的大小及位置

（25）选择 工具，按住 Alt 键移动蝴蝶图像，将其移动复制，然后利用【自由变换】命令将其调整至如图 3-97 所示的大小及位置，再按 Enter 键确认。

（26）用与第（25）步相同的方法，依次将蝴蝶图像移动复制并调整大小，最终效果如图 3-98 所示。

图3-97 复制图像调整后的大小及位置

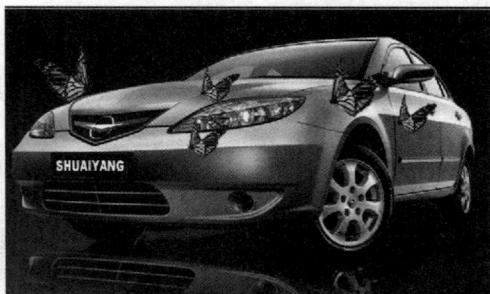

图3-98 复制出的蝴蝶图像

（27）按 Ctrl + S 组合键保存图像。

3. 移动其他图像。

（1）依次将"飞机"、"电视机"、"相机"、"MP3"、"U 盘"和"汽车模型"文件设置为当前文件，载入选区后利用 工具移动到"宣传单设计.psd"文件中，然后分别调整各图像的大小及角度，最终效果及【图层】面板如图 3-99 所示。

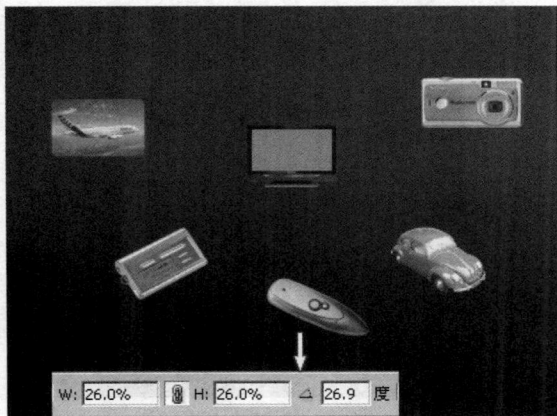

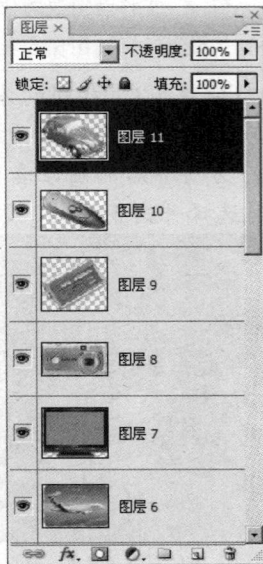

图3-99 各图像调整后的大小、角度及【图层】面板

在调整图像的位置时尽量按照图示的位置放置，以利于下面执行对齐和分布操作。若此时各图像的位置与图示给出的不相符，可勾选【移动】工具属性栏中的【自动选择】复选框，在其下拉列表中选择"图层"选项，然后分别选择要调整的图像，将其移动至合适的位置即可。注意，此处关键要调整飞机和相机图像距页面边缘的位置，其他图像位置可随意。

> **重要提示** 勾选【移动】工具属性栏中的【自动选择】复选框，然后在其下拉列表中选择"图层"选项，再在图像文件中移动图像，Photoshop 会自动选择当前图像所在的图层；否则，必须先选择该图像所在的图层然后才能移动图像。

（2）在【图层】面板中单击"图层 6"将其选中，然后按住 Shift 键单击"图层 8"，将"图层 6"、"图层 7"和"图层 8"中的图像同时选中，再依次单击【移动】工具属性栏中的 和 按钮，将选择的图像在垂直方向上以中心对齐并在水平方向上均匀分布，效果如图 3-100 所示。

（3）确认勾选了【移动】工具属性栏中的【自动选择】复选框，且其下拉列表中【图层】选项处于选择状态，在"MP3"图像上按住鼠标左键并向左移动，当移动到如图 3-101 所示的位置时释放鼠标。

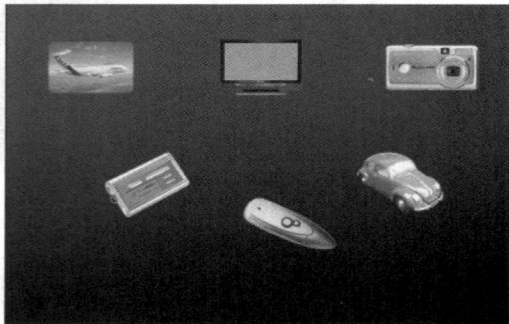

图3-100　对齐和分布后的图像位置

图3-101　对齐图像时的状态

> **重要提示** 在移动图像的位置时系统本身设置有吸附功能，即当移动的图像靠近其周围的其他图像时，该图像会与这个图像按照某一边缘或中心对齐。

（4）用与步骤（3）相同的方法将"汽车模型"与"相机"图像在垂直方向上以中心对齐，然后用与步骤（2）相同的方法对齐和分布图像，效果如图 3-102 所示。

（5）将下方对齐后的图像垂直向下移动位置，然后将"图层 6"、"图层 7"和"图层 8"中的图像同时选择并向下移动，调整后的位置如图 3-103 所示。

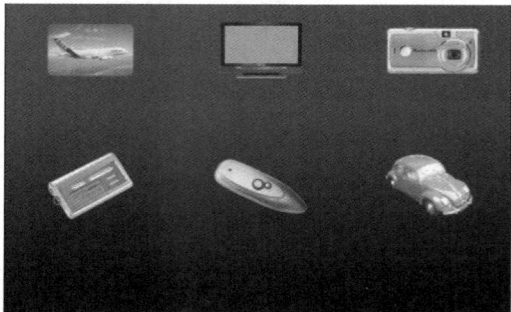

图3-102　对齐和分布后的效果

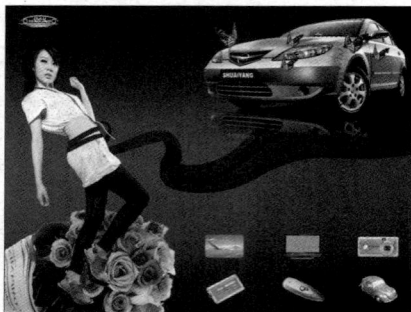

图3-103　图像调整后的位置

（6）按 Ctrl+S 组合键保存文件。

操作二 添加按钮、文字及其他图形

本操作来添加按钮、文字及其他图形。

【操作步骤】

（1）接上例。

（2）将任务三设计的"按钮.psd"文件设置为当前状态，然后在【图层】面板中，按住 Shift 键依次单击"图层 1"和"图层 3 副本 2"图层，将除"背景"层外的所有图层同时选中。

（3）按 Ctrl+E 组合键合并选择的图层，然后利用 移动 工具将合并后的按钮移动复制到"宣传单设计"文件中，并利用【自由变换】命令将其调整至如图 3-104 所示的位置及大小。

（4）在【图层】面板中双击生成的"图层 3 副本 2"图层的名称，将其修改为"图层 12"，然后按住 Ctrl 键单击"图层 12"加载选区。

（5）用移动复制图像方法，依次将按钮图形移动复制，去除选区后的效果如图 3-105 所示。

图3-104 按钮调整后的大小及位置　　　　　　　　　图3-105 复制出的按钮

（6）打开素材文件夹中的"文字及星光效果.psd"文件。

> **重要提示**
> 文字是作品中必不可少的内容，但如果详细介绍文字的输入，篇幅又会太长，故此处将需要的文字制作成了图库文件，打开该图库文件后，利用 移动 工具移动到"宣传单设计"文件中即可。

（7）将除背景层外的所有图层同时选中，然后利用 移动 工具将选择的内容移动复制到"宣传单设计"文件中，效果如图 3-106 所示。

图3-106 添加文字及星光后的效果

（8）利用 工具在如图 3-107 所示的位置绘制圆形选区，然后单击 按钮，并确认属性栏中 按钮处于激活状态，将鼠标指针移动到如图 3-108 所示的位置，按住鼠标左键并向左下方拖曳，绘制出如图 3-109 所示的矩形选区，释放鼠标后，生成的选区形态如图 3-110 所示。

图3-107　绘制的圆形选区

图3-108　鼠标指针放置的位置

图3-109　绘制的矩形选区

图3-110　生成的选区形态

（9）在"图层 12"上单击鼠标，将其设置为当前层，然后单击下方的 按钮，在其上方新建"图层 15"。

（10）利用 工具为选区自左向右填充由橘黄色（R:250,G:130）到黄色（R:255,G:230）的线性渐变，效果如图 3-111 所示。

（11）激活 按钮，并按住 Alt 键将鼠标指针放置到选区内按住鼠标左键并向下拖曳，移动复制图像，在不释放鼠标时按住 Shift 键以确保图像在垂直方向上向下移动，复制出的图形如图 3-112 所示。

图3-111　选区填充渐变后的效果

图3-112　移动复制出的图像

（12）按 Ctrl+D 组合键去除选区，即可完成宣传单的设计，最后按 Ctrl+S 组合键保存文件。

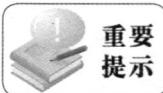

重要提示　在关闭"按钮.psd"及"欧陆风景标志设计.psd"文件时，由于前面制作完成后已经保存，而后又将图层合并了，这时在弹出的询问是否保存面板中要单击 ＿否(N)＿ 按钮，以确保原文件以分层的形式保存。在以后章节中遇到类似情况将不再提示。

【任务小结】

　　【移动】工具 是实际工作过程中应用最为频繁的工具之一，其功能非常强大，除能移动和复制选择的图像外，配合属性栏中的选项及按钮还可对选择的图像进行旋转、扭曲、倾斜、透视变形、对齐和分布等，因此需要读者认真练习其各种操作，以便在实际工作过程中灵活运用。【移动】工具属性栏中【对齐和分布】按钮栏中各按钮的含义分别如下。

❖　【顶对齐】按钮 ：可将选择的图像以顶端对齐。
❖　【垂直居中对齐】按钮 ：可将选择的图像在垂直方向上以中心对齐。
❖　【底对齐】按钮 ：可将选择的图像以底部对齐。
❖　【左对齐】按钮 ：可将选择的图像以左边缘对齐。

❖ 【水平居中对齐】按钮：可将选择的图像在水平方向上以中心对齐。

❖ 【右对齐】按钮：可将选择的图像以右边缘对齐。

❖ 【按顶分布】按钮：可在垂直方向上按顶端均匀分布图像。

❖ 【垂直居中分布】按钮：可在垂直方向上按垂直中心均匀分布图像。

❖ 【按底分布】按钮：可在垂直方向上按底边均匀分布图像。

❖ 【按左分布】按钮：可在水平方向上按左边缘均匀分布图像。

❖ 【水平居中分布】按钮：可在水平方向上按水平中心均匀分布图像。

❖ 【按右分布】按钮：可在水平方向上按右边缘均匀分布图像。

课堂练习

① 综合运用创建选区、羽化处理、移动复制及变形操作将狗的图像合成到盘子图形中，原图及合成后的效果如图 3-113 所示。

② 利用移动复制操作制作出如图 3-114 所示的标志底纹效果。

图3-113　原图及合成后的效果

图3-114　制作的标志底纹效果

实训一　图像合成

【实训要求】

利用【魔棒】工具将素材文件夹下名为"照片 03.jpg"文件中的"儿童"选取，并移动复制到"艺术照背景.jpg"文件中，制作出如图 3-115 所示的艺术照效果。

【操作步骤】

（1）利用工具设置合适的【容差】值后，在"照片 03.jpg"文件的蓝色区域中单击，然后按 Ctrl+Shift+I 组合键反选。

（2）将选取的人物图像移动复制到"艺术照背景.jpg"文件中，并利用【编辑】/【自由变换】命令调整至合适的大小及位置即可。

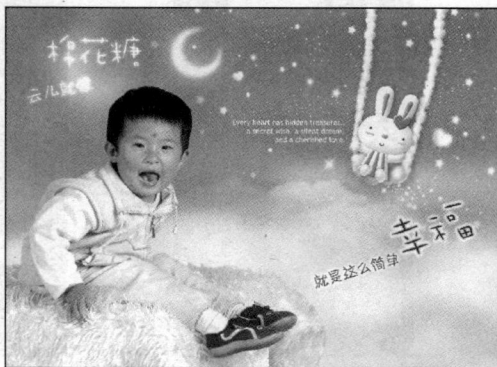

图3-115　制作的艺术照效果

实训二　制作灯光效果

【实训要求】

将素材文件夹下名为"橘子.jpg"和"灯.jpg"的图像文件组合，然后利用【多边形套索】工具 ![icon] 绘制选区羽化后利用【渐变】工具 ![icon] 制作灯光效果，最终效果如图 3-116 所示。

【操作步骤】

（1）将"灯"图像选取后移动复制到"橘子"文件中，然后利用 ![icon] 工具绘制出如图 3-117 所示的选区。

图3-116　制作的灯光效果

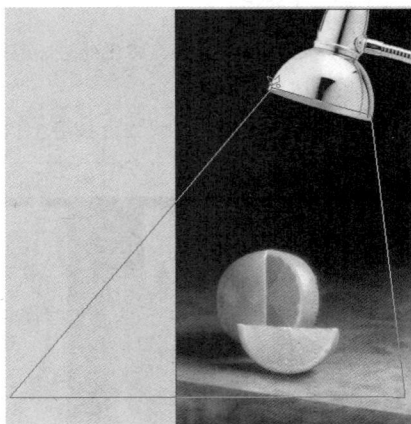

图3-117　绘制的选区形态

（2）羽化选区，设置【羽化半径】值为"40"，羽化后的选区如图 3-118 所示。

（3）单击 ![icon] 按钮，将前景色设置为白色，然后在渐变选项面板中选择【前景到透明】选项，激活属性栏中的 ![icon] 按钮，并确认【透明区域】复选框处于勾选状态，将鼠标指针移动到选区内自上向左下方拖曳，其状态及填充渐变色后的效果如图 3-119 所示。

（4）在渐变选项面板中选择【色谱】选项，然后激活 ![icon] 按钮，并设置【不透明度】值为"30"，单击【图层】面板左上角的【锁定透明像素】按钮 ![icon]，然后将鼠标指针移动到选区内自左上方向右下方拖曳，其效果如图 3-120 所示。

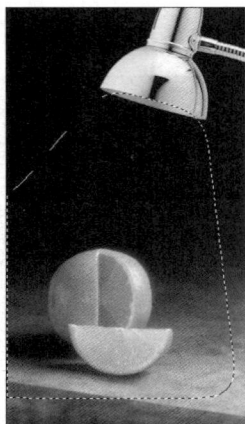

图3-118　羽化后的选区

图3-119　制作光晕

图3-120　添加颜色

实训三　绘制卡通图形

【实训要求】

灵活利用选区工具及【渐变】工具绘制如图 3-121 所示的卡通图形。

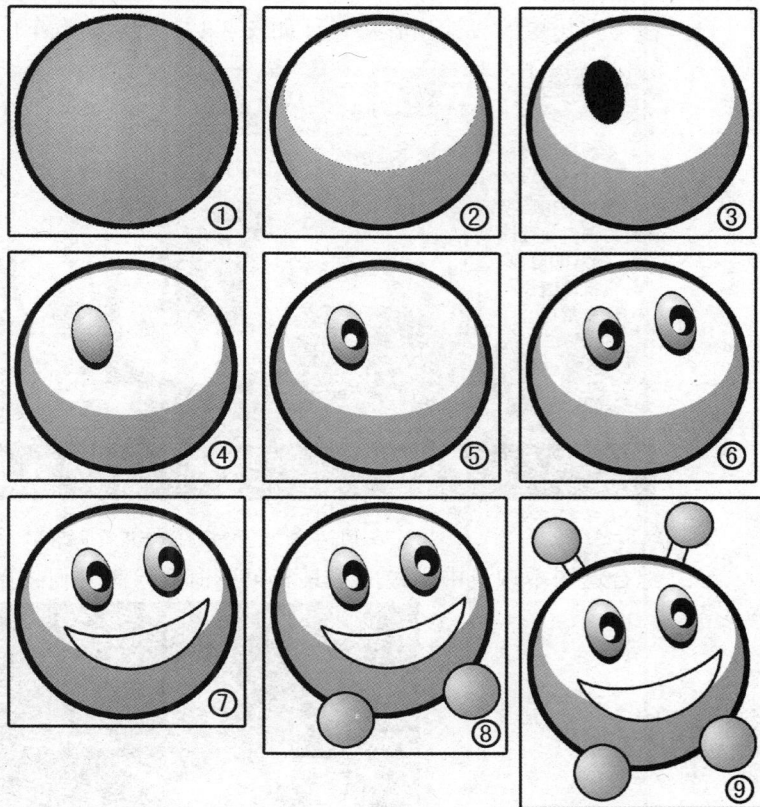

【操作步骤】

卡通图形的绘制过程示意图如图 3-122 所示。

图3-121　绘制的卡通图形　　　　图3-122　卡通图形的绘制过程示意图

小结

本项目主要介绍了各种选区工具、【渐变】工具和【移动】工具的应用。整个项目通过对宣传单进行设计，详细介绍了利用【选区】工具绘制图形、选取图像以及选区的编辑方法，【渐变】工具的使用方法、图像的移动和复制方法及图像的变形操作等。通过本项目的学习，希望读者在理解不同选区工具的特性、各功能之间的区别和基本用法的基础上，能够灵活运用这些工具。另外，对【渐变】工具和【移动】工具的使用方法也要熟练掌握，以便为后续的学习奠定基础。

习题

一、简答题

1. 简述【缩放】工具 🔍 和【抓手】工具 ✋ 在实际工作中的关系。
2. 简述【编辑】/【变换】命令对选择的图像可进行的操作。

二、操作题

1. 参考宣传单的设计步骤，设计如图 3-123 所示的汽车广告报纸稿。

图3-123　设计完成的汽车广告报纸稿

2. 综合运用本项目中学过的工具和菜单命令绘制几何体图形，最终效果如图3-124 所示。

图3-124　绘制的几何体图形

项目四　设计圣诞插画

本项目以设计圣诞插画为例，详细介绍路径工具、【画笔】工具和【路径】面板的应用，包括利用路径工具选取复杂图像、绘制复杂图形及利用【画笔】工具绘制图形的方法。

项目分析

设计完成的圣诞插画如图 4-1 所示，主要通过以下几个任务来完成。

★　利用路径工具在复杂的背景中选取圣诞树图像。

★　利用路径工具绘制雪人图形。

★　合成图像，并利用【画笔】工具 ✐ 结合【画笔】面板绘制月亮和雪花。

图4-1　设计完成的圣诞插画

学习目标

★　掌握【钢笔】工具及【转换点】工具的使用方法。

★　熟悉【自由钢笔】工具、【添加锚点】工具、【删除锚点】工具、【路径选择】工具及【直接选择】工具的使用方法。

★　掌握利用路径工具选取图像和绘制各种不规则图形的方法。

★　掌握【画笔】工具及【铅笔】工具的使用方法。

★　熟悉【路径】面板中描绘路径及填充路径功能的使用方法。

★　熟悉各种形状工具的使用方法。

任务一　选取圣诞树

本任务将介绍利用路径工具从背景中选取图像的方法，该方法比利用各种选框工具选取图像的方法更灵活且更精确，希望读者能熟练掌握。

【设计目标】

练习利用路径工具选取图像的方法。

【设计效果】

原图像及选取后的图像效果如图4-2所示。

【设计思路】

利用路径工具根据要选取图像的边缘绘制路径，然后将路径转换为选区将图像选取。

图4-2　原图像及选取后的效果

【操作步骤】

（1）打开素材文件夹中的"圣诞树.jpg"文件，选择 🖊 工具，确认属性中的 🔲 按钮处于激活状态，根据圣诞树的外形依次单击鼠标，创建出如图4-3所示的路径。

> **重要提示**
>
> 选择【钢笔】工具 🖊，将鼠标指针移动到图像文件中依次单击或拖曳，即可创建工作路径或形状图形。绘制路径时，按住 Shift 键可以创建45°角倍数的路径。当鼠标指针移动到创建路径的起始点位置，鼠标的右下角会出现一个圆形的标志，此时单击鼠标可以闭合路径；在未闭合路径前按住 Ctrl 键然后在任意位置单击鼠标，可以创建不闭合的路径。

图4-3　绘制的路径

隐藏图形后的显示效果

知识链接

【钢笔】工具的属性栏中有3种绘制方式。

（1）【形状图层】按钮 🔲：激活此按钮，在图像文件中依次单击鼠标，可以创建具有前景色颜色填充的形状图形。此时，在【图层】面板中将自动生成包括图层图样和剪切路径的形状图层，双击【图层图样】可以修改创建路径图形的填充颜色。

（2）【路径】按钮 🔲：激活此按钮，在图像文件中单击鼠标，可以创建普通的工作路径。

（3）【完整像素】按钮 🔲：使用【钢笔】工具时此按钮不可用，只有用下面的【图形】工具时才可用。激活此按钮，在图像文件中拖曳鼠标，既不创建新图层，也不创建新工作路径，只在当前层中创建填充前景色的形状图形。

以上大致进行了路径的创建，下面来调整路径的形态使其贴紧要选取图像的边缘，在调整之前为了最终效果更加精确，可先将画面放大显示。

（2）多按几次 `Ctrl`+`+`组合键将画面放大到合适的大小，然后利用 ✋工具将圣诞树上方的中间位置显示在当前画面中。

（3）单击 ⬧按钮，按住 `Alt`键，将鼠标指针放置到如图 4-4 所示的锚点上按住鼠标左键并向右上方拖曳，路径状态如图 4-5 所示。

图4-4 鼠标指针放置的位置

图4-5 调整路径形态时的状态

知识链接

使用【转换点】工具 ⬧可以使锚点在角点和平滑点之间进行转换，几种转换情况分别介绍如下。

（1）单击路径上的平滑点可以将其转换为角点；拖曳路径上的角点可以将其转换为平滑点。

（2）将鼠标指针移动到路径的某一个锚点上按住鼠标左键并拖曳，释放鼠标后将鼠标指针移动到锚点一端的控制点上按住鼠标左键并拖曳，可以调整一端锚点的形态；再次释放鼠标后，将鼠标指针移动到另一控制点上按住鼠标左键并拖曳，可以调整另一端的锚点。

（3）按住 `Alt`键，将鼠标指针移动到锚点处按住鼠标左键并拖曳，可以调整锚点的一端。

（4）按住 `Ctrl`键，将鼠标指针移动到锚点处按住鼠标左键并移动，可以移动当前选择锚点的位置。按住 `Shift`键调整锚点，可以确保锚点按45°角的倍数进行调整。

（4）释放鼠标后，将鼠标指针再放置到下一个锚点上用与步骤 3 相同的方法进行调整，路径状态如图 4-6 所示。

（5）用与步骤（4）相同的方法依次对其他锚点进行调整，最终效果如图 4-7 所示。

图4-6 调整路径时的状态

图4-7 路径调整后的形态

隐藏图形后的显示效果

重要提示

利用 ⬧工具调整路径时，若当前锚点与图像的边角没对齐，可按住 `Ctrl`键移动锚点，将其移动到合适的位置即可。

（6）按 [Ctrl]+[Enter] 组合键将路径转换为选区，然后用与项目三/任务二中相同的存储选区方法，将选区保存以备后用。

（7）按 [Ctrl]+[S] 组合键，将当前图像以 "psd" 格式存储。

课堂练习

① 利用路径工具将人物从原图中选取出来，然后移动到草地图片中进行合成，原图及合成后的图像效果如图 4-8 所示。

② 利用路径工具将小狗从原图中选取出来，然后移动到道路图片中进行合成，原图及合成后的图像效果如图4-9所示。

图4-8 原图与合成后的效果（1）

图4-9 原图与合成后的效果（2）

任务二 绘制雪人图形

本任务综合运用形状工具、路径工具、【画笔】工具及铅笔工具来绘制雪人图形。

❖ 【画笔】工具 ✎：选择此工具，在工具箱中设置前景色，即画笔的颜色，并在面板中选择合适的笔头，然后将鼠标指针移动到图像文件中拖曳即可绘制不同形状的图形或线条。

❖ 【铅笔】工具 ✎：此工具与【画笔】工具类似，也可以绘制不同形状的图形及线条，只是【铅笔】工具多了一个【自动抹掉】功能。在绘画时，如果勾选了属性栏中的【自动抹掉】复选框，当在图像中颜色与工具箱中的前景色相同的区域落笔时，该工具会自动擦除前景色而以背景色的颜色绘制。如果在与前景色不同的颜色区域落笔时，铅笔工具将以前景色的颜色绘制。

在 Photoshop 中，形状工具也可以绘制各种路径。它们的使用方法非常简单，选取相应的工具后，在图像文件中拖曳即可绘制出需要的路径。形状工具主要包括以下 6 种工具。

❖ 【矩形】工具 ▭：可以绘制矩形路径或图形，按住 [Shift] 键可以绘制正方形。

❖ 【圆角矩形】工具 ▢：可以绘制具有圆角的矩形路径或图形。当属性栏中的【半径】值为 "0" 时，绘制出的图形为矩形。

❖ 【椭圆】工具 ⬭：可以绘制椭圆路径或图形，按住 [Shift] 键可以绘制圆形。

❖　【多边形】工具 ⬡：可以绘制正多边形或星形。在属性栏中还可以设置多边形或星形的边数。

❖　【直线】工具 ╲：可以绘制直线或带有箭头的线段。在属性栏中可以设置直线的粗细及箭头的样式。按住 Shift 键可以绘制 45° 角倍数的直线或箭头。

❖　【自定形状】工具 🐾：可以绘制出各类不规则的图形和自定义图案。

> **重要提示**
>
> 　　在使用形状图形过程中，除了系统自带的形状图形外，还可以通过采集图像中的形状图形来自定义形状，具体方法为：先加载图形的选区，然后将其转换为路径，并选择菜单栏中的【编辑】/【定义自定形状】命令即可。

【设计目标】

练习利用形状工具、路径工具以及【椭圆】工具绘制图形的方法。

【设计效果】

绘制完成的雪人如图 4-10 所示。

【设计思路】

利用【椭圆】工具绘制雪人的身体、头部和眼睛，然后利用路径工具绘制雪人的鼻子及嘴巴，再利用选区工具和画笔工具绘制雪人的帽子，最后绘制雪人的手图形，即可完成整个图像的绘制。

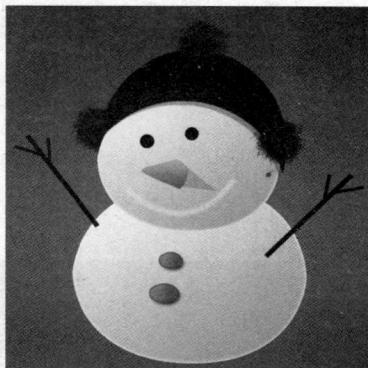

图4-10　绘制的雪人

【操作步骤】

（1）新建一个【宽度】为 12 厘米、【高度】为 12 厘米、【分辨率】为 130 像素/英寸的文件。

（2）将前景色设置为蓝色（R:36,G:124,B:204），背景色设置为深蓝色（R:14,G:47,B:97）。

（3）选择 ▦ 工具，将渐变样式设置为"从前景到背景"，然后激活属性栏中的 ▦ 按钮，再将鼠标指针移动到画面的中心位置按下并向右下方拖曳，为画面添加如图 4-11 所示的径向渐变色。

（4）选择 ⬭ 工具并激活属性栏中的 ▢ 按钮，然后在画面中绘制出如图 4-12 所示的椭圆形。

图4-11　填充的渐变色

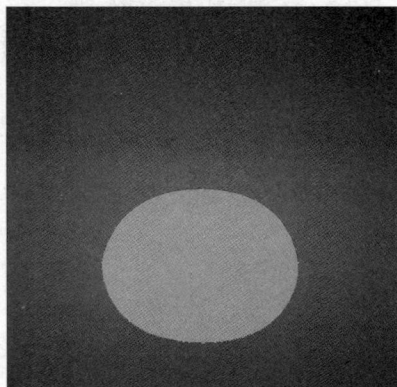

图4-12　绘制的椭圆形

（5）执行【图层】/【图层样式】命令，在弹出的【图层样式】对话框中分别设置【内发光】和【渐变叠加】样式的参数如图 4-13 所示。

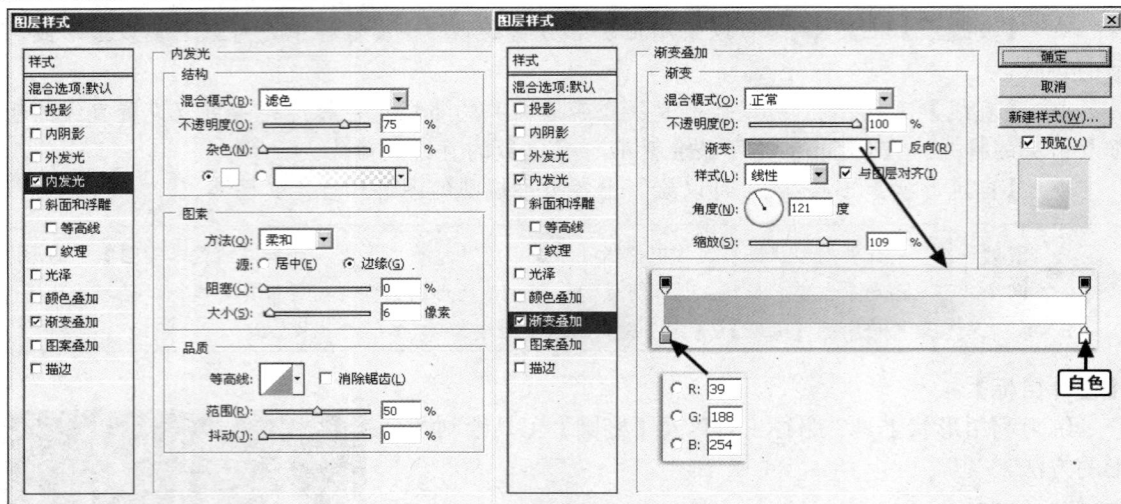
图4-13 【图层样式】参数设置

（6）单击 ▢确定▢ 按钮，图形添加图层样式后的效果如图 4-14 所示。

（7）将椭圆形向上移动复制，然后利用【自由变换】命令将其调整至如图 4-15 所示的大小及位置。

图4-14 添加图层样式后的效果

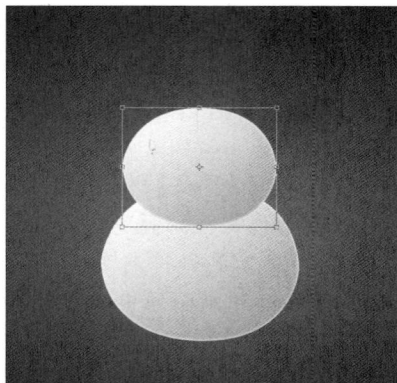
图4-15 复制图形调整后的大小及位置

（8）按 Enter 键确认图像的大小调整，然后利用 ◉ 工具绘制出如图 4-16 所示的黑色图形作为眼睛。

（9）选择 ▶ 工具，按住 Alt 键移动黑色眼睛图形将其移动复制，然后将复制图形移动到如图 4-17 所示的位置。

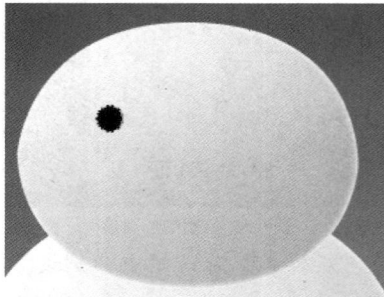
图4-16 绘制的黑色图形

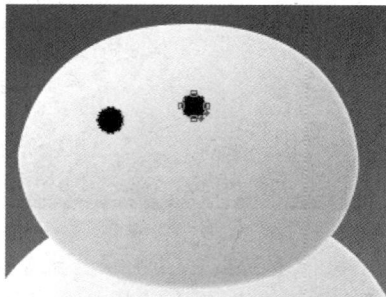
图4-17 移动复制出的图形

使用【路径选择】工具 ▶ 可以对路径进行选择、移动、复制或对齐和分布。

（1）利用 ▶ 工具单击路径，当路径上的锚点全部显示为黑色时，表示该路径被选择。

（2）当文件中有多个路径需要同时被选择时，可以按住 Shift 键，然后依次单击要选择的路径，或用框选的形式框选需要选择的路径。

（3）在文件中按住被选择的路径拖曳可以移动该路径。

（4）按住 Alt 键移动被选择的路径可以复制该路径。将被选择的路径拖曳至另一文件中，可以将其复制到另一文件中。

（5）按住 Ctrl 键，可将当前工具切换为【直接选择】工具，以调整被选择路径上锚点的位置或调整锚点的形态。

（6）当选择多个路径后，利用属性栏中的对齐和分布按钮可以将选择的路径按指定的位置对齐和分布。其使用方法与【移动】工具属性栏中的按钮相同。

（10）利用 ✍ 和 ▶ 工具绘制出如图 4-18 所示的路径，然后按 Ctrl+Enter 组合键将其转换为选区。

（11）新建"图层 1"，然后利用 ▢ 工具为选区自上向下填充由橘黄色（R:255,G:169,B:49）到红色（R:254,G:47,B:18）的线性渐变色，效果如图 4-19 所示。

（12）利用 ✍ 工具绘制出如图 4-20 所示的选区，然后新建"图层 2"，并为选区填充黑色。

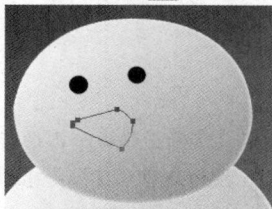

图4-18　绘制的路径　　　　　　　　图4-19　填充渐变色后的效果　　　　　　　　图4-20　绘制的选区

（13）在【图层】面板中将"图层 2"调整至"图层 1"的下方，然后将其【不透明度】参数设置为"20%"，生成的效果如图 4-21 所示。

（14）按 Ctrl+D 组合键去除选区，然后利用 ✍ 和 ▶ 工具绘制出如图 4-22 所示的路径。

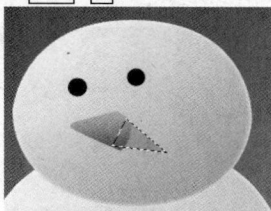

图4-21　调整堆叠顺序及不透明度后的效果　　　　　　　　图4-22　绘制的路径

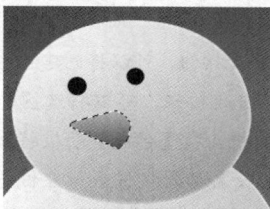

（15）选择 ✐ 工具并单击属性栏中【画笔】选项右侧的 ▪ 按钮，在弹出的【画笔设置】面板中设置参数如图 4-23 所示。

（16）新建"图层 3"，然后将前景色设置为白色，并将 ✐ 工具属性栏中的【不透明度】参数设置为"50%"。

（17）将【路径】面板设置为工作状态，然后单击面板下方的 ○ 按钮，用设置的画笔笔头为路径描绘白色，效果如图 4-24 所示。

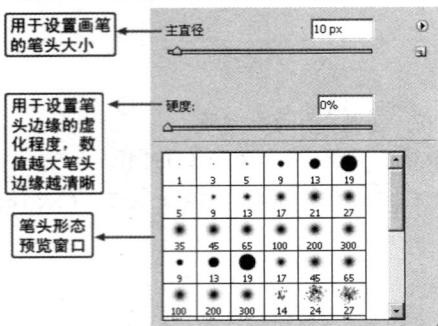

用于设置画笔的笔头大小 — 主直径 10 px

用于设置笔头边缘的虚化程度，数值越大笔头边缘越清晰 — 硬度 0%

笔头形态预览窗口

图4-23　设置的笔头参数

图4-24　描绘路径后的效果

（18）在【路径】面板的灰色区域单击，取消路径的显示，然后在【图层】面板中将"图层 3"的【不透明度】参数设置为"80%"。

重要提示　在【路径】面板中的灰色区域单击鼠标，会将路径在图像文件中隐藏；再次单击路径的名称，可将路径重新显示在图像文件中。

知识链接

【路径】面板中各按钮的主要功能分别如下。

❖ 【填充】按钮：单击此按钮，将以前景色填充创建的路径。

❖ 【描边】按钮：单击此按钮，将以前景色为创建的路径描边，其描边宽度及样式会根据当前选择工具的不同设置而不同。

❖ 【转换为选区】按钮：单击此按钮，可以将创建的路径转换为选区。

❖ 【转换为路径】按钮：单击此按钮，可以将选区转换为路径。

❖ 【新建】按钮：单击此按钮，在【路径】面板将新建一路径。若【路径】面板中已经有路径存在，将鼠标指针放置到创建的路径名称处按住鼠标左键并向下拖曳至此按钮处释放鼠标，可以完成路径的复制。

❖ 【删除】按钮：单击此按钮，可以删除当前选择的路径。也可以将想要删除的路径直接拖曳至此按钮处，释放鼠标即可完成路径的删除。

至此，雪人图形基本完成，下面来绘制雪人的帽子及纽扣图形。

（19）新建"图层 4"，然后按 Shift+Ctrl+] 组合键将其调整至所有图层的上方，再利用工具绘制出如图 4-25 所示的椭圆形选区。

（20）选择工具，然后单击属性栏中的颜色条部分，在弹出的【渐变编辑器】对话框中设置渐变颜色如图 4-26 所示。

（21）单击　确定　按钮，并将属性栏中的按钮激活，然后将鼠标指针移动到选区中拖曳，为选区填充如图 4-27 所示的径向渐变色。

（22）选择菜单栏中的【选择】/【变换选区】命令，为选区添加自由变换框，然后将其调整至如图 4-28 所示的形态及位置。

图4-25　绘制的椭圆形选区

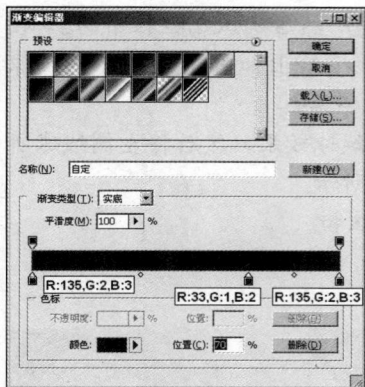

图4-26 设置的渐变颜色参数　　　图4-27 填充渐变色后的效果　　　图4-28 选区调整后的形态及位置

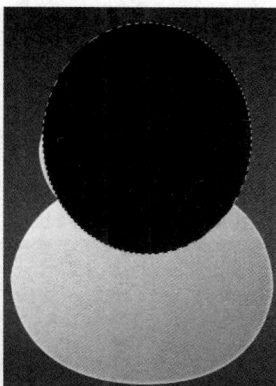

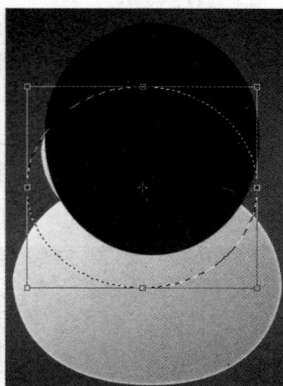

（23）按 Enter 键确认选区的变换调整，然后按 Delete 键删除选区内的图形，按 Ctrl+D 组合键去除选区，效果如图4-29所示。

（24）利用【图层】/【图层样式】/【投影】命令，为"帽子"图形添加投影效果，参数设置及生成的投影效果如图4-30所示。

图4-29 删除图形后的效果　　　　　　　图4-30 【投影】参数设置及生成的投影效果

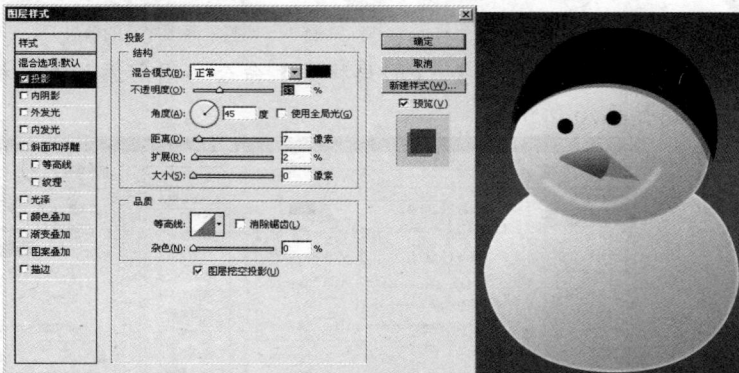

（25）选择　工具，然后单击属性栏中的　按钮，在弹出的【画笔】面板中选择如图4-31所示的笔头。

（26）选中【形状动态】选项，然后在右侧参数区中修改参数如图4-32所示，其他【散布】及【颜色动态】选项采用默认的参数设置。

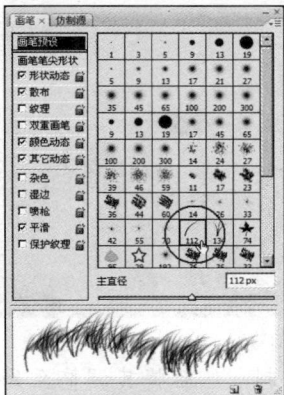

图4-31 选择的画笔笔头　　　　　　　　图4-32 设置的选项及参数

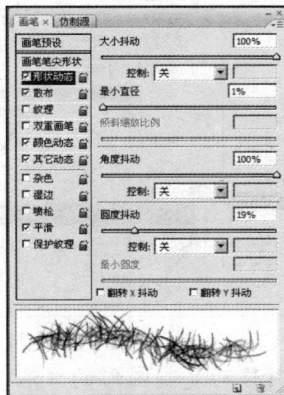

（27）新建"图层 5"，并将前景色设置为深红色（R:155,B:4），然后确认属性栏中的 ![按钮] 按钮处于激活状态，将鼠标指针移动到画面中按住鼠标左键不放，喷绘出如图 4-33 所示的绒球效果。

（28）用与步骤（27）相同的方法，依次喷绘出帽子两边的绒球效果，然后将左侧绒球所在的图层调整至"雪人"头部所在图层的下方，效果如图 4-34 所示。

（29）再次利用 ![工具] 工具绘制出如图 4-35 所示的椭圆形作为纽扣。

图4-33 喷绘的绒球效果　　　　　图4-34 调整堆叠顺序后的效果　　　　　图4-35 绘制的椭圆形

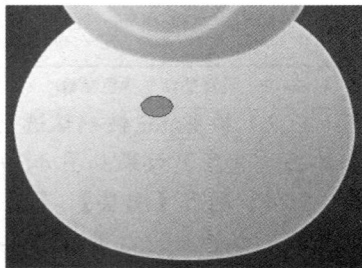

（30）利用【图层】/【图层样式】命令为图形添加图层样式，各选项参数设置及生成的效果如图 4-36 所示。

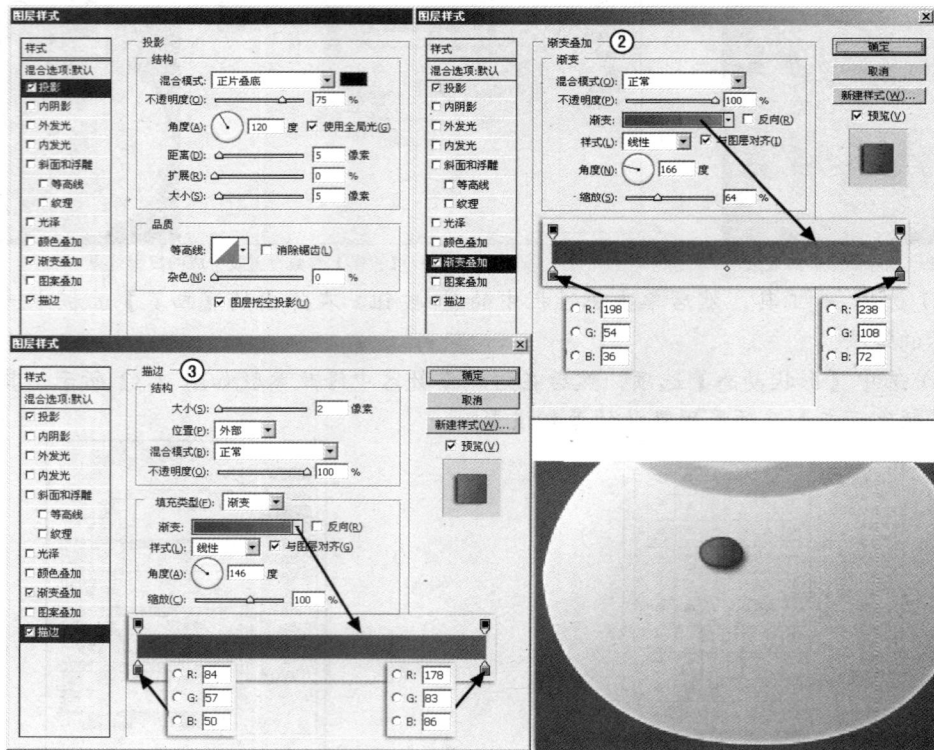

图4-36 各【图层样式】参数设置及生成的效果

（31）用移动复制图形的方法，将"纽扣"图形移动复制，然后将其调整至如图 4-37 所示的大小及位置。

最后利用 ＼ 工具来绘制"手"图形。

（32）选择 ＼ 工具并激活属性栏中的 □ 按钮，然后将 粗细: 6 px 值设置为"6 px"。

（33）新建"图层 8"，并将前景色设置为黑色，然后将鼠标指针移动到画面中拖曳，绘制出如图 4-38 所示的黑色线形。

（34）将属性栏中 粗细: 4 px 值设置为"4 px"，然后再依次绘制出如图 4-39 所示的黑色线形，作为手图形。

（35）将"图层 8"复制为"图层 8 副本"，然后执行【编辑】/【变换】/【水平翻转】命令，将复制的"手"图形在水平方向上翻转，并调整至如图 4-40 所示的位置。

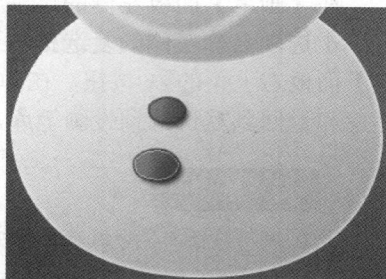

图4-37 复制出的"纽扣"图形

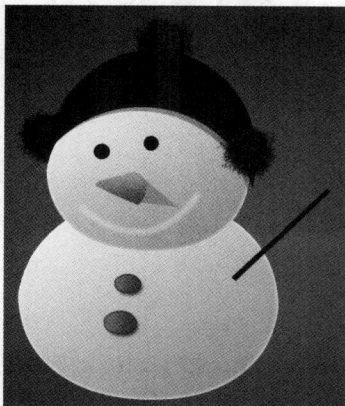

图4-38 绘制的线形 图4-39 绘制出的手图形 图4-40 复制手图形调整后的形态及位置

（36）至此，雪人绘制完成，按 Ctrl+S 组合键将此文件命名为"雪人.psd"保存。

【任务小结】

选择菜单栏中的【窗口】/【画笔】命令（快捷键为 F5），即可调出【画笔】面板，如图 4-41 所示。

用于查看、选择和载入预设画笔，拖动【主直径】选项下方的按钮可以调整选择的笔头大小
用于设置画笔的笔头形状
用于设置绘制过程中画笔笔迹的变化
可使绘制出来的线条产生一种笔触散射的效果
可以使画笔工具产生图案纹理效果
可以设置出两种不同形状的笔刷用来绘制图形
可以将指定颜色进行不同程度的混合
用于设置画笔的不透明度和流量的动态效果
可以使画笔绘制出的颜色出现杂色效果
可以使画笔绘制出的颜色出现润湿边的效果
使画笔具有喷枪的性质，即在图像中的指定位置按下鼠标左键后画笔颜色将加深
可以使画笔绘制出的颜色边缘较平滑
可以对所有的画笔执行相同的纹理图案和缩放比例

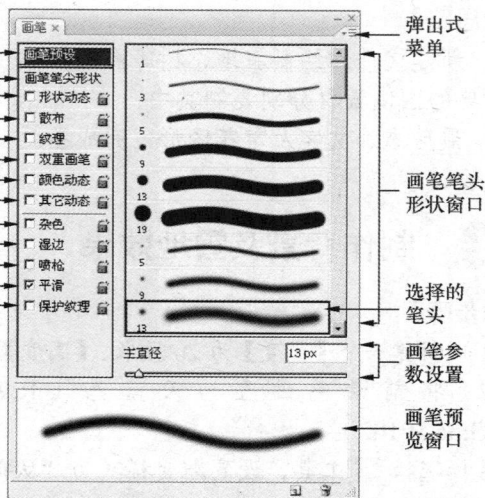

弹出式菜单
画笔笔头形状窗口
选择的笔头
画笔参数设置
画笔预览窗口

图4-41 【画笔】面板

69

在【画笔】面板左侧的选项窗口中单击选项名称，面板的右侧将显示该选项的参数；如只单击选项名称左侧的复选框，可以在不查看其参数的情况下启用或停用此选项。单击【画笔】面板右上角的 按钮，在弹出的下拉菜单中可以更改预设画笔的显示方式、载入预设画笔库和返回到默认的预设画笔库。

课堂练习

① 利用路径工具绘制如图 4-42 所示的卡通猫图形。

② 利用路径工具绘制如图4-43所示的卡通图形。

图4-42 卡通猫图形　　　　　　　　　　　　图4-43 卡通图形

任务三　合成图像

本任务将介绍合成圣诞插画，主要运用【渐变】工具、【画笔】工具、【画笔】面板设置等。

【设计目标】

练习各工具的综合运用并学习圣诞插画的整体设计。

【设计效果】

设计完成的圣诞插画效果如图4-44所示。

【设计思路】

❖ 新建文件后绘制雪地、树等图形。然后将需要的图像素材分别复制其中。

❖ 最后添加文字及雪花图形，完成圣诞插画的设计。

图4-44 设计完成的圣诞插画

操作一　制作背景及雪地效果

【操作步骤】

（1）新建一个【宽度】为20厘米、【高度】为15厘米、【分辨率】为130像素/英寸的文件。

（2）将前景色设置为天蓝色（R:96,G:178,B:228），背景色设置为深蓝色（R:30,G:56,B:102）。

（3）选择 工具，设置渐变样式为"从前景到背景"，然后激活属性栏中的 按钮，再将鼠标指针移动到画面的中心位置按下并向右拖曳，为画面添加如图 4-45 所示的渐变色。

（4）按 Ctrl+J 组合键将"背景"图层复制为"图层 1"，执行【编辑】/【变换】/【旋转 90 度（顺时针）】命令，将复制的图像旋转 90°。

（5）按 Ctrl+T 组合键为复制的图像添加自由变形框，然后将其调整至与画面相同的大小，如图 4-46 所示。

（6）按 Enter 键确认图像的变换调整，然后将"图层 1"的【图层混合模式】选项设置为"正片叠底"，生成的效果如图 4-47 所示。

图4-45 填充的渐变色　　　　　图4-46 变换后的效果　　　　　图4-47 设置混合模式后的效果

（7）选择 🖋 工具并激活属性栏中的 ▨ 按钮，然后结合 ▷ 按钮在画面的下方绘制出如图 4-48 所示的路径。

图4-48 绘制的路径

重要提示　　在绘制路径时，如没有新建路径层，【路径】面板中将自动生成一个"工作路径"图层，当执行完一定的操作后，在绘制下一个路径时，新的路径将替代上面的路径出现在工作路径层中。

（8）在【路径】面板中，将"工作路径"向下拖曳至 ⎕ 按钮处释放鼠标，将"工作路径"保存为"路径 1"。

（9）在【图层】面板中新建"图层 2"，然后按 Ctrl+Enter 组合键将路径转换为选区，并为选区填充白色。

（10）将前景色设置为灰白色（R:255,G:232,B:237），选择 🖌 工具，设置合适的笔头大小后在选区的下方位置拖曳鼠标，喷绘出如图 4-49 所示的颜色。

图4-49 喷绘颜色后的效果

重要提示　　当使用【画笔】工具绘画时，按 [键可以将画笔的笔头减小；按] 键可以将画笔的笔头增大；按 Shift+[组合键或 Shift+] 组合键，可以减小或增大笔头的硬度。

（11）将前景色设置为灰色（R:226,G:232,B:238），将画笔笔头的【硬度】设置为"100%"，然后在选区的上方拖曳鼠标，绘制出如图 4-50 所示的颜色效果。

图4-50　绘制颜色后的效果

（12）按 Ctrl+D 组合键去除选区，然后在【路径】面板中单击 按钮新建"路径 2"，再利用 工具和 工具绘制出如图 4-51 所示的路径。

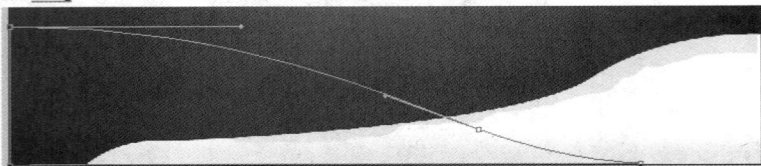

图4-51　绘制的路径

重要提示　在绘制路径之前，如果想保留绘制的路径，一定要先在【路径】面板中创建一个路径层。在下面的操作过程中，将不再依次介绍新建路径层，读者在绘制一个单独的路径之前先创建一个即可。

（13）在【图层】面板中新建"图层 3"，然后按 Ctrl+Enter 组合键将路径转换为选区，并为选区填充白色。

（14）将前景色设置为灰白色（R:255,G:232,B:237），选择 工具，设置合适的笔头大小后在选区的下方位置拖曳鼠标，喷绘出如图 4-52 所示的颜色。

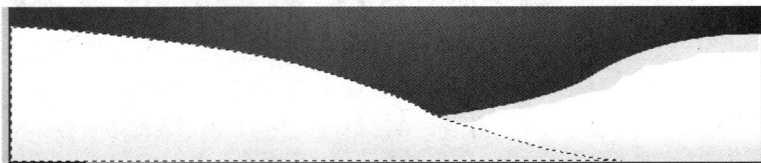

图4-52　喷绘出的颜色

（15）按 Ctrl+D 组合键去除选区，然后利用【图层】/【图层样式】/【外发光】命令为其添加外发光效果，参数设置及生成的效果如图 4-53 所示。

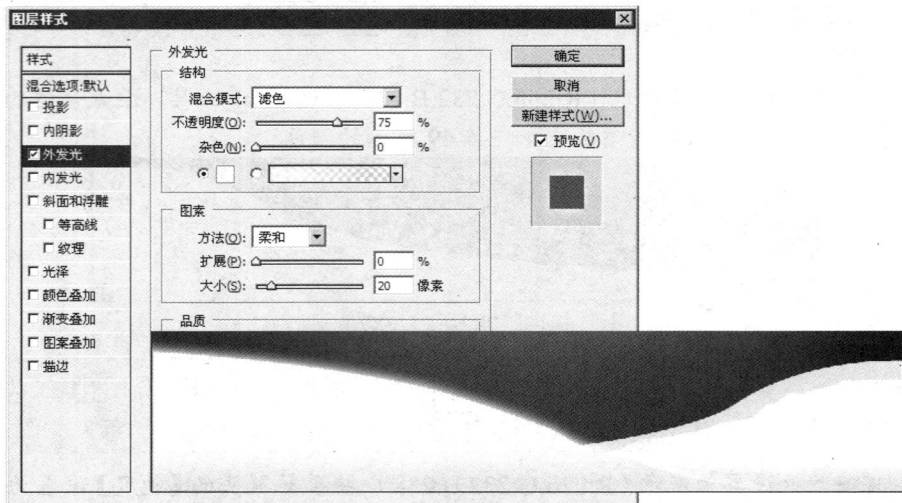

图4-53　外发光参数设置及生成的效果

（16）新建"图层 4"，利用 工具绘制选区并为其填充白色，效果如图 4-54 所示。

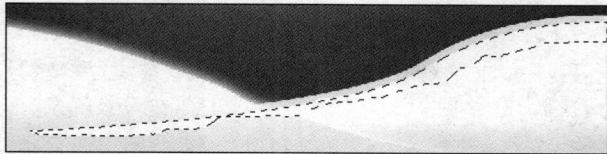

图4-54　绘制的图形

（17）用上面绘制雪地图形相同的方法，依次绘制出如图 4-55 所示的图形，然后按 Ctrl+D 组合键去除选区。

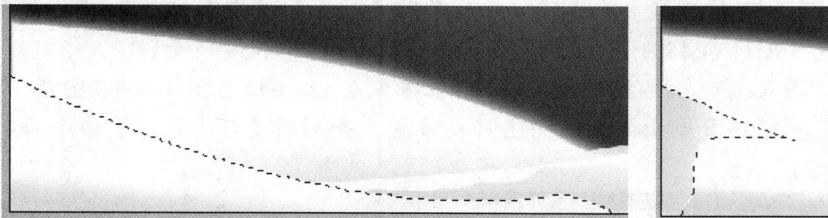

图4-55　绘制的图形

（18）在【图层】面板中按住 Shift 键单击"图层 2"，将作为雪地图形的所有图层同时选中，然后执行【图层】/【新建】/【从图层建立组】命令，在弹出的【从图层新建组】对话框中，将【名称】设置为"雪地"。

（19）单击　确定　按钮，将选择的图层合并为一个名为"雪地"的组，【图层】面板及绘制的雪地效果如图 4-56 所示。

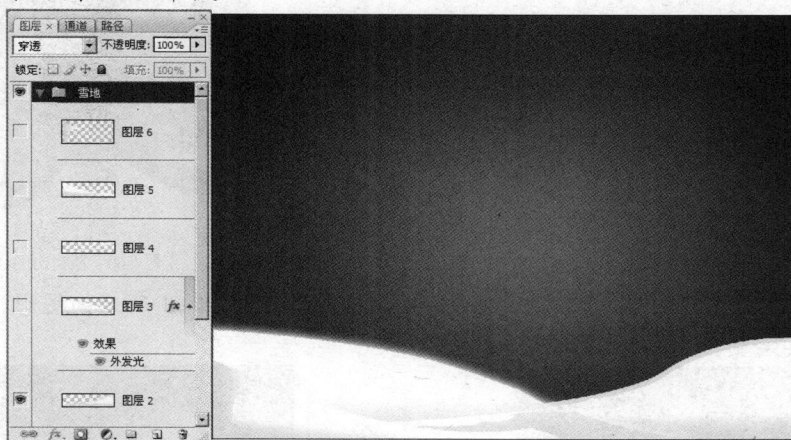

图4-56　【图层】面板及绘制的雪地效果

（20）按 Ctrl+S 组合键，将此文件命名为"圣诞插画.psd"保存。

操作二　绘制圣诞树

【操作步骤】

（1）接上例。

（2）新建"图层 7"，利用 工具绘制如图 4-57 所示的选区，然后利用 工具为其自左向右填充由深蓝色（R:35,G:41,B:93）到蓝色（R:40,G:86,B:163）的线性渐变色，如图 4-58 所示。

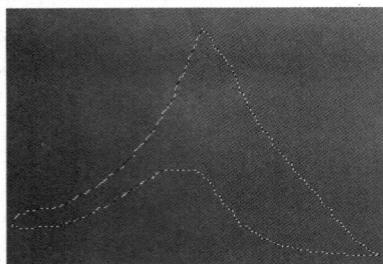

图4-57 绘制的选区

图4-58 填充的渐变色

（3）按 Ctrl+D 组合键去除选区，然后利用【图层】/【图层样式】/【描边】命令，为图形添加深蓝色（R:11,G:45,B:110）的边缘，参数设置如图 4-59 所示。

（4）在"图层 7"上按住鼠标左键并向下拖曳至 按钮上释放，将"图层 7"复制为"图层 7 副本"，然后将复制出的图形向上移动位置，并利用【自由变换】命令将其调整至如图 4-60 所示的大小。

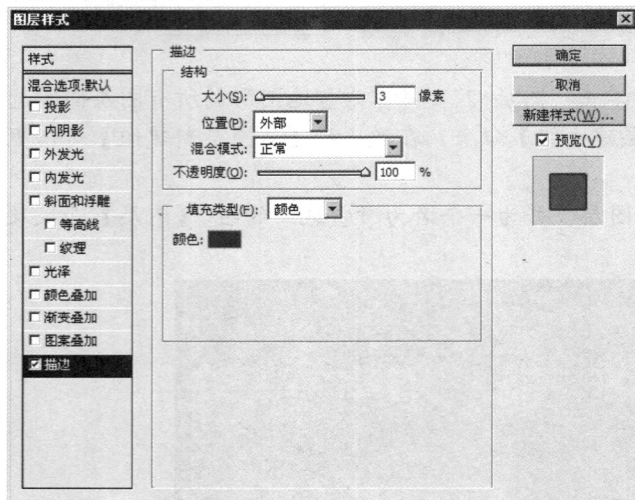

图4-59 设置的描边参数

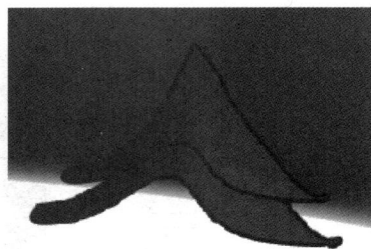

图4-60 复制出的图形

（5）用与步骤（2）～（3）相同的方法，依次绘制出如图 4-61 所示的图形，然后利用 工具和 工具绘制出如图 4-62 所示的路径。

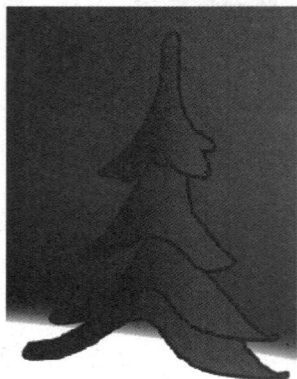

图4-61 绘制的图形

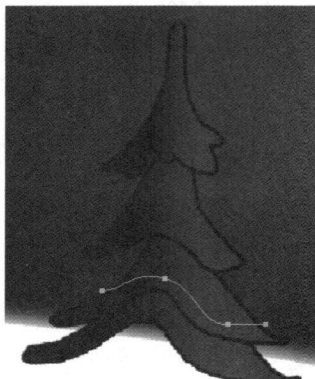

图4-62 绘制的路径

（6）选择 ✍ 工具并单击属性栏中的 ▤ 按钮，在弹出的【画笔】面板中设置各选项及参数如图 4-63 所示。

（7）将前景色设置为白色，然后新建"图层 10"，利用路径的描绘功能对路径进行描绘，再复制几层加深描绘图形的颜色，效果如图 4-64 所示。

（8）用相同的方法，再依次制作出如图 4-65 所示的描绘图形。

（9）将作为"圣诞树"的所有图层同时选择，并向下拖曳至 ▣ 按钮处复制。

（10）按 Ctrl+E 组合键将复制出的

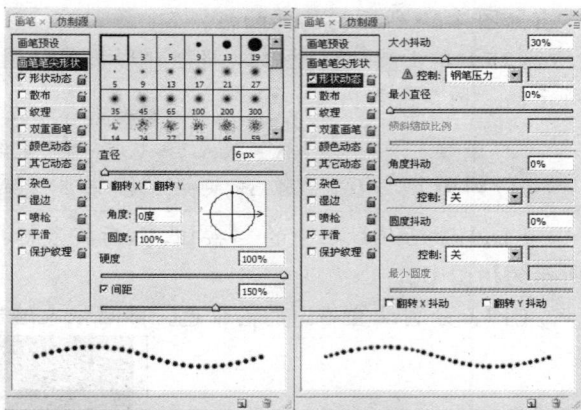

图4-63　【画笔】面板

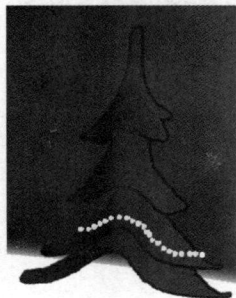

图层合并，然后利用【自由变换】命令将复制出的图形调整至如图 4-66 所示的形态。

图4-64　复制出的效果　　　　图4-65　描绘出的图形　　　　图4-66　调整后的形态

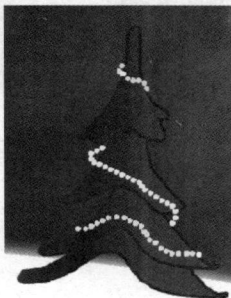

（11）用移动复制图形和旋转操作依次对"圣诞树"图形进行复制并调整，最终效果如图 4-67 所示。

（12）将"圣诞树"图形所在的图层全部选择，并组合成一个"树"的组，然后将其调整至"雪地"图形的后面，效果如图 4-68 所示。

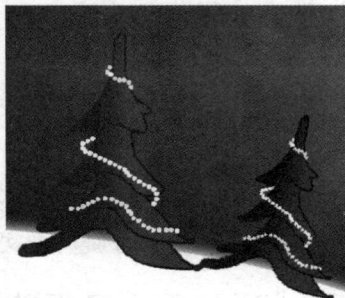

图4-67　复制图形调整后的形态　　　　　　图4-68　调整图层堆叠顺序后的效果

接下来利用形状工具再来绘制另一种树图形。

（13）将前景色设置为蓝灰色（G:87,B:140），然后选择 ✿ 工具，并单击属性栏中的 ✿· 按钮，在弹出的【自选形状】面板中单击右上角的 ▶ 按钮。

（14）在弹出的菜单中选择【全部】命令，

图4-69　询问面板

弹出如图 4-69 所示的询问面板。

（15）单击 追加(A) 按钮，将全部形状图形调出，然后在【自选形状】面板中选择如图 4-70 所示的"树"图形。

重要提示　　如想恢复默认的形状库，可再次单击 ▶ 按钮，在弹出的下拉菜单中选择【复位形状】选项，在弹出的询问面板中单击 确定 按钮即可。

（16）激活属性栏中的 ▢ 按钮，然后将鼠标指针移动到画面的左侧拖曳，绘制出如图 4-71 所示的树图形。

（17）分别设置不同的前景色，然后依次绘制出如图 4-72 所示的树图形。

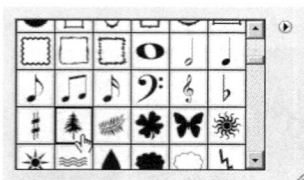

图4-70　选择的形状图形　　　　图4-71　绘制的树图形　　　　图4-72　绘制出的树图形

（18）将绘制的"树"图形所在的图层全部选中，并组合成一个名为"松树"的组。

（19）按 Ctrl+S 组合键将此文件保存。

操作三　添加雪人及雪花图形

【操作步骤】

（1）接上例。

（2）打开"任务二"中绘制的"雪人.psd"文件，在【图层】面板中将除背景层外的所有图层同时选择后按 Ctrl+E 组合键合并，然后将合并后的图层移动到"圣诞插画"文件中，利用【自由变换】命令将其调整至如图 4-73 所示的大小及位置。

（3）将生成的"图层 13"复制，然后将复制出的图形调整至如图 4-74 所示的大小及位置。

图4-73　雪人放置的位置　　　　　　　　图4-74　复制出的雪人

（4）新建"图层 14"，选择 ✏ 工具，然后单击属性栏中【画笔】选项右侧的 📷 按钮，在弹出的【画笔设置】面板中设置画笔的笔头参数如图 4-75 所示。

（5）将前景色设置为白色，然后将鼠标指针移动到画面的左上角位置单击，喷绘出如图

4-76 所示的月亮图形。

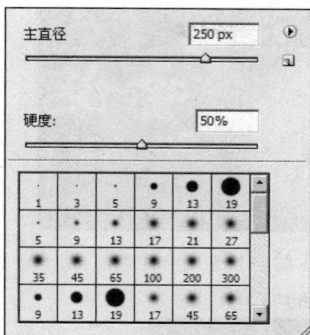

图4-75　设置的画笔笔头参数

图4-76　喷绘的月亮图形

（6）将前景色设置为黄色（R:255,G:255,B:41），然后单击 T 按钮，将鼠标指针移动到月亮图形的右侧单击添加文本的输入光标，并依次输入如图 4-77 所示的文字及英文字母。

图4-77　输入的文字及英文字母

重要提示　按 Caps Lock 键可以在输入英文字母时切换字母的大小写；按 Enter 键可以换行；按空格键可以向后移动字符；按 Ctrl+Shift 组合键可在系统安装的输入法之间切换。

（7）打开"任务一"中保存的"圣诞树.psd"文件，将保存的选区载入，然后利用 工具将选取的圣诞树移动到"圣诞插画"文件中，并利用【自由变换】命令将其调整至如图 4-78 所示的大小及位置。

（8）利用 工具将圣诞树向左移动复制，然后调整至如图 4-79 所示的大小及位置。

图4-78　圣诞树调整后的大小及位置

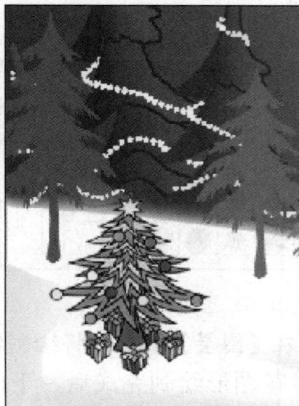

图4-79　复制出的圣诞树

（9）选择 工具，然后单击属性栏中【形状】选项右侧的 按钮，在弹出的【自选形状】面板中选择如图 4-80 所示的雪花图形。

（10）将前景色设置为白色，然后在画面中绘制出如图 4-81 所示的雪花图形。

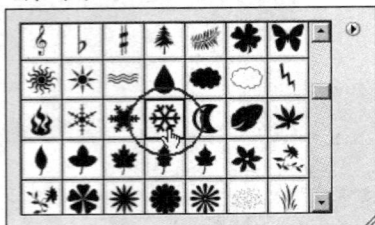

图4-80 选择的形状

图4-81 绘制出的雪花

（11）依次在画面中拖曳鼠标，绘制出如图 4-82 所示的雪花图形。

图4-82 绘制的雪花

（12）在【自定形状】面板中选择如图 4-83 所示的雪花形状，然后依次在画面中绘制出如图 4-84 所示的雪花。

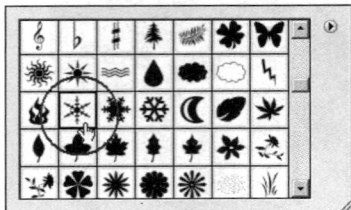

图4-83 选择的雪花形状

图4-84 绘制的雪花

（13）在【图层】面板中将绘制雪花生成的形状层全部选中，并组成一个名为"雪花"的组。大的雪花图形绘制完成后，下面来绘制小的雪花图形。

（14）选择 ✂ 工具并按 F5 键，在弹出的
【画笔】面板中单击右上角的 ▾≣ 按钮，在弹出
的下拉菜单中选择【混合画笔】选项，此时系
统将弹出如图 4-85 所示的询问面板。

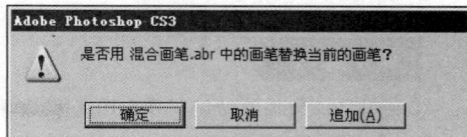

图4-85 【Adobe Photoshop】询问面板

<blockquote>
重要提示 　　如想恢复默认的画笔库，可再次单击 ▾≣ 按钮，在弹出的下拉菜单中选择【复位画笔】选项，在弹出的询问面板中单击 [确定] 按钮即可。
</blockquote>

（15）单击 [确定] 按钮，然后在【画笔预设】窗口中选择"雪花"图形，并依次设置其他选项及参数如图 4-86 所示。

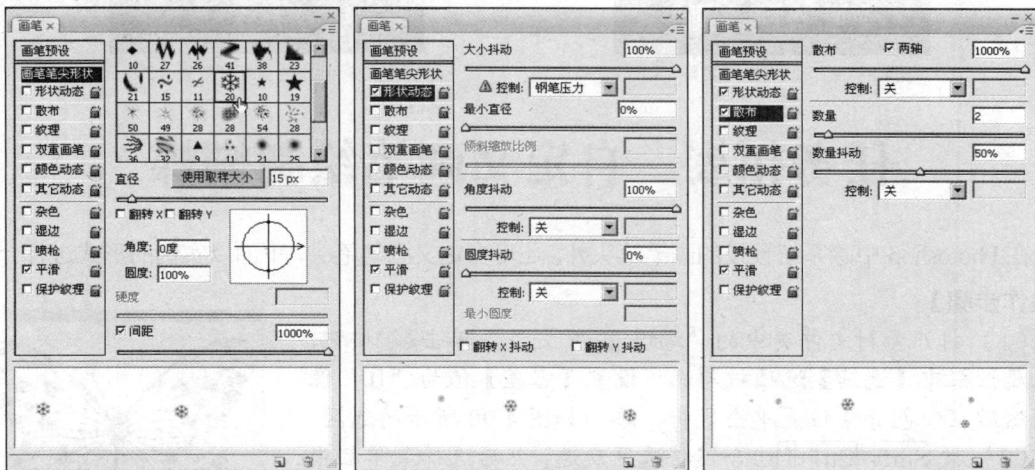

图4-86 【画笔】面板参数设置

（16）新建"图层 16"，确认前景色为白色，将鼠标指针移动到画面中拖曳，绘制出雪花图形，然后将雪花层复制并合并以加深雪花的颜色，最终效果如图 4-87 所示。

图4-87 绘制出的雪花图形

（17）至此，圣诞插画绘制完成，按 Ctrl+S 组合键将此文件保存。

课堂练习

①利用路径的描绘功能制作如图 4-88 所示的霓虹灯效果（1）。

② 利用路径的描绘功能在打开的图片上制作如图4-89所示的霓虹灯效果（2）。

图4-88 制作的霓虹灯效果（1）

图4-89 制作的霓虹灯效果（2）

任务拓展　自定义画笔绘制蝴蝶

在 Photoshop 中除系统预设的画笔笔头外，还可自定义画笔笔头，下面以实例的形式进行介绍。

【操作步骤】

（1）打开素材文件夹中的"蝴蝶.jpg"文件，单击 按钮，确认属性栏中【连续】选项被勾选，设置【容差】值为"10"像素，然后在白色背景位置单击鼠标，添加如图 4-90 所示的选区。

（2）按 Shift+Ctrl+I 组合键将选区反选，然后选择菜单栏中的【编辑】/【定义画笔预设】命令，弹出如图 4-91 所示的【画笔名称】对话框，单击 确定 按钮，即可将选择的蝴蝶图案定义为画笔笔头。

图4-90 添加的选区

（3）选择 工具，在属性栏中单击 按钮，在弹出的【画笔设置】面板中选择如图 4-92 所示的蝴蝶画笔笔头。注意新定义的画笔笔头一般出现在【画笔设置】面板的最下方。

（4）将工具箱中的前景色设置为不同的颜色，然后将 工具设置为大小不同的笔头在新建的文件中依次单击，即可绘制出如图 4-93 所示的蝴蝶图案效果。

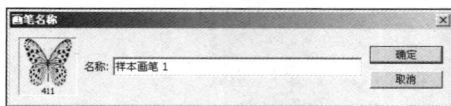

图4-91 【画笔名称】对话框

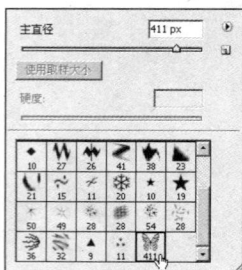

图4-92 【画笔设置】面板

图4-93 绘制出的图案效果

（5）按 Ctrl+S 组合键，将绘制完成的图案命名为"图案 01.psd"保存。

下面利用【画笔】面板给自定义的蝴蝶笔头设置不同的参数后绘制底纹效果。

（6）按 Ctrl+N 组合键，新建一个【宽度】为 20 厘米、【高度】为 15 厘米、【分辨率】为 100 像素/英寸的文件。

（7）将工具箱中的前景色设置为深红色（M:100,Y:100,K:60），背景色设置为黄色（M:20,Y:100）。

（8）新建一个图层，然后单击 ✏ 工具属性栏中的 ▣ 按钮，在弹出的【画笔】面板中分别设置各选项参数如图 4-94 所示。

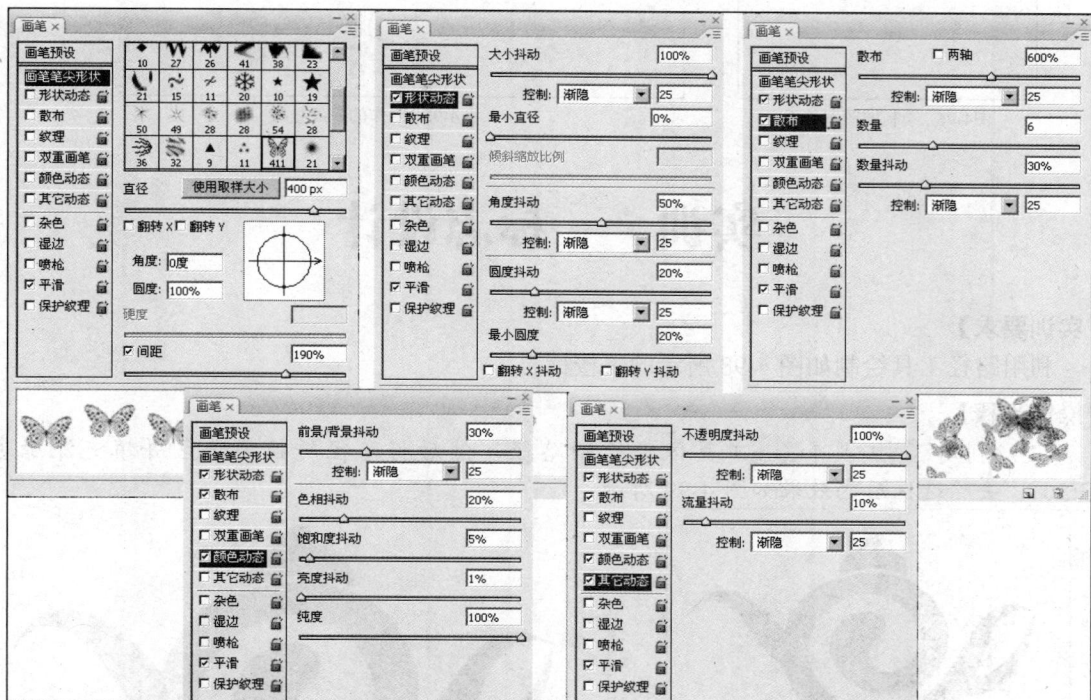

图4-94 【画笔】面板参数设置

（9）参数设置完成后，利用 ✏ 工具在新建的文件中按住鼠标左键拖曳，即可绘制出如图 4-95 所示的蝴蝶图案底纹效果。

（10）按 Ctrl+S 组合键，将绘制后的图案命名为"图案 02.psd"保存。

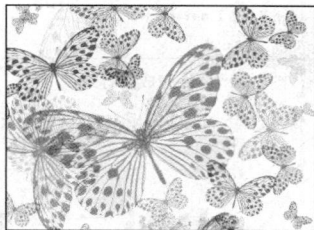

图4-95 绘制出的底纹效果

课堂练习

① 将蝴蝶图片定义为画笔笔头，然后绘制如图 4-96 所示的图案效果。

② 将花图案定义为画笔笔头，然后设置【画笔】面板中各选项的参数，绘制如图 4-97 所示的底纹效果。

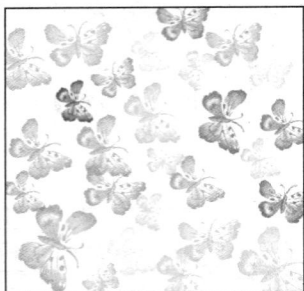

图4-96　绘制的图案效果

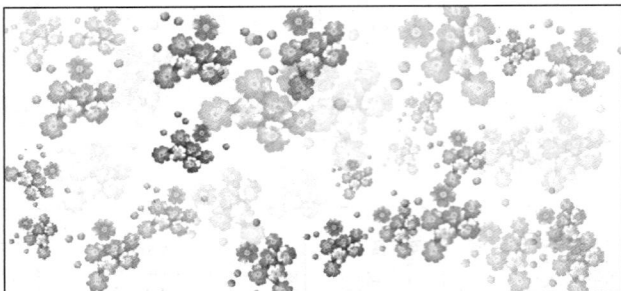

图4-97　制作的底纹效果

实训一　标志设计

【实训要求】

利用路径工具绘制如图 4-98 所示的茶楼标志。

【操作步骤】

（1）利用 ✎ 工具和 ↖ 工具依次绘制路径，然后将路径转换为选区并填充深绿色
（G:50），去除选区后的效果如图 4-99 所示。

图4-98　设计完成的标志

图4-99　绘制的茶壶图形

（2）依次输入文字即可完成标志的绘制。

实训二　制作 KTV 霓虹灯效果

【实训要求】

利用【矩形】工具▢、【直线】工具↘及描绘路径功能和【图层样式】命令，制作如图
4-100 所示的霓虹灯效果。

【操作步骤】

（1）利用▢工具和↘工具制作霓虹灯的基本形状，其制作分析图如图 4-101 所示。

图4-100 制作的霓虹灯效果　　　　图4-101 绘制的形状图形及路径

（2）利用描绘路径的方法，对两侧的路径进行描绘，其参数及描绘后的效果如图 4-102 所示。

图4-102 画笔选项参数及描绘后的效果

（3）用与步骤（2）相同的方法对中间路径进行描绘，最后输入文字并添加【投影】、【内发光】和【斜面和浮雕】等效果即可。

小结

本项目主要介绍了路径工具和【画笔】工具的应用，通过设计制作圣诞插画，详细介绍了路径工具及【画笔】工具的功能及使用方法。通过本项目的学习，希望读者能熟练掌握路径工具和【画笔】工具，在实际工作中能灵活运用。

习题

一、简答题

1. 简述自定义形状的方法。
2. 简述自定义画笔笔头的方法。

二、操作题

1. 综合运用各种路径工具和【画笔】工具设计如图 4-103 所示的网络广告。
2. 综合运用本项目学过的工具和菜单命令来设计如图 4-104 所示的电子贺卡。

图4-103　设计的网络广告

图4-104　设计完成的电子贺卡

项目五　设计房地产宣传折页

本项目以设计金环房地产的宣传折页为例，详细介绍【文字】工具的各种用法，主要包括点文字的输入、段落文字的输入、文字跟随路径输入及变形文字运用、制作特殊文字效果等。通过本项目的学习，读者应掌握【文字】工具的各种使用方法并能在实际工作过程中灵活运用。

项目分析

本项目设计完成的房地产宣传折页效果如图 5-1 所示，主要通过以下几个任务来完成。

★　利用【横排文字】工具 T 和【直排文字】工具 T 及对输入的文字进行字体、大小、颜色等的调整来设计封面和封底。

★　利用文字的沿路径排列功能制作邮戳效果，然后设计宣传折页的内页一。

★　制作艺术字，然后设计宣传折页的内页二，完成宣传折页的整体设计。

图5-1　设计的宣传折页

★ 学习【横排文字】工具 T 和【直排文字】工具 T 的使用及点文字和段落文字的输入方法。

★ 掌握利用【字符】面板和【段落】面板设置文字格式的方法。

★ 了解文字的转换方法，包括文字转换为普通层、转换为工作路径或形状等。

★ 掌握文字的变形操作。

★ 掌握文字跟随路径的操作方法及编辑方法。

任务一 设计封面

下面主要运用【横排文字】工具 T 及对输入的文字进行字体、大小、颜色等的调整来设计宣传折页的封面。

【设计目标】

练习【横排文字】工具 T 的使用及对输入的文字进行设置的方法。

【设计效果】

设计的宣传折页封面如图 5-2 所示。

图5-2 设计的宣传折页封面

【设计思路】

❖ 首先利用【矩形选框】工具、【渐变】工具及图层蒙版来制作背景。

❖ 然后利用【横排文字】工具 T 输入文字。

【操作步骤】

（1）新建一个【宽度】为 21 厘米、【高度】为 28.5 厘米、【分辨率】为 150 像素/英寸、【背景色】为土黄色（R:235,.G:235,B:210）的文件。

（2）利用 ⬚ 工具绘制出如图 5-3 所示的矩形选区，然后单击 ▭ 按钮并单击属性栏中的 ▬▬▬ ▾ 按钮，在弹出的【渐变编辑器】对话框中设置渐变颜色如图 5-4 所示。

图5-3　绘制的矩形选区

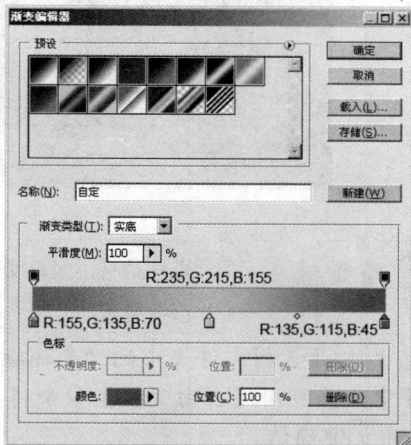

图5-4　设置的渐变颜色

（3）单击 确定 按钮，然后新建"图层 1"，并在该图层中自上向下填充渐变色，去除选区后的效果如图 5-5 所示。

（4）打开素材文件夹中的"效果图.jpg"文件，利用 ⌖ 工具将其移动复制到新建的文件中，并利用【自由变换】命令将其调整至如图 5-6 所示的大小及位置。

图5-5　填充的渐变色

图5-6　图像调整后的大小及位置

（5）单击属性栏中的 ✓ 按钮，确认图像的调整，然后在【图层】面板中将生成的"图层 2"的【图层混合模式】选项设置为"明度"。

（6）单击【图层】面板底部的【添加图层蒙版】按钮 ▢，为"图层 2"添加图层蒙版，然后单击 ✐ 按钮，在属性栏中设置合适的笔头大小及【不透明度】后在蒙版层中描绘黑色，生成的效果及蒙版形态如图 5-7 所示。

图5-7　添加蒙版后的效果及蒙版形态

重要提示　　图层蒙版是将不同灰度色值转化为不同的透明度，并作用到它所在的图层中，使图层不同部位的透明度产生相应的变化。黑色为完全透明，白色为完全不透明，灰色为半透明。

　　（7）打开素材文件夹中的"金环标志.psd"文件，然后利用 ⊹ 工具将其移动复制到新建的文件中，并利用【自由变换】命令将其调整至如图 5-8 所示的大小及画面的左上角位置，再按 Enter 键确认。

　　（8）单击 T 按钮，在金环标志图像的右侧依次输入如图 5-9 所示的文字及字母。

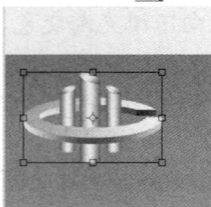

图5-8　标志调整后的大小及位置

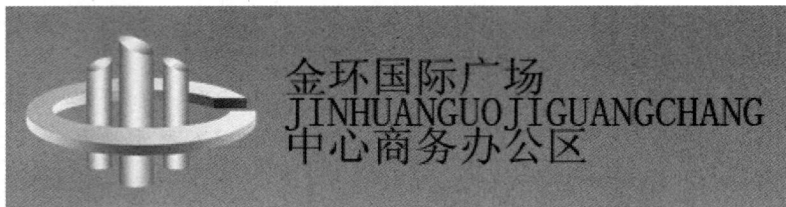

图5-9　输入的文字及字母

重要提示　　在输入文本时，依次按 Ctrl+Shift 组合键可在各输入法之间进行切换。在输入英文字母之前按 Caps Lock 键可确保输入的字母为大写，再次按 Caps Lock 键可还原输入小写字母。

　　（9）利用 T 工具选择第 1 行文字，然后在属性栏中将【文字字体】设置为"汉仪菱心体简"，【字体大小】设置为"22 点"。

知识链接

　　在文字输入完成后若想更改个别文字的格式，必须先选择这些文字。选择文字的具体操作如下。

　　（1）在要选择字符的起点位置按下鼠标左键，然后向前或向后拖曳鼠标。

　　（2）在要选择字符的起点位置单击，然后按住 Shift 键或 Ctrl+Shift 组合键不放，再按键盘中的 → 或 ← 键。

　　（3）在要选择字符的起点位置单击，然后按住 Shift 键并在选择字符的终点位置再次单击，可以选择某个范围内的全部字符。

　　（4）选择菜单栏中的【选择】/【全部】命令或按 Ctrl+A 组合键，可选择该图层中的所有字符。

　　（5）在文本中的任意位置双击鼠标，可以选择该位置的一句文字；快速地单击鼠标 3 次，可以选择整行文字；快速地单击鼠标 5 次，可以选择该图层中的所有字符。

（10）选择第 2 行字母，并将其字体设置为"汉仪菱心体简"，大小设置为"7 点"；选择第 3 行文字，并将其字体设置为"汉仪大黑简"，大小设置为"7 点"。

设置完文字的字体和大小后，读者会发现第 1 行和第 2 行文字挤到了一起，这时就需要调整文本的行间距，以得到正常的显示效果。

（11）将第 1 行文字和第 2 行字母同时选中，然后选择菜单栏中的【窗口】/【字符】命令，将【字符】面板调出，并将【设置行距】选项 22点 设置为"22 点"；将第 2 行字母和第 3 行文字同时选中，并将【设置行距】选项设置为"8 点"。

（12）将文本全部选中，单击属性栏中的色块，在弹出的【选择文本颜色】对话框中将颜色设置为白色，然后单击 确定 按钮。

（13）单击属性栏中的 ✓ 按钮确认文本的设置，生成的文本效果如图 5-10 所示。

（14）选择菜单栏中的【图层】/【文字】/【转换为段落文本】命令，将输入的点文字转换为段落文字，然后在【段落】面板中单击 ▤ 按钮，将输入的文字以两端对齐，效果如图 5-11 所示。

图5-10 设置字体及大小后的效果

图5-11 设置对齐后的效果

（15）继续利用 T 工具，输入黑色的"金环国际广场"文字，并设置其字体为"汉仪综艺体简"，大小为"48 点"。

（16）选择"国际"文字，修改其字体为"汉仪行楷简"，大小为"100 点"，效果如图 5-12 所示。

（17）在【图层】面板中将"金环国际广场"层复制为副本层，然后将复制文本的颜色修改为白色，并利用键盘上的光标键将复制的文本稍微向左上方移动，制作出如图 5-13 所示的标题文字。

图5-12 输入的文字

图5-13 制作的标题文字

（18）继续利用 T 工具依次输入如图 5-14 所示的黑色文字及字母。

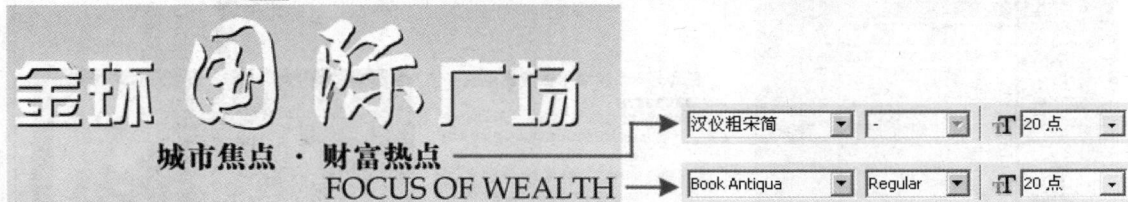
图5-14 输入的文字及字母

重要提示

文字中的"·"是插入的标点符号，其具体操作为：将输入法设置为"智能 ABC"，然后在 ▤ 按钮上单击鼠标右键，在弹出的快捷菜单中选择【标点符号】命令，然后在弹出的面板中选择如图 5-15 所示的符号即可。

图5-15　选择的符号

（19）利用 T 工具在画面的下方依次输入如图 5-16 所示的白色文字及字母，完成封面的设计。其中文字的字体为"黑体"，字母的字体为"Arial"。

图5-16　输入的文字及字母

（20）按 Ctrl + S 组合键，将此文件命名为"封面.psd"保存。

【任务小结】

利用【文字】工具可以输入点文字或段落文字，点文字适合输入少量文字，如单个或单行文字，段落文字适合输入由大量字符组成的段落文本。在输入点文字时，每行文字都是独立的，行的长度随着文字的输入不断增加，无论输入多少文字都不会自动换行，只有按 Enter 键才能手动切换到下一行。和点文字相比，段落文字更适合输入由大量字符组成的段落文字。在输入之前，要先利用【文字】工具绘制一个矩形定界框，以限定段落文字的范围，当输入的文字至定界框的边缘时系统将根据定界框的宽度自动换行。

课堂练习

① 利用【横排文字】工具 T 输入文字，并对输入的文字进行字体、大小等调整来设计如图 5-17 所示的地产广告。

② 灵活运用【文字】工具制作出如图5-18所示的电视宣传资料。

图5-17　设计完成的地产广告

图5-18　制作的电视宣传资料

任务二　设计封底

下面主要运用【直排文字】工具 T 结合【横排文字】工具 T 来设计宣传折页的封底。

【设计目标】

练习【直排文字】工具 T 的使用。

【设计效果】

设计的宣传折页封底如图 5-19 所示。

【设计思路】

❖　首先利用【直排文字】工具 T 和【图层混合模式】选项制作有文字底纹的渐变背景。

❖　然后利用【横排文字】工具 T 输入说明文字。

❖　最后绘制线路图。

【操作步骤】

（1）用与"任务一"中步骤（1）～（3）相同的方法制作背景，然后将金环标志图形及右侧的文字移动复制到新建的文件中放置到画面的左上方位置。

（2）利用 T 工具在画面的右上角位置依次输入如图 5-20 所示的文字。

图5-19　设计的宣传折页封底

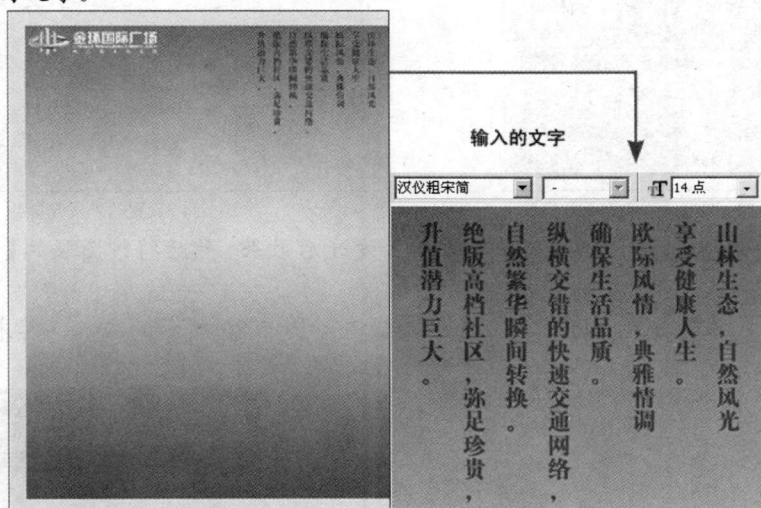

图5-20　输入的文字

（3）在【图层】面板中将输入的文字层复制为副本层，然后将复制图层的【不透明度】选项设置为"10%"，并将其向下拖曳至"图层 2"的下方释放鼠标，调整图层堆叠顺序后的效果如图 5-21 所示。

（4）修改复制文字的字体为"汉仪篆书繁"，大小为"40 点"，然后利用 ▸✛ 工具将其调整至如图 5-22 所示的位置。

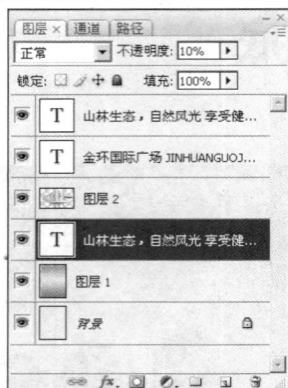

图5-21 图层调整堆叠顺序后的效果

图5-22 文字调整后放置的位置

（5）打开素材文件夹中的"效果图 01.psd"文件，然后将其移动到新建的文件中，调整至如图 5-23 所示的位置及大小，再按 Enter 键确认。

（6）执行【图层】/【图层样式】/【外发光】命令，在弹出的【图层样式】对话框中设置选项参数如图 5-24 所示。

图5-23 图像调整的大小及位置

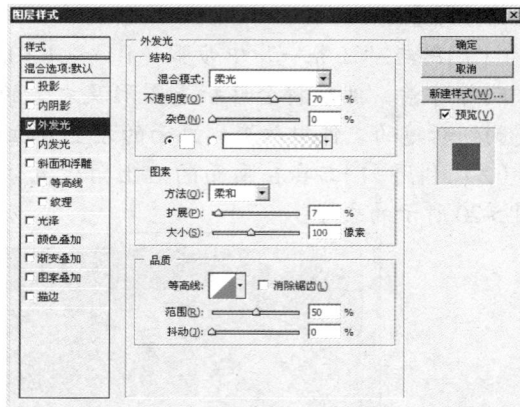

图5-24 设置的外发光参数

（7）单击 确定 按钮，为图像添加外发光后效果，然后将该图层的【图层混合模式】选项设置为"正片叠底"，效果如图 5-25 所示。

（8）利用 T 工具，在画面的左下角依次输入如图 5-26 所示的文本。其中文字及数字的字体为"汉仪粗宋简"，英文字母的字体为"Arial"。

图5-25 设置图层混合模式及添加的外发光效果

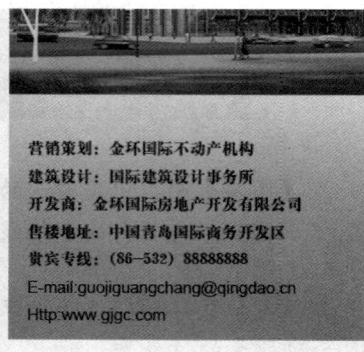

图5-26 输入的说明文本

最后来绘制线路图。

（9）利用 工具、工具、工具及移动复制操作在新建的图层上依次绘制出如图 5-27 所示的图形。

（10）利用 T 工具及旋转操作在线路上依次输入如图 5-28 所示的文字，即可完成封底的设计。

图5-27　绘制的线路图形

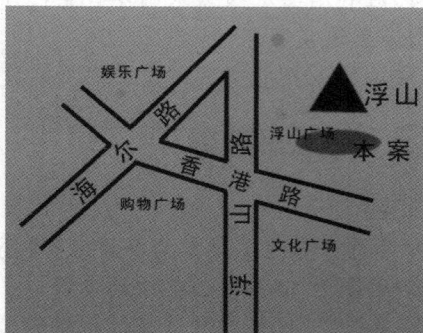

图5-28　输入的文字

（11）按 Ctrl+S 组合键，将此文件命名为"封底.psd"保存。

课堂练习

① 灵活运用【文字】工具结合【图层样式】命令制作如图 5-29 所示的挂历封面。

② 灵活运用【文字】工具及【矩形选框】工具 为照片添加文字及图形，制作如图 5-30 所示的节日促销海报。

图5-29　制作的挂历封面效果

图5-30　制作的节日促销海报效果

任务三　设计内页一

下面主要运用文本的变形功能及沿路径排列功能来设计宣传折页的内页。

【设计目标】

主要练习文本的变形功能及沿路径排列的输入方法。

【设计效果】

设计的宣传折页内页一效果如图 5-31 所示。

【设计思路】

❖ 首先利用文本的沿路径功能来制作邮戳效果。

❖ 然后利用图层蒙版来制作背景，并利用文本变形命令制作主题文字。

❖ 最后输入其他文字，完成内页的设计。

操作一　制作邮戳效果

图5-31　设计的内页一

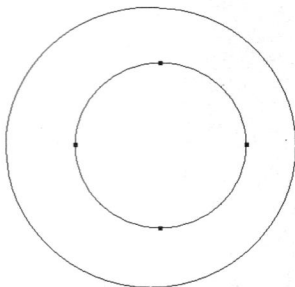

【操作步骤】

（1）新建一个【宽度】为 8 厘米、【高度】为 8 厘米、【分辨率】为 150 像素/英寸的文件。

（2）单击 ⬤ 按钮并激活属性栏中的 ▨ 按钮，然后新建"路径 1"图层，并在该层上绘制圆形路径。

（3）激活属性栏中的 ▣ 按钮，利用 ⬤ 工具在圆形路径内再绘制一个小的圆形路径，如图 5-32 所示。

（4）选择 ▭ 工具，将属性栏中【半径】选项的值设置为"10 px"，然后再绘制出如图 5-33 所示的圆角矩形路径。

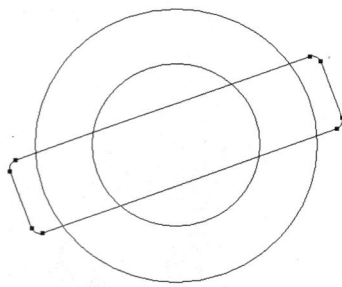

（5）利用 ➤ 工具将绘制的路径全部选中，然后分别单击属性栏中的 ▥ 按钮和 ▥ 按钮，将路径以中心对齐。

（6）选择圆角矩形路径，按 Ctrl+T 组合键为其添加自由变形框，然后将属性栏中 ◢ -20 度选项的值设置为"-20"，路径旋转后的形态如图 5-34 所示。

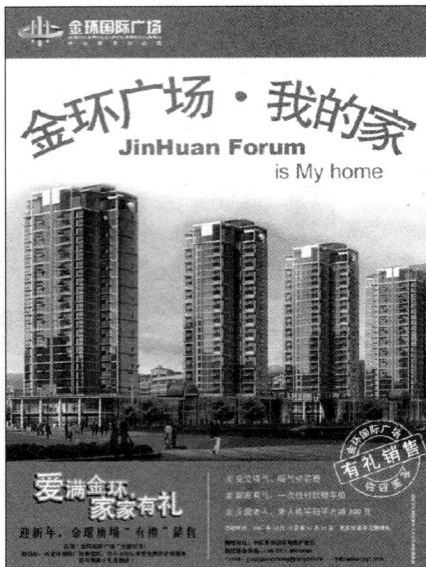

图5-32　绘制的圆形路径　　　　图5-33　绘制的圆角矩形路径　　　　图5-34　路径旋转后的形态

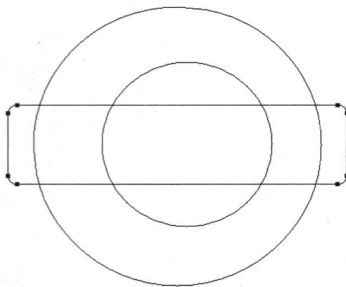

（7）确认圆角矩形路径处于选中状态，按 Ctrl+C 组合键将其复制，然后新建一个"路径 2"图层，按 Ctrl+V 组合键将复制的路径粘贴至新建的路径层中。

（8）选择"路径 1"图层，然后单击属性栏中的 组合 按钮，将"路径 1"图层中的路径组合，效果如图 5-35 所示。

（9）将前景色设置为黑色，选择 ✐ 工具，并设置【画笔】面板参数如图 5-36 所示。

（10）在【图层】面板中新建"图层 1"，然后单击【路径】面板中的 ⬭ 按钮，为路径描绘黑色边缘。再将"路径 2"图层设置为当前层，并单击 ⬭ 按钮，隐藏路径后的描绘效果如图 5-37 所示。

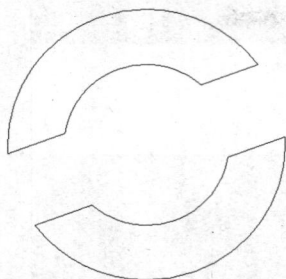

图5-35　路径组合后的形态

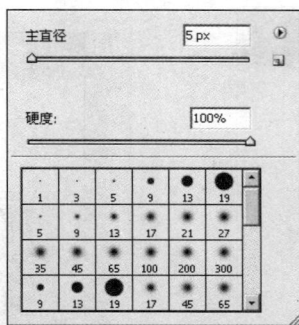

图5-36　【画笔】面板参数设置

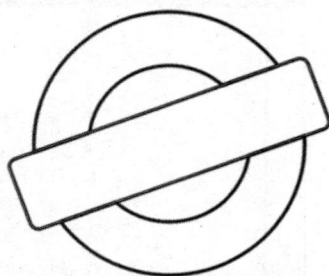

图5-37　描绘边缘后的效果

（11）继续利用 工具绘制出如图 5-38 所示的圆形路径，然后单击 按钮，将鼠标指针移动到绘制的路径上，当鼠标指针显示为 符号时单击输入文字，此时输入的文字将沿路径排列，如图 5-39 所示。

> **重要提示**　选择 工具，将鼠标指针放置到路径文字的起点上，光标将显示为 符号。此时按下鼠标沿路径拖曳，可以沿路径方向移动文字的位置。

（12）用与步骤（11）相同的方法输入右下方的"全面启动"文字，然后利用 工具及旋转操作输入如图 5-40 所示的文字，完成邮戳效果的制作。

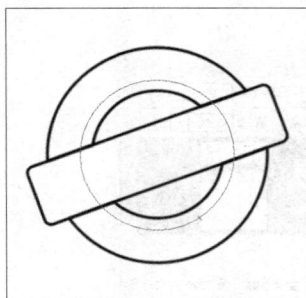

图5-38　绘制的圆形路径

图5-39　输入的沿路径排列文字

图5-40　输入的斜向文字

（13）按 Ctrl+S 组合键，将此文件命名为"邮戳效果.psd"保存。

> **重要提示**　利用"文字跟随路径"功能可以将文字沿着指定的路径放置。路径可以是由【钢笔】工具或【形状】工具绘制的任意工作路径，输入的文字可以沿着路径边缘排列，也可以在路径内部排列，并且可以通过移动路径或编辑路径形状来改变路径文字的位置和形状。

操作二　设计内页一

【操作步骤】

（1）新建一个【宽度】为 21 厘米、【高度】为 28.5 厘米、【分辨率】为 150 像素/英寸的文件，然后利用 工具及移动复制操作制作出如图 5-41 所示的背景。

（2）打开素材文件夹中的"效果图.jpg"文件，利用 工具将其移动复制到新建的文件中，并利用【自由变换】命令将其调整至如图 5-42 所示的大小及位置。

图5-41　制作的背景效果

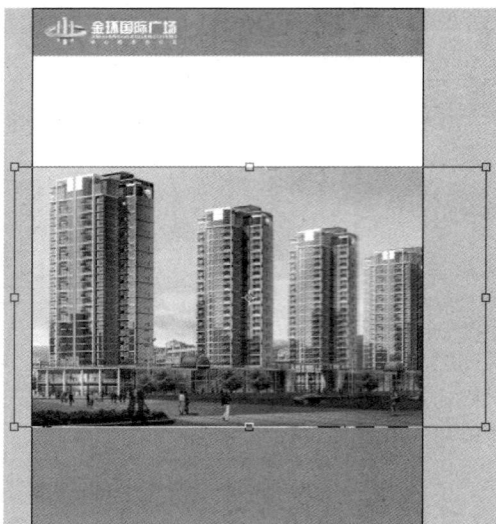

图5-42　效果图调整后的大小及位置

（3）单击属性栏中的 ✔ 按钮确认图像的调整，然后在【图层】面板中单击 ◻ 按钮为图层添加图层蒙版。

（4）利用 ✐ 工具设置合适的笔头大小及不透明度后，在蒙版层上绘制黑色，生成的图像效果及【图层】面板如图 5-43 所示。

图5-43　添加蒙版后的图像效果及【图层】面板

（5）利用 T 工具在图像上方输入如图 5-44 所示的土黄色（R:160,G:140,B:70）文字，单击属性栏中的 ⊥ 按钮，在弹出的【变形文字】对话框中设置参数如图 5-45 所示。

图5-44　输入的文字

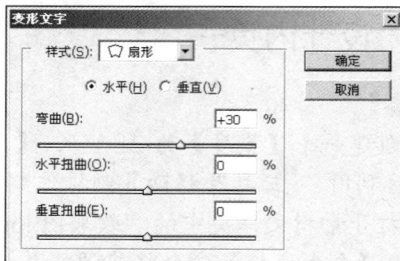

图5-45　设置的变形参数

知识链接

单击属性栏中的 <u>工</u> 按钮或选择菜单栏中的【图层】/【文字】/【文字变形】命令，都将弹出【变形文字】对话框，其中各选项的含义如下。

❖ 【样式】选项：在右侧的下拉列表中可以选择需要的变形样式。

❖ 【水平】选项/【垂直】选项：设置文字变形时产生弯曲的中心轴，即决定是在水平中心轴上弯曲，还是在垂直中心轴上弯曲。

❖ 【弯曲】选项：设置文字弯曲的方向和强度。当数值小于"0"时，文字向下或向右弯曲；数值大于"0"时，文字向上或向左弯曲；绝对值越大，弯曲效果越明显；当数值为"0"时，不产生变形效果。

❖ 【水平扭曲】选项/【垂直扭曲】选项：决定在水平方向和垂直方向上应用变形效果的百分比。

（6）单击 确定 按钮，确认文字的变形操作，然后利用 T 工具依次输入如图 5-46 所示的土黄色（R:160,G:140,B:70）字母。

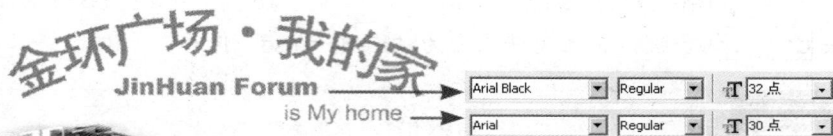

图5-46　输入的字母

（7）继续利用 T 工具依次输入如图 5-47 所示的白色文字，注意各文字的不同大小设置，字体为"汉仪中黑简"。

（8）分别选择"金"和"有礼"文字，在【字符】面板中设置 6点 选项的参数为"6点"，调整文字基线偏移后的效果如图 5-48 所示。

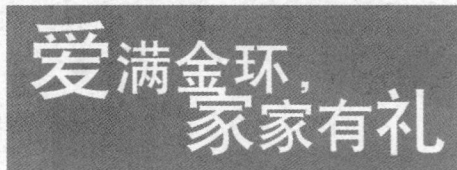

图5-47　输入的白色文字　　　　　　　　　　　图5-48　调整基线偏移后的效果

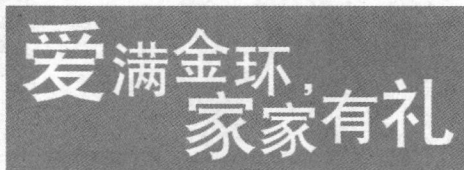

（9）利用【图层】/【图层样式】/【描边】命令，分别为两组文字添加以【外部】方式、【宽度】为"5 px"的橘红色（R:255,G:150）边缘，如图 5-49 所示。

（10）将两组文字在【图层】面板中复制为副本层，然后将副本层调整至原文字层的下方，并分别双击副本层的"描边"效果层，在弹出的【图层样式】面板中将颜色设置为黑色，单击 确定 按钮。

（11）利用 ✛ 工具将副本层的文字向左下方稍微移动位置制作出如图 5-50 所示的带阴影效果。

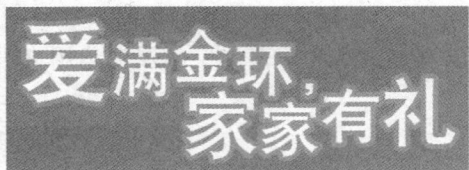

图5-49　描边后的效果　　　　　　　　　　　图5-50　添加阴影后的效果

（12）利用 $\boxed{T}$ 工具、$\boxed{\diagdown}$ 工具、$\boxed{::}$ 工具及倾斜变形操作依次输入并绘制如图 5-51 所示的文字及图形。

（13）打开"操作一"中制作的邮戳效果，将除"背景层"外的所有图层同时选中并合并，然后利用 $\boxed{+}$ 工具将其移动复制到新建文件中，调整大小后放置到效果图的右下角位置。

（14）利用 $\boxed{T}$ 工具在画面的右下方位置输入如图 5-52 所示的竖向文字，完成内页的制作。

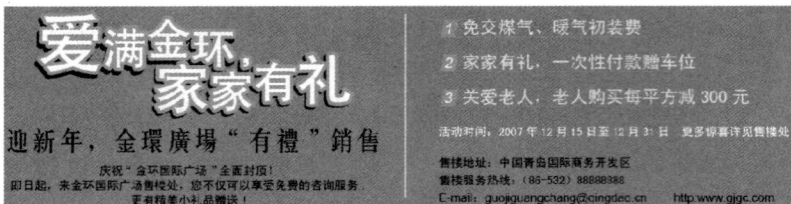

图5-51 输入的文字及绘制的图形

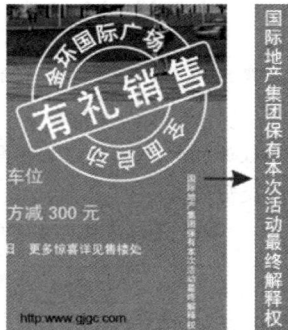

图5-52 输入的竖向文字

（15）按 $\boxed{Ctrl}+\boxed{S}$ 组合键，将此文件命名为"内页一.psd"保存。

课堂练习

① 灵活运用【文字】工具及沿路径排列功能，设计如图 5-53 所示的标贴图形。

② 灵活运用【文字】工具及文字的变形功能，设计如图5-54所示的网络广告。

图5-53 设计的标贴

图5-54 设计的网络广告

任务四　设计内页二

下面主要利用【文字】工具、文字的变形功能以及点文字和段落文字的灵活运用来设计宣传折页的内页。

【设计目标】

练习文字的特殊变形操作及文本绕图的输入方法。

【设计效果】

设计的宣传折页内页二效果如图 5-55 所示。

【设计思路】

❖　首先利用【栅格化】命令将输入的文字转换为普通层，并制作艺术效果字。

❖　然后灵活运用点文字与段落文字的输入及文字的变形功能设计宣传折页的内页。

图5-55　设计的内页二

操作一　制作艺术字

【操作步骤】

（1）新建一个【宽度】为 12 厘米、【高度】为 4 厘米、【分辨率】为 150 像素/英寸的文件。

（2）利用 T 工具输入如图 5-56 所示的黑色文字，其字体为"华文新魏"。

（3）选择菜单栏中的【图层】/【栅格化】/【文字】命令，将文字层转换为普通层，然后利用 ⬚ 工具框选如图 5-57 所示的笔画。

> **重要提示**　将文字层栅格化之后，将无法再利用各种文字工具编辑文本，并且没有相应的工具或命令将栅格化后的图层重新转换为文字层，所以栅格化文字层之前应该慎重一些，确认文字输入无误后再进行转换。

（4）按 Ctrl+T 组合键为选区内的图像添加自由变形框，然后将其放大至如图 5-58 所示的形态。

图5-56　输入的文字　　　　　　图5-57　选择的笔画（1）　　　图5-58　放大后的形态

（5）继续利用 ⬚ 工具框选如图 5-59 所示的笔画，然后按 Delete 键删除。

（6）灵活运用 ⬚ 工具和 ⬚ 工具绘制出如图 5-60 所示的选区，然后按 Delete 键删除。再利用 ⬚ 工具将"光"文字剩余的笔画框选，利用 ⬚ 工具将其移动到如图 5-61 所示的位置。

图5-59　选择的笔画（2）　　　图5-60　选择的笔画（3）　　　　　　图5-61　选择图像调整后的位置

（7）用与上面相同的方法依次对剩余的文字进行调整，最终效果如图 5-62 所示。

（8）灵活运用 ⬚ 工具和 ⬚ 工具在缺少笔画的位置分别绘制出如图 5-63 所示的黑色图形。

（9）利用【图层】/【图层样式】/【描边】命令为调整后的文字描绘以【居外】方式、【宽度】为 "3 px" 的橘红色（R:255,G:150）边缘，如图 5-64 所示。

图5-62　文字调整后的效果　　　　　图5-63　绘制的图形　　　　　图5-64　描边后的效果

（10）利用 ⬭ 工具及移动复制操作，在文字的左右两侧分别绘制并复制出如图 5-65 所示的圆形路径。

图5-65　绘制的圆形路径

（11）按 Ctrl+Enter 组合键将路径转换为选区，然后新建图层，并在该图层中为选区填充黄色（R:255,G:255）。

（12）灵活运用 ⬚ 工具及【图层】面板中的 ⬚ 按钮，分别为各圆形图形填充不同的颜色，最终效果如图 5-66 所示。

（13）利用 T 工具输入如图 5-67 所示的橘红色（R:255,G:150）英文字母，完成艺术字的制作。

图5-66　圆形图形填充不同颜色后的效果　　　　　图5-67　输入的英文字母

（14）按 Ctrl+S 组合键，将此文件命名为"艺术字.psd"保存。

操作二　设计内页二

【操作步骤】

（1）用与"任务三/操作二"中步骤（1）相同的方法制作背景，然后打开素材文件夹中的"效果图 02.jpg"文件。

（2）选择菜单栏中的【选择】/【全部】命令（快捷键为 Ctrl+A）将图像全部选中，然后选择菜单栏中的【编辑】/【拷贝】命令（快捷键为 Ctrl+C）将选中的图像复制。

（3）将新建的文件设置为工作状态，然后利用 ✎ 工具加载"背景层"中的白色选区，如图 5-68 所示。

图5-68　加载的选区

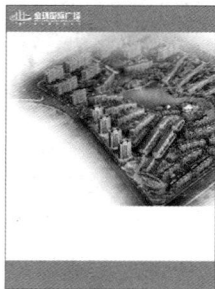

（4）选择菜单栏中的【编辑】/【贴入】命令（快捷键为 Shift+Ctrl+V）将复制的图形贴入选区内，然后利用 ▶⊕ 工具将其调整至如图 5-69 所示的位置。

（5）新建"图层 3"，选择 ✎ 工具并激活属性栏中的 ⬚ 按钮，设置【粗细】选项的值为"4 px"，然后灵活运用【箭头】面板中的设置，绘制出如图 5-70 所示橘红色（R:255,G:150）的箭头图形。

（6）利用 T 工具及【图层】/【图层样式】/【描边】命令，依次输入如图 5-71 所示的文字。

图5-69　图像调整后的位置

图5-70　绘制的箭头图形

图5-71　输入的文字

（7）打开本任务"操作一"中制作的艺术字文件，将除"背景层"外的所有图层同时选中并合并，然后将其移动复制到新建的文件中，调整至如图 5-72 所示的大小及位置。

（8）打开素材文件中的"照片 04.psd"文件，利用 工具将其移动复制到新建的文件中，然后调整至如图 5-73 所示的大小及位置。

图5-72　艺术字调整后的大小及位置

图5-73　照片调整后的大小及位置

（9）选择菜单栏中的【图层】/【图层样式】/【外发光】命令，为人物图像添加如图 5-74 所示的外发光效果。

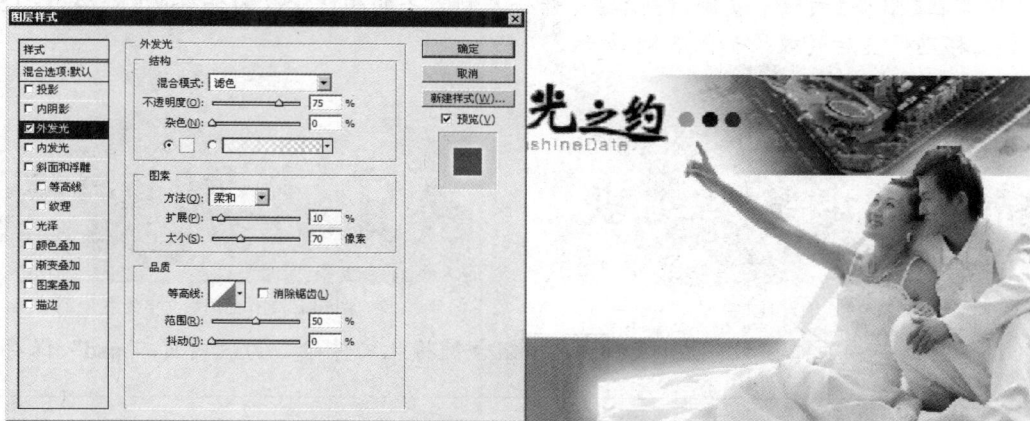

图5-74　【外发光】参数设置及生成的效果

（10）利用 工具和 工具绘制出如图 5-75 所示的路径，然后选择 T 工具，将鼠标指针移动到路径内，当鼠标指针显示为 符号时单击鼠标，插入文字输入光标，再依次输入如图 5-76 所示的文字。

图5-75　绘制的路径

图5-76　输入的文字

（11）单击属性栏中的▦按钮，在弹出的面板中单击【段落】选项卡，然后设置避头尾法则和间距选项如图 5-77 所示。调整后的文字效果如图 5-78 所示。

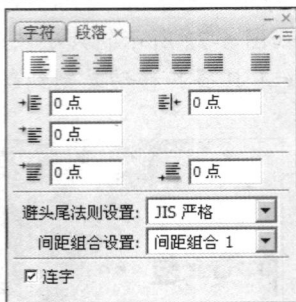

图5-77　设置的选项

图5-78　设置选项后的文本效果

（12）灵活运用 T 工具输入黑色的文字，然后利用○工具及移动复制操作，在文字的左侧绘制黄色的圆形图形，效果如图 5-79 所示。

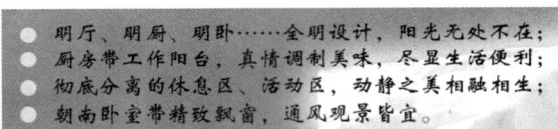

图5-79　输入的文字及绘制的圆形图形

（13）继续利用 T 工具输入如图
5-80 所示的文字，设置字体为"方正魏碑简体"，然后为其添加"旗帜"变形效果。

（14）在【图层】面板中复制出副本层，并将复制文字的颜色修改为橘红色（R:243,G:152），稍微向上移动位置后的效果如图 5-81 所示。

图5-80　输入的文字

图5-81　制作的阴影文字效果

（15）至此，内页二设计完成，按 Ctrl+S 组合键将此文件命名为"内页二.psd"保存。

课堂练习

① 灵活运用【文字】工具及沿路径输入文字功能，设计如图 5-82 所示的首饰宣传单。

② 灵活运用【文字】工具及沿路径输入文字功能，设计如图 5-83 所示的汽车宣传单。

图5-82　设计的首饰宣传单

图5-83　设计的汽车宣传单

实训一　设计挂历封面

【实训要求】

灵活运用【文字】工具设计如图 5-84 所示的挂历封面效果。

【操作步骤】

（1）打开素材文件夹中的"人物.jpg"文件。

（2）依次输入文字并进行编排即可。

实训二　设计 POP 广告

【实训要求】

灵活运用【文字】工具设计如图 5-85 所示的商场 POP 广告。

图5-84　制作的挂历封面效果

图5-85　设计的 POP 广告

【操作步骤】

（1）依次打开素材文件夹中的"金太阳标志.jpg"和"油桶.jpg"文件。

（2）将"标志"和"油桶"图像分别移动复制到新建的文件中，然后为油桶添加外发光效果，并将其复制。

（3）制作沿路径排列文字和变形文字，然后依次输入其他文字，完成 POP 广告的设计。

小结

本项目主要介绍了【文字】工具的使用方法，通过对房地产宣传折页进行设置，详细介绍了文字的输入方法，文字的转换、变形、跟随路径排列等。这些操作在实际应用中都非常重要，为文字的编排以及画面字体的创意设计带来了无限的创作空间。通过本项目的学习，希望读者能熟练掌握有关文字的内容，并在不同的画面中根据需要快速地输入文字或制作出不同的文字效果。

习题

一、 简答题

1. 简述点文字与段落文字的不同之处。
2. 简述选择文字的方法。

二、 操作题

1. 灵活运用【文字】工具设计如图 5-86 所示的杂志封面。
2. 灵活运用【文字】工具制作如图 5-87 所示的售楼广告宣传单。

图5-86　设计的杂志封面

图5-87　设计的售楼广告宣传单

项目六　处理婚纱照片

本项目以设计一幅婚纱照为例，详细介绍【修复】工具及工具箱中其他工具的应用，主要包括【污点修复画笔】工具、【修复画笔】工具、【修补】工具、【橡皮擦】工具、【历史记录画笔】工具等。通过本项目的学习，读者应掌握各种【修复】工具的运用及其他辅助工具的使用方法。

项目分析

本项目设计完成的婚纱像册中 4 幅通版照的效果如图 6-1 所示，主要通过以下几个任务来完成。

★　主要利用【污点修复画笔】工具、【高斯模糊】命令和【历史记录画笔】工具去除人物面部的污点后进行平滑处理，制作面部美容效果。再利用【修复画笔】工具修复人物面部的头发。

★　利用【橡皮擦】工具结合路径的描绘功能制作邮票效果，然后合成版面效果一。

★　主要利用【修补】工具去除图像中不谐调的图像，然后灵活运用【橡皮擦】工具去除图像的背景。

★　主要利用路径工具及【贴入】命令合成版面效果二。

图6-1　设计的通版照版面

学习目标

★　掌握各种修复工具的不同功能及使用方法，包括【污点修复画笔】工具 ✐、【修复画笔】工具 ✐、【修补】工具 ◈ 等。

★　熟悉【历史记录画笔】工具 ✍ 和【历史记录艺术画笔】工具 ✍ 的不同功能及作用。

★　掌握各【橡皮擦】工具的灵活运用，包括【橡皮擦】工具 ✐、【背景橡皮擦】工具 ✐ 和【魔术橡皮擦】工具 ✐。

任务一　制作面部美容效果

下面主要运用不同的修复工具来修复有缺陷的图像。

操作一　修复面部皮肤

【设计目标】

练习【污点修复画笔】工具 的使用。

【设计效果】

修复人物面部皮肤前后的对比效果如图 6-2 所示。

【设计思路】

❖ 首先利用【污点修复画笔】工具 去除人物面部大的黑痣。

❖ 然后利用【高斯模糊】命令对人物皮肤进行磨皮处理，再利用【历史记录画笔】工具恢复出人物的五官。

【操作步骤】

（1）打开素材文件夹中的"照片 01.jpg"文件，如图 6-3 所示，然后利用 工具将男士人物的头部区域放大显示。

（2）选择 工具，单击属性栏中【画笔】选项右侧的倒三角按钮，在弹出的【画笔设置】面板中设置画笔笔头参数如图 6-4 所示。

（3）将鼠标指针移动到人物鼻梁处如图 6-5 所示的位置单击，释放鼠标后即可将该处的痣去除，如图 6-6 所示。

图6-2　修复人物面部皮肤前后的对比效果

图6-3　打开的图片

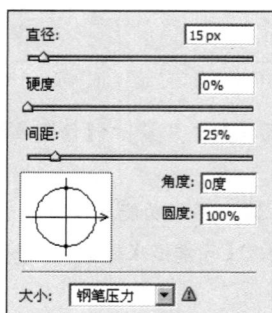

图6-4　设置的参数

图6-5　鼠标指针单击的位置

图6-6　去除痣后的效果

（4）依次移动鼠标指针至有黑点的地方单击，即可将黑点去除，效果如图 6-7 所示。

（5）选择 工具，将鼠标指针移动到人物面部位置沿轮廓拖曳鼠标，创建出如图 6-8 所示的选区。

（6）执行【滤镜】/【模糊】/【高斯模糊】命令，弹出【高斯模糊】对话框，将【半径】选项的参数设置为"1"像素，如图 6-9 所示。

图6-7　去除黑点后的效果　　　　　图6-8　创建的选区　　　　　图6-9　设置的参数

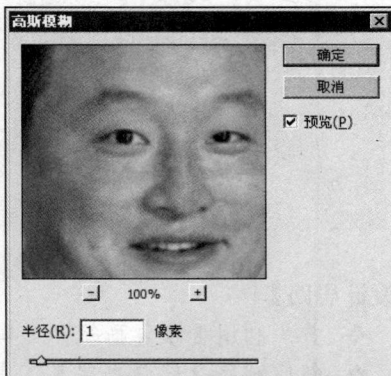

（7）单击 确定 按钮，将选区内的图像模糊处理，按 Ctrl + D 组合键去除选区，效果如图 6-10 所示。

（8）选择 工具，将鼠标指针移动到人的的眼睛位置按住鼠标左键并拖曳，即可将此处的图像恢复原来的清晰度，如图 6-11 所示。

（9）用与步骤（8）相同的方法，依次在人物的五官位置拖曳鼠标，恢复除皮肤区域外的清晰度，效果如图 6-12 所示。

图6-10　模糊后的效果　　　　　图6-11　恢复眼部的清晰度　　　　　图6-12　恢复出的五官效果

（10）至此，修复面部皮肤处理完成，按 Shift + Ctrl + S 组合键，将文件命名为"面部美容.jpg"另存。

操作二　去除面部头发

【设计目标】

练习【修复画笔】工具 的使用。

【设计效果】

去除人物面部头发前后的对比效果如图 6-13 所示。

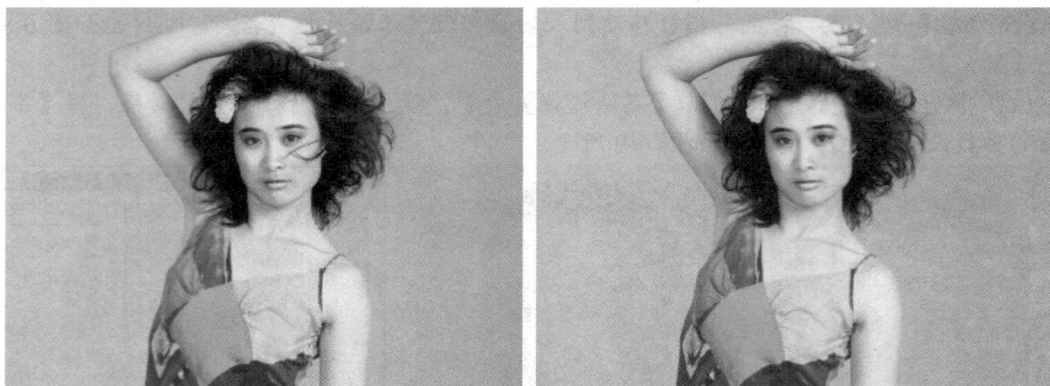

图6-13 去除人物面部头发前后的对比效果

【设计思路】

❖ 首先利用【修复画笔】工具 ✏️ 结合 Alt 键在没有头发的皮肤位置单击，拾取复制点。

❖ 然后利用【修复画笔】工具 ✏️ 在要修复的位置单击或拖曳鼠标，即可将头发去除以修复图像。

【操作步骤】

（1）打开素材文件夹中的"照片02.jpg"文件，然后利用 🔍 工具将人物的头部区域放大显示。

（2）选择 ✏️ 工具，设置合适的笔头大小后，按住 Alt 键，将鼠标指针移动到如图6-14所示的位置单击拾取取样点。

（3）移动鼠标指针到要修复的区域单击或拖曳鼠标即可修复图像，形态如图6-15所示。

（4）用与步骤（2）～（3）相同的方法依次拾取取样点并修复图像，人物面部修改后的效果如图6-16所示。

图6-14 鼠标指针放置的位置

图6-15 修复图像时的形态

图6-16 人物面部修复后的效果

（5）按 Shift+Ctrl+S 组合键，将文件命名为"修复面部.jpg"另存。

【任务小结】

以上详细介绍了【污点修复画笔】工具 ✐ 和【修复画笔】工具 ✐ 的应用，对于小面积的污点处理最好用污点修复画笔工具，而对于面积较大的区域最好利用修复画笔工具。另外，工具箱中的【仿制图章】工具 🖳 与【修复画笔】工具 ✐ 的功能及操作基本相同，区别在于后者可以在修复图像的同时与下面的图像很好地融合，因此，在实际工作过程中，一般用【修复画笔】工具来修复图像。

任务二　合成版面效果一

本任务将合成相册版面，首先来制作邮票效果。

操作一　制作邮票效果

【设计目标】

练习利用【橡皮擦】工具 ✐ 及路径的描绘功能制作邮票边缘的锯齿效果。

【设计效果】

制作的邮票效果如图 6-17 所示。

【设计思路】

首先绘制路径，再填充颜色，然后利用【橡皮擦】工具 ✐ 及路径的描绘功能制作锯齿效果，最后添加图像。

【操作步骤】

（1）新建一个【宽度】为 6 厘米、【高度】为 8 厘米、【分辨率】为 200 像素/英寸、【背景】为紫色（R:180,G:120,B:150）的文件。

（2）利用 ▢ 工具绘制出如图 6-18 所示的路径。

（3）在【图层】面板中新建"图层 1"，然后将前景色设置为白色，单击【路径】面板中的 ◓ 按钮，为路径填充白色。

（4）选择 ✐ 工具并按 F5 键，在弹出的【画笔】面板中设置选项参数如图 6-19 所示。

图6-17　制作的邮票效果	图6-18　绘制的路径	图6-19　设置的画笔参数

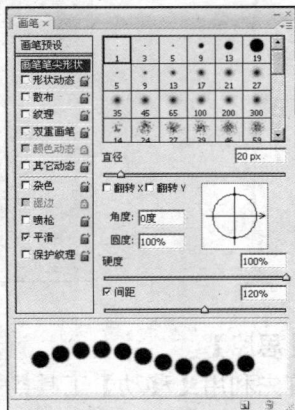

（5）单击【路径】面板中的 ⬤ 按钮，用【橡皮擦】工具 ✐ 对图形的边缘进行擦除，隐藏路径后的效果如图6-20所示。

（6）打开素材文件夹中的"修复面部.jpg""文件，将其移动复制到新建的文件中，调整合适的大小后，即可完成邮票效果的制作。

（7）按 Ctrl+S 组合键，将文件命名为"邮票效果.psd"保存。

（8）执行【图像】/【旋转画布】/【90度（顺时针）】命令，将画面旋转90度。

（9）在【图层】面板中将"图层 2"拖曳至 🗑 按钮上删除，然后打开素材文件夹中的"面部美容.jpg"文件，将其移动复制到新建的文件中，调整合适的大小后，即可完成第2种邮票效果的制作，如图6-21所示。

图6-20 擦除边缘后的效果

图6-21 制作的邮票效果

（10）按 Shift+Ctrl+S 组合键，将文件命名为"邮票效果02.psd"保存。

操作二　合成版面效果一

【设计目标】

练习版面的设计方法与合成操作。

【设计效果】

合成后的版面效果如图6-22所示。

图6-22 合成后的版面效果

【设计思路】

首先利用【移动】工具 ⊹ 将需要的图像移动复制到"背景01.psd"文件中，然后调整合适的大小后添加图层蒙版及阴影效果即可。

【操作步骤】

（1）打开素材文件夹中的"背景01.psd"和"照片03.jpg"文件。

（2）利用  工具将"照片03"移动复制到"背景"文件中，并调整至如图6-23所示的大小及位置。

（3）选择  工具，设置合适的【容差】选项值后，在画面中依次添加如图6-24所示的选区。

图6-23　图像调整后的大小及位置　　　　图6-24　加载的选区

（4）按 Shift+F6 组合键，在弹出的【羽化选区】对话框中将【羽化半径】选项的值设置为"5"像素，单击 确定 按钮。

（5）按 Shift+Ctrl+I 组合键将选区反选，然后单击面板底部的 按钮，为生成的"图层1"添加图层蒙版，效果如图6-25所示。

（6）将前景色设置为黑色，选择 工具，设置合适的笔头大小后，在画面的红色线边缘位置拖曳鼠标，将红色边缘线隐藏。

（7）将"图层1"调整至"文字层"下方后的效果如图6-26所示。

图6-25　添加图层蒙版后的效果　　　　图6-26　编辑蒙版后的效果

（8）打开"邮票效果.psd"文件，按 Ctrl+E 组合键将图像合并到锯齿边图层中，然后将合并后的图像移动复制到"背景"文件中，并调整至如图6-27所示的形态。

（9）执行【图层】/【图层样式】/【投影】命令，在弹出的【图层样式】对话框中，设置选项参数如图6-28所示。

图6-27 图像调整的形态

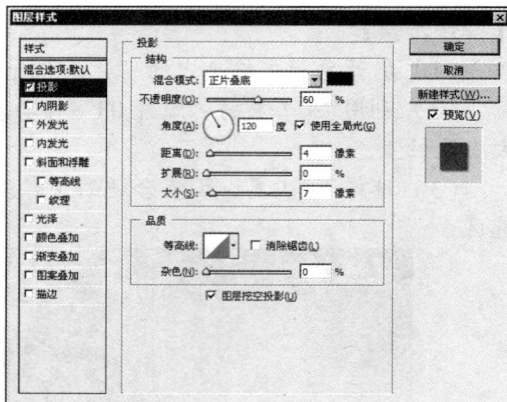

图6-28 设置的选项参数

（10）单击 确定 按钮，图像添加投影后的效果如图 6-29 所示。

（11）用与步骤（8）～（10）相同的方法，将"邮票效果 02.psd"文件中的图像移动复制到"背景"文件中，并调整至如图 6-30 所示的位置，完成相册版面的合成。

图6-29 添加的投影效果

图6-30 合成的相册版面

（12）按 Shift+Ctrl+S 组合键，将此文件命名为"婚纱相册 01.psd"另存。

任务三　去除多余图像及背景

下面主要运用【修补】工具 ⊘ 和【橡皮擦】工具 ⊘ 来去除图像中多余的图像及背景。

操作一　去除多余图像

【设计目标】

练习【修补】工具 ⊘ 的使用。

【设计效果】

去除多余图像前后的对比效果如图 6-31 所示。

图6-31 去除多余图像前后的对比效果

【设计思路】

❖ 首先利用【修补】工具 🖉 在多余图像的周围绘制选区。

❖ 然后设置好属性选项后，移动选区即可对图像进行修复。

【操作步骤】

（1）打开素材文件夹中的"照片 04.jpg"文件。

（2）选择 🖉 工具，根据图像左上方多余的椅子边缘绘制出如图 6-32 所示的选区。

图6-32 绘制的选区

（3）确认属性栏中选择了【源】选项，将鼠标指针移动到选区内按下鼠标左键并向右移动复制右侧的图像，形态如图 6-33 所示。释放鼠标并去除选区后的效果如图 6-34 所示。

图6-33 移动选区时的形态

图6-34 去除选区后的效果

（4）修复图像后按 Shift + Ctrl + S 组合键，将文件命名为"去除后面的椅子.jpg"另存。

操作二　去除图像背景

【设计目标】

练习【橡皮擦】工具的使用，包括【橡皮擦】工具 、【背景橡皮擦】工具 和【魔术橡皮擦】工具 。

【设计效果】

原图像及去除背景后的效果如图 6-35 所示。

图6-35　原图像及去除背景后的效果

【设计思路】

❖　首先利用【魔术橡皮擦】工具 去除背景中的大部分区域。

❖　然后利用【橡皮擦】工具 去除周围的杂点区域。

❖　再利用【背景橡皮擦】工具 对局部颜色进行擦除。

【操作步骤】

（1）打开素材文件夹中的"修复面部.jpg"文件，然后选择 工具，并设置属性栏中【容差】选项的值为"15"。

（2）确认【连续】选项处于选择状态，将鼠标指针移动到画面的背景位置，释放鼠标即可将背景去除，效果如图 6-36 所示。

（3）在未去除的背景位置依次单击去除背景，效果如图 6-37 所示。

图6-36　去除整体背景效果

图6-37　去除其他区域背景后的效果

（4）选择 工具，在画面中还保留的杂点背景位置单击将其删除，效果如图 6-38 所示。下面对人物的头发边缘进行处理。

（5）选择 工具，设置合适的笔头大小后，将鼠标指针移动到如图 6-39 所示的位置，注意图标中的十字中心不要位于黑色的头发位置。

（6）单击鼠标，即可将此处的背景色去除，效果如图 6-40 所示。

（7）依次移动鼠标指针的位置并单击，对人物头发处的背景色进行去除，最终效果如图 6-41 所示。

图6-38　去除背景后的效果

图6-39　鼠标指针放置的位置　　　图6-40　去除背景色后的效果　　　图6-41　去除背景色后的最终效果

（8）按 Shift+Ctrl+S 组合键，将此文件命名为"去背景.psd"另存。

（9）用与相同的去除背景操作，将素材文件夹中"照片 05.jpg"文件的背景去除，效果对比如图 6-42 所示，然后按 Shift+Ctrl+S 组合键，将此文件命名为"去背景02.psd"另存。

图6-42　原图像及去除背景后的效果

课堂练习

① 利用【污点修复画笔】工具 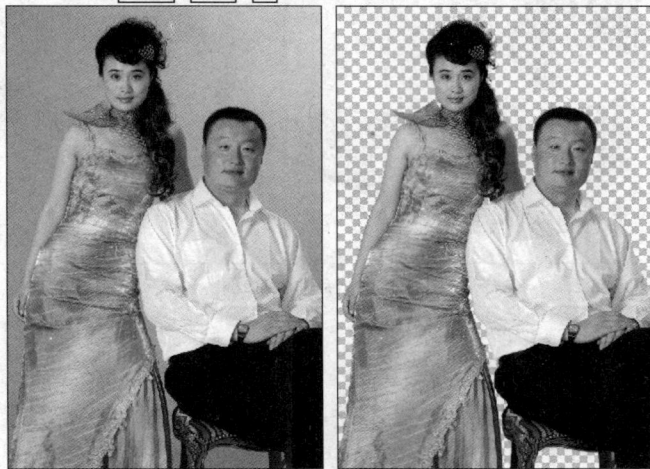修复人物面部的斑点，修复前后的对比效果如图 6-43 所示。

② 利用【修补】工具 去除照片中多余的人物，去除前后的对比效果如图 6-44所示。

图6-43 修复疤痕前后的对比效果

图6-44 去除多余人物前后的对比效果

任务四　合成版面效果二

本任务来合成相册版面。

【设计目标】

练习版面的合成与【编辑】/【拷贝】和【贴入】命令的运用。

【设计效果】

合成后的版面效果如图 6-45 所示。

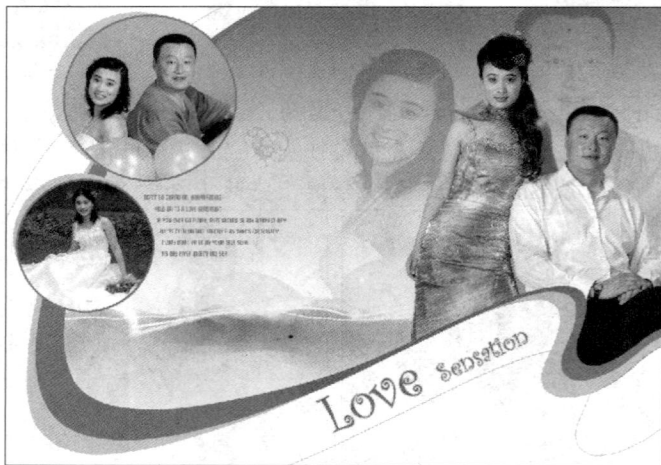

图6-45 合成后的版面效果

【设计思路】

❖ 首先利用路径工具绘制辅助图形。

❖ 然后利用【移动】工具 ⊕ 结合【不透明度】选项合成去除背景后的图像。

❖ 再利用【拷贝】和【贴入】命令合成修复面部和去除多余图像的图像。

【操作步骤】

（1）打开素材文件夹中的"背景 02.jpg"文件，然后利用 ⌖ 工具和 ↖ 工具绘制出如图 6-46 所示的路径。

（2）按 Ctrl+Enter 组合键将路径转换为选区，然后新建"图层 1"，并为其填充白色，去除选区后的效果如图 6-47 所示。

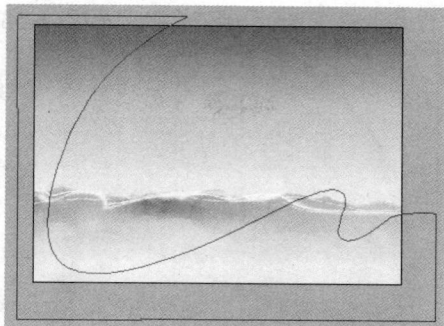

图6-46　绘制的路径

图6-47　填充颜色后的效果

（3）在【路径】面板中单击刚绘制的路径将其显示，然后利用【自由变换】命令将其调整至如图6-48所示的大小及位置。

（4）新建"图层 2"，将前景色设置为灰色（R:204,G:204,B:204），然后选择 ✍ 工具，并将画笔的笔头设置为"3 px"，"硬度"设置为"100%"。

（5）在【路径】面板中单击 ○ 按钮，用设置的颜色及笔头大小描绘路径，隐藏路径后的效果如图 6-49 所示。

图6-48　路径调整后的形态

图6-49　隐藏路径后的效果

（6）新建"图层 3"，利用 ♠ 工具和 ↖ 工具绘制路径并转换为选区，然后为选区填充紫色（R:209,G:109,B:145），效果如图 6-50 所示。

（7）按 Ctrl+D 组合键去除选区，然后用与步骤（6）相同的方法在新建的"图层 4"中绘制灰色（R:204,G:204,B:204）图形。

（8）将"图层 4"调整至"图层 3"的下方，效果如图 6-51 所示。

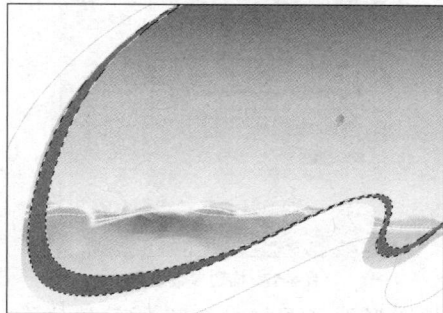

图6-50　绘制的图形

图6-51　调整堆叠顺序后的效果

（9）打开素材文件夹中的"去背景.psd"文件，然后将其移动复制到"背景02"文件中并调整至如图 6-52 所示的大小及位置。

（10）在【图层】面板中，将【不透明度】选项的参数设置为"20%"，效果如图6-53所示。

图6-52 图像调整后的大小及位置

图6-53 设置不透明度后的效果

（11）将生成的"图层5"调整至"图层1"的下方，然后利用 工具将左下方的图像擦除，效果如图6-54所示。

（12）打开素材文件夹中的"去背景02.psd"文件，然后将其移动复制到"背景02"文件中并调整至如图6-55所示的大小及位置。

图6-54 调整后的效果

图6-55 图像调整后的大小及位置

（13）新建"图层7"，将其调整至所有图层的上方，然后利用 工具绘制出如图6-56所示的圆形选区。

（14）为选区填充灰色（R:204,G:204,B:204）并去除选区，然后将"图层7"复制为"图层7 副本"层。

（15）利用【图层】/【图层样式】/【描边】命令为复制出的图形添加描边效果，参数设置如图6-57所示。

图6-56 绘制的圆形选区

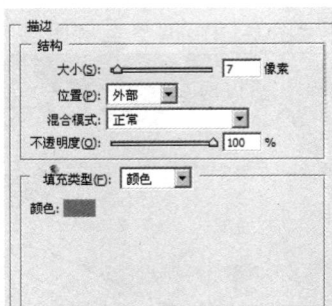

图6-57 描边参数设置

（16）单击 确定 按钮，然后将复制出的图形调整至如图6-58所示的位置。

（17）将"图层7"和"图层7 副本"图层同时选择并复制，然后分别调整复制出图形的大小及位置，效果如图6-59所示。

图6-58　复制图形调整后的位置

图6-59　复制出的图形

（18）打开素材文件夹中的"修复面部.psd"文件，依次按 $\boxed{Ctrl}$+$\boxed{A}$ 组合键和 $\boxed{Ctrl}$+$\boxed{C}$ 组合键，将图像选择并复制。

（19）将"背景 02"文件设置为工作层，然后加载"图层 7 副本"图层的选区，再按 $\boxed{Shift}$+$\boxed{Ctrl}$+$\boxed{V}$ 组合键，将复制的图像贴入选区中，效果如图 6-60 所示。

（20）按 $\boxed{Ctrl}$+$\boxed{T}$ 组合键，为贴入的图像添加自由变换框，然后将图像调整至如图 6-61 所示的大小，再按 $\boxed{Enter}$ 键确认。

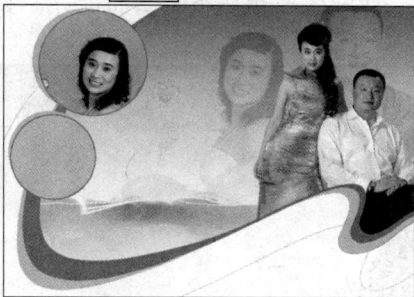

图6-60　贴入的图像

图6-61　图像调整后的大小

知识链接

（1）【编辑】/【剪切】命令：可将当前层或选区中的图像剪切到剪贴板中，此时原图像文件被破坏。快捷键为 $\boxed{Ctrl}$+$\boxed{X}$。

（2）【编辑】/【拷贝】命令：可将当前层或选区中的图像复制到剪贴板中，原图像文件不会被破坏。快捷键为 $\boxed{Ctrl}$+$\boxed{C}$。

【剪切】命令与【拷贝】命令可实现的功能相似，但它们复制图像的方法不同：前者是将选择的图像在原图像文件中剪掉后复制到剪贴板中，原图像被破坏；后者是在原图像不被破坏的情况下，将选择的图像复制到剪贴板中。

（3）【编辑】/【合并拷贝】命令：当图像文件有两个或两个以上的图层时，执行此命令，可将当前层与其下方层选区内的图像合并复制到剪贴板中。快捷键为 $\boxed{Shift}$+$\boxed{Ctrl}$+$\boxed{C}$。

（4）【编辑】/【粘贴】命令：可将剪贴板中的图像粘贴至当前文件中。快捷键为 $\boxed{Ctrl}$+$\boxed{V}$。

（5）【编辑】/【贴入】命令：可将剪贴板中的图像粘贴至选区内。快捷键为 $\boxed{Shift}$+$\boxed{Ctrl}$+$\boxed{V}$。

（21）将"图层 7 副本"图层设置为工作层，然后执行【图层】/【图层样式】/【颜色叠加】命令，在弹出的【图层样式】对话框中，设置颜色参数如图 6-62 所示。

（22）单击 确定 按钮，图形叠加颜色后的效果如图 6-63 所示。

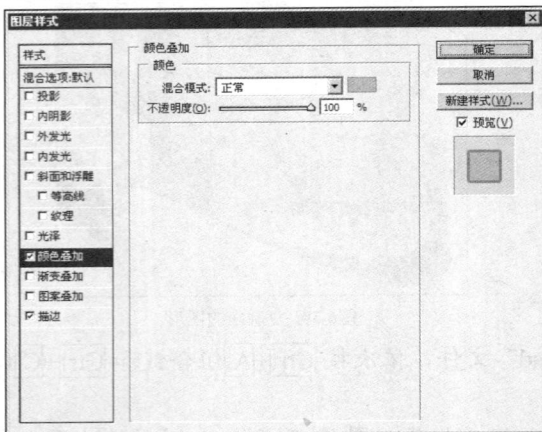

图6-62 叠加的颜色

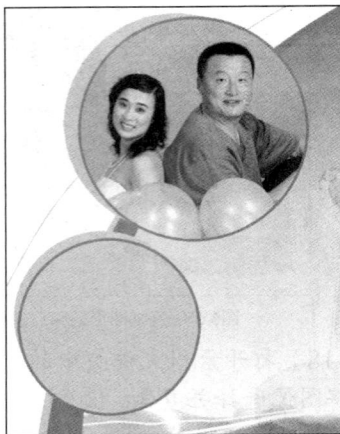

图6-63 叠加颜色后的效果

（23）用与步骤（18）～（20）相同的方法，将素材文件夹中的"去除多余图像.jpg"文件打开并贴入下方的圆形图形中，如图 6-64 所示。

（24）利用 **T** 工具，在画面中添加相应的字母，即可完成相册版面二的设计，如图 6-65 所示。

图6-64 贴入的图像

图6-65 输入的字母

（25）按 Shift+Ctrl+S 组合键，将此文件命名为"婚纱相册 02.psd"另存。

任务拓展　制作油画效果

利用【历史记录艺术画笔】工具 可以制作油画效果，下面以实例的形式详细介绍该命令的运用。

【操作步骤】

（1）打开素材文件夹中的"人物 04.jpg"文件，然后选择 工具，并设置属性栏中的选项及参数如图 6-66 所示。

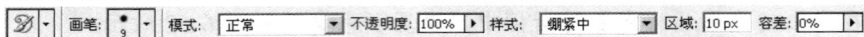

图6-66 【历史记录艺术画笔】工具的属性设置

（2）新建"图层 1"，然后利用小笔头的画笔在人物的面部位置涂抹，尤其是在五官位置设置的笔头一定要小，且要仔细地进行描绘，效果如图 6-67 所示。

（3）为了确保画面中的每个区域都能用画笔笔触覆盖，可以通过单击"背景"图层左侧的 👁 图标暂时隐藏"背景"图层来查看描绘的效果，如图 6-68 所示。

图6-67 描绘的面部效果

图6-68 查看描绘的效果

（4）在手部、头发、衣服以及背景色块面积较大的区域可以用较大的画笔笔头来描绘，这样描绘出的笔触会有大小变化，但在人物轮廓边缘位置还是要仔细描绘，描绘完成后的效果如图 6-69 所示。

（5）打开素材文件夹中的"笔触.jpg"文件，利用 ⊹ 工具将笔触图片移动复制到"人物"文件中，如图 6-70 所示。

（6）利用【自由变换】命令将"笔触"图片调整至与画面相同的大小，然后在【图层】面板中，将生成的"图层 2"的【图层混合模式】设置为"柔光"模式，这样油画的笔触纹理效果就更加明显了，效果如图 6-71 所示。

图6-69 描绘完成的效果

图6-70 打开的图片

图6-71 制作完成的油画效果

（7）按 Shift+Ctrl+S 组合键，将此文件命名为"油画效果.psd"另存。

实训一　更换人物背景

【实训要求】

利用【魔术橡皮擦】工具 ⟋ 将人物的背景去除，然后为其添加天空背景，并利用【历史记录画笔】工具 将不该擦除的图像还原，以得到完美的合成效果，范例原图及合成后的画面效果如图 6-72 所示。

图6-72　范例原图及合成后的画面效果

【操作步骤】

（1）打开素材文件夹中的 "天空.jpg" 和 "人物 05.jpg" 文件，利用 工具将其背景擦除，属性参数设置如图 6-73 所示。

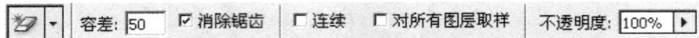

图6-73　【魔术橡皮擦】工具的属性设置

（2）将 "天空" 图片移动复制到 "人物" 文件中生成 "图层 1"，然后将其调整到 "图层 0" 的下面，并利用【自由变换】命令将天空调整到铺满整个画面。

（3）将 "图层 0" 设置为工作层，利用 工具将人物身上不该透明的区域修复出来。在身体轮廓边缘位置要仔细地修复，如果不小心修复出了边缘位置的背景色，可以利用【橡皮擦】工具 再擦掉。

（4）复制 "图层 0" 为 "图层 0 副本" 层，设置【图层混合模式】为 "滤色" 模式，设置【不透明度】参数为 "60%"，完成更换背景操作。

实训二　制作贴入图像效果

【实训要求】

利用【拷贝】和【贴入】命令将人物照片贴入指定的区域，制作贴入图像效果，素材图片及合成后的效果如图 6-74 所示。

图6-74　素材图片及合成后的效果

【操作步骤】

（1）依次打开素材文件夹中的"儿童模版.jpg"和"小女孩.jpg"文件。

（2）将"小女孩"文件设置为工作状态，依次按 Ctrl+A 组合键和 Ctrl+C 组合键复制图像，然后将"儿童模版"文件设置为工作状态，利用 工具在左上角圆形中的白色区域内单击添加选区。

（3）按 Shift+Ctrl+V 组合键将复制的图像贴入创建的选区内，然后利用【自由变换】命令将其调整至合适的大小。

（4）用相同的方法，为心形图形添加选区，然后将复制的"小女孩"图像复制到"儿童模版"文件中，即可完成贴入图像操作。

小结

本项目主要介绍了各种修复和修饰工具的运用，整个项目通过对婚纱照中各种照片的处理，详细讲述了各种修复工具及修饰工具的使用方法，让读者进一步了解了 Photoshop 的强大功能。无论是陈年老照片还是新照片不小心弄折了或弄脏了，都可以利用本项目所学的修复工具得到完美的效果还原。通过本项目的学习，读者应该掌握这些工具，以便在实际工作过程中灵活运用。

习题

一、简答题

1. 简述【编辑】菜单下各种复制和粘贴命令的功能。
2. 简述各种修饰工具的使用方法及功能。

二、操作题

1. 利用【模糊】工具 及【历史记录画笔】工具 制作景深效果，原图及制作的景深效果如图 6-75 所示。

2. 利用【模糊】命令及【历史记录画笔】工具 对人物的皮肤进行处理，处理前后的对比效果如图 6-76 所示。

图6-75　原图像及制作的景深效果

图6-76　皮肤处理前后的对比效果

项目七　设计婚纱摄影公司网站主页

本项目以设计一个婚纱摄影公司的网站主页为例，详细介绍图层的应用，主要包括【图层混合模式】选项应用、【不透明度】选项应用、【图层样式】命令及【调整层】、【蒙版层】的运用等。通过本项目的学习，读者应掌握【图层】的运用。

项目分析

本项目设计完成的婚纱摄影公司的网站主页如图 7-1 所示，主要通过以下几个任务来完成。

★　利用图层的【调整层】功能调整所需图片的色调。

★　利用图层的【图层样式】命令制作按钮。

★　将制作的各素材进行合成，完成婚纱摄影公司网站主页的设计。

图7-1　设计的婚纱摄影公司网站主页

学习目标

★　学习图层的灵活运用，包括新建图层、删除图层、调整图层顺序、合并图层等操作。

★　了解并掌握【图层】面板的应用，包括【不透明度】和【混合模式】的设置、锁定图层及显示或隐藏图层等。

★　熟悉各种【图层样式】命令，包括【图层样式】对话框中各选项及参数设置，编辑图层样式的方法，复制和粘贴图层样式的方法等。

★　学习并掌握【调整层】和【蒙版层】的运用。

任务一　利用【调整层】调整图像色调

下面主要运用图层的【调整层】命令来调整图像的色调。

【设计目标】

练习利用【调整层】命令调整图像色调的方法。

【设计效果】

原图像及调整色调后的效果如图 7-2 所示。

图7-2　原图像及调整色调后的效果

【设计思路】

灵活运用【曲线】调整层对图像的色调进行调整。

【操作步骤】

（1）打开素材文件夹中的"照片 01.jpg"文件。

（2）选择菜单栏中的【图像】/【模式】/【Lab 颜色】命令，把图像转换成 Lab 颜色模式。

（3）在【图层】面板中单击下方的【创建新的填充或调整图层】按钮 ，在弹出的列表中选择【曲线】命令。

（4）在弹出的【曲线】对话框中，将鼠标指针放置到直线上单击，即可添加一个控制点，在控制点上按下鼠标并拖曳，可以调整控制点的位置，状态如图 7-3 所示。

（5）依次添加控制点并调整控制点的位置，状态如图 7-4 所示。勾选【曲线】对话框中的【预览】复选框后，在调整控制点的位置时，可随时观察图像的变化。

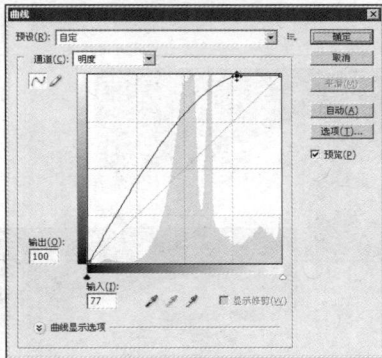

图7-3　调整控制点的位置　　　　　　　　　　图7-4　调整的曲线形态

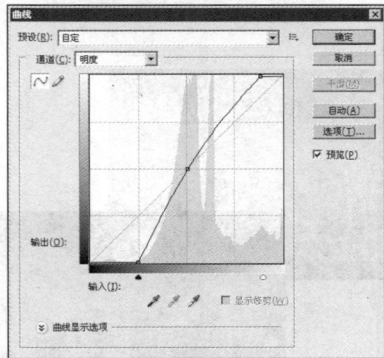

（6）单击【通道】选项右侧的倒三角按钮，在弹出的列表中依次选择"a"和"b"通道，并分别调整曲线的形态如图 7-5 所示。

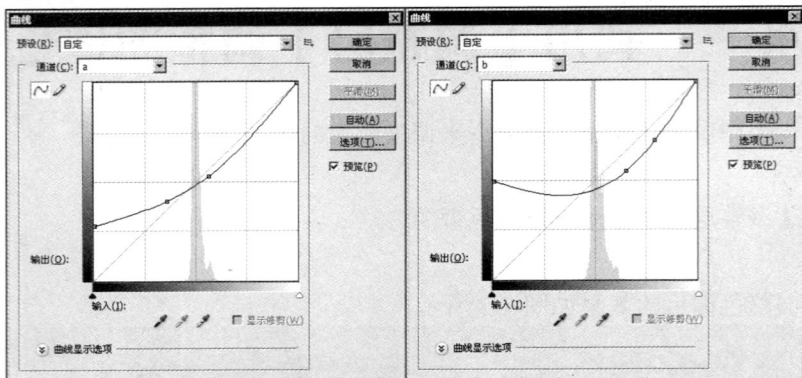

图7-5　调整的曲线形态

（7）单击 [确定] 按钮，即可完成图像的个性色调调整，效果及【图层】面板如图7-6所示。

（8）按 Shift+Ctrl+S 组合键，将此文件命名为"个性色调.psd"另存。

【任务小结】

本任务主要练习了利用【调整层】调整图像的色调。调整层是在图层上方新建作用于下面所有图层颜色和效果的图层，通过新建的调整层可以用不同的颜色调整方式来调整下方图层中图像的颜色，如果对调整的颜色效果不满意，可随时重新调整或删除调整层，原图像并不会被破环。

更多的【调整】命令及对话框选项和参数将在项目十中介绍，此处读者只要掌握【调整层】的用法即可。

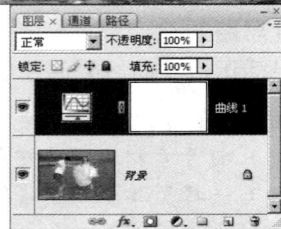

图7-6　调整色调后的效果及【图层】面板

课堂练习

① 灵活运用【调整层】调整图像的色调，调整前后的对比效果如图7-7所示。

② 灵活运用【色彩平衡】和【曲线】调整层调整图像的色调，将白云效果调整为晚霞效果，如图7-8所示。

图7-7　图像色调调整前后的对比效果

图7-8　图像色调调整前后的对比效果

任务二　利用【图层样式】命令制作按钮

下面主要运用图层的【图层样式】命令来制作网页按钮。

【设计目标】

练习【图层样式】命令的运用。

【设计效果】

制作的网页按钮如图 7-9 所示。

图7-9　制作的网页按钮

【设计思路】

灵活运用各种【图层样式】命令来制作网页按钮。

【操作步骤】

（1）新建一个【宽度】为 4 厘米、【高度】为 2 厘米、【分辨率】为 200 像素/英寸的文件。

（2）选择　工具，激活属性栏中的　按钮，并将【半径】
选项的值设置为"15 px"，然后绘制出如图 7-10 所示的形状图形。

（3）选择菜单栏中的【图层】/【图层样式】/【投影】命令，
在弹出的【图层样式】对话框中分别勾选相应的选项并设置其选
项参数如图 7-11 所示。

图7-10　绘制的形状图形

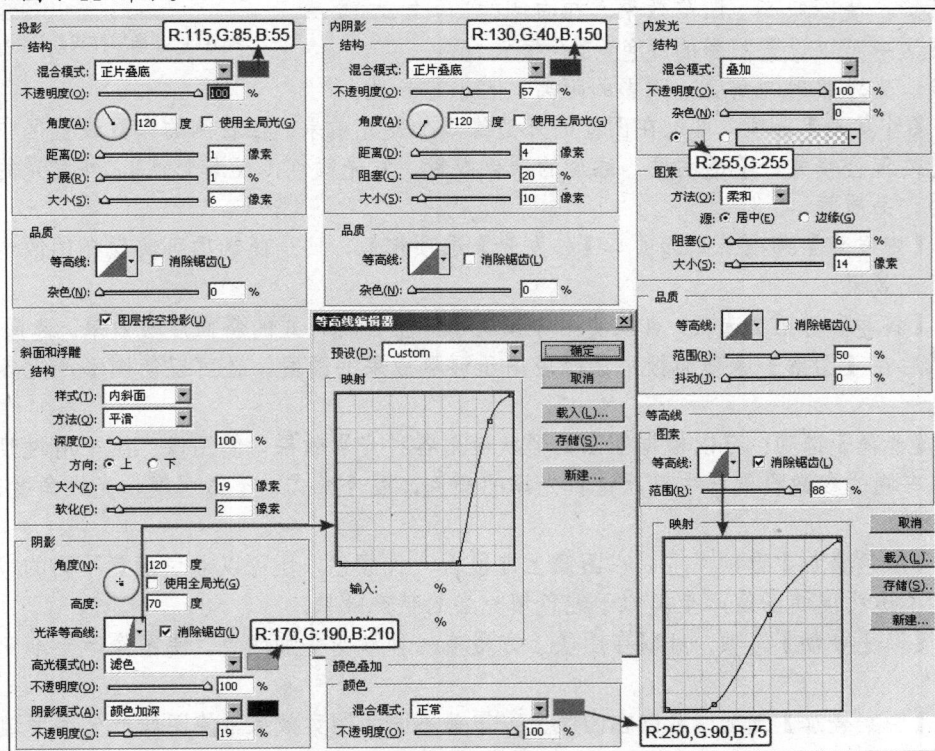

图7-11　设置的图层样式选项参数

重要提示　在 Photoshop CS3 中使用【图层样式】命令可以对图层内容快速应用效果，以改变图层内容的外观。

（4）设置完选项参数后，单击 ▢ 确定 ▢ 按钮，即可完成按钮的制作，隐藏路径后的效果如图 7-12 所示。

（5）按 Ctrl+S 组合键，将文件命名为"条形按钮.psd"保存。

图7-12　添加图层样式后的按钮效果

【任务小结】

选择菜单栏中的【图层】/【图层样式】/【混合选项】命令，弹出【图层样式】对话框，如图 7-13 所示。在此对话框中可以为图层添加投影、内阴影、外发光、内外光、斜面、浮雕等多种特殊效果。

【图层样式】对话框的左侧是【样式】选项区，用于选择要添加的样式类型；右侧是参数设置区，用于设置各种样式的参数及选项。

❖ 【投影】选项：可以为图像添加投影效果，也可以在右侧的参数设置区中设置投影的颜色、与下层图像的混合模式、不透明度、是否使用全局光、光线的投射角度、投影与图像的距离、投影的扩散程度和投影大小等，还可以设置投影的等高线样式和杂色数量。

❖ 【内阴影】选项：可以在图像边缘向内添加阴影，使图像产生凹陷效果。在右侧的参数设置区中可以设置阴影的颜色、混合模式、不透明度、光源照射的角度、阴影的距离、大小等参数。

图7-13　【图层样式】对话框

❖ 【外发光】选项：可以在图像的外边缘添加发光效果。在右侧的参数设置区中可以设置外发光的混合模式、不透明度、添加的杂色数量、发光颜色（或渐变色）、外发光的扩展程度、大小、品质等。

❖ 【内发光】选项：此选项与【外发光】选项相似，只是此选项可实现在图像边缘的内部产生发光效果。

❖ 【斜面和浮雕】选项：可以使图像或文字产生各种样式的斜面浮雕效果。选择【纹理】选项，然后在【图案】选项面板中选择应用于浮雕效果的图案，还可以使图形产生各种纹理效果。

❖ 【光泽】选项：可以根据图像的形状应用各种光影效果，使图像产生平滑过渡的光泽效果。在右侧的参数设置区中可以设置光泽的颜色、混合模式、不透明度、光线角度、距离、大小等参数。

❖ 【颜色叠加】选项：可以在图像上方覆盖一种颜色，还可以通过设置不同的颜色、混合模式和不透明度使图像产生类似于纯色填充层的特殊效果。

❖ 【渐变叠加】选项：可以在图像上方覆盖一种渐变叠加颜色，使图像产生渐变填充层的效果。

❖ 【图案叠加】选项：可以在图像上方覆盖不同的图案效果，使图像产生图案填充层的特殊效果。

❖ 【描边】选项：可以为图像添加描边效果，描绘的边缘可以是一种颜色、渐变色或图案。

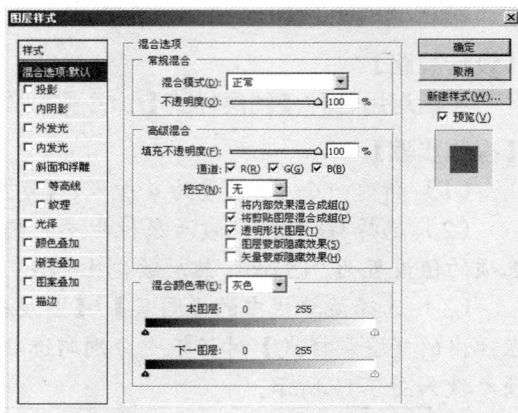

任务三 设计网站主页

下面灵活运用图层的各种操作来设计网站主页。

【设计目标】

练习图层的应用。

【设计效果】

设计的网站主页如图 7-14 所示。

图7-14 设计的网站主页

【设计思路】

灵活运用各种图层操作来设计网站主页。

❖ 首先利用【滤镜】/【渲染】/【镜头光晕】命令为背景添加灯光效果，然后灵活运用图层及【剪贴蒙版】命令来制作网站中的主要画面。

❖ 灵活运用各种工具按钮及图层来合成网站主页中的其他图像，并利用【文字】工具 **T** 输入相关的文字，完成网站主页的设计。

操作一 制作背景及主要画面

【操作步骤】

1. 制作背景。

（1）新建一个【宽度】为 22 厘米、【高度】为 17.5 厘米、【分辨率】为 150 像素/英寸，背景为黑色的文件。

（2）执行【滤镜】/【渲染】/【镜头光晕】命令，弹出【镜头光晕】对话框，选择"105毫米聚焦"单选按钮，然后将鼠标指针移动到预览窗口上方中间的位置单击，设置灯光的位置，再设置灯光的【亮度】参数如图 7-15 所示。

（3）单击 确定 按钮，为背景添加灯光效果，如图 7-16 所示。

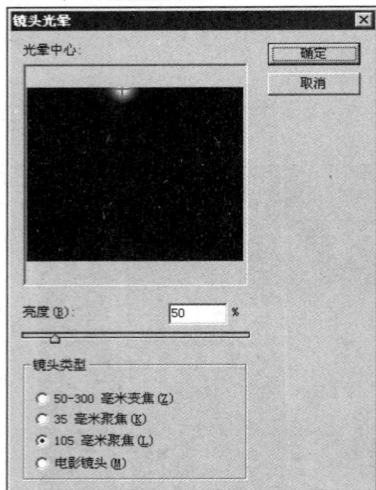

图7-15 灯光设置的位置

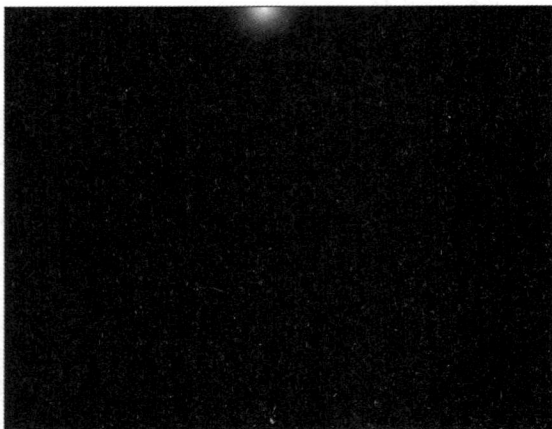

图7-16 添加的灯光效果

（4）再次执行【滤镜】/【渲染】/【镜头光晕】命令，在弹出的【镜头光晕】对话框中，将灯光设置在第 1 盏灯光的右侧，然后单击 确定 按钮。

（5）用与步骤（4）相同的方法，在画面的右上角再添加一盏灯光，如图 7-17 所示。

（6）单击 确定 按钮，背景添加灯光后的效果如图 7-18 所示。

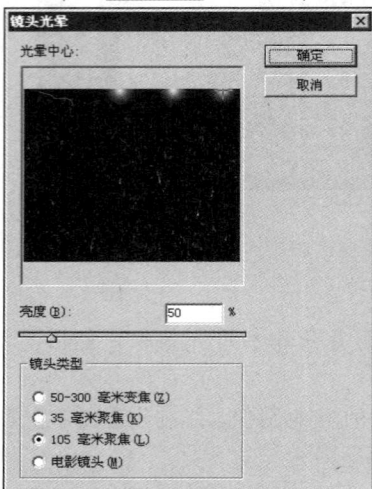

图7-17 设置的灯光位置

图7-18 添加的灯光效果

2. 制作主画面。

（1）选择 工具，在画面中绘制出如图 7-19 所示的矩形选区，然后新建"图层 1"，并为选区填充白色，再按 Ctrl+D 组合键去除选区。

（2）打开素材文件夹中的"天空.jpg"文件，然后将其移动复制到新建的文件中，并调整至如图 7-20 所示的大小及位置。

图7-19 绘制的矩形选区

图7-20 图像调整后的大小及位置

（3）执行【图层】/【创建剪贴蒙版】命令，根据下方图层的区域对当前图像创建蒙版，效果及【图层】面板如图 7-21 所示。

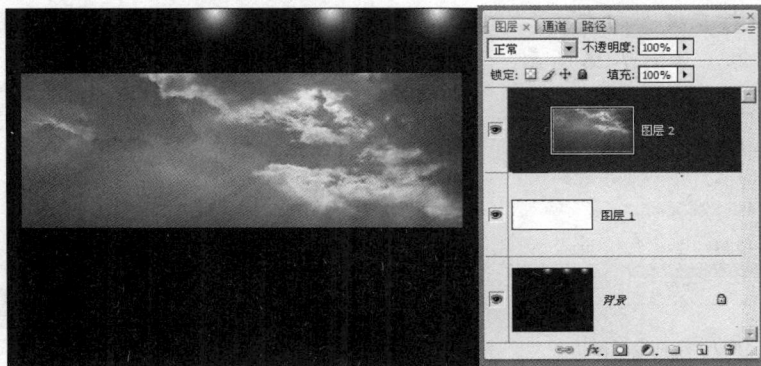

图7-21 创建剪贴蒙版后的效果及【图层】面板

（4）打开素材文件夹中的"照片 04.jpg"文件，然后将其移动复制到新建的文件中，并执行【编辑】/【变换】/【水平翻转】命令，将图片水平翻转。

（5）执行【图层】/【创建剪贴蒙版】命令，根据下方"图层 1"的区域对当前图像创建蒙版，然后将图像调整至如图 7-22 所示的大小及位置。

图7-22 图片调整后的大小及位置

（6）执行【图层】/【排列】/【向下一层】命令，将生成的"图层 3"调整至"图层 2"的下方，如图 7-23 所示。

（7）在"图层 2"层上单击鼠标，将"图层 2"设置为工作层，然后执行【图层】/【图层样式】/【混合选项】命令。

（8）在弹出的【图层样式】对话框中，将鼠标指针移动到如图 7-24 所示的位置。

图7-23 调整图层堆叠顺序后的效果

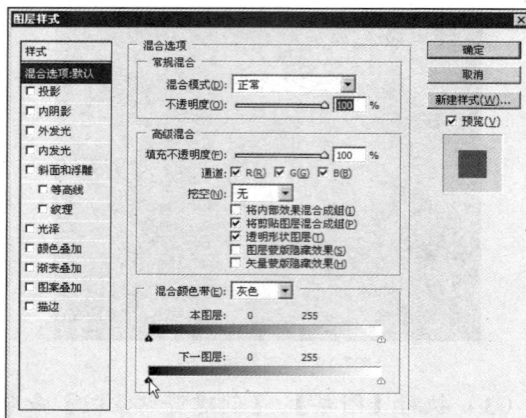

图7-24 鼠标指针放置的位置

（9）按下鼠标左键并向右拖曳，状态如图 7-25 所示，此时，会将两幅画面合成，显示出下方图层中的图像，如图 7-26 所示。

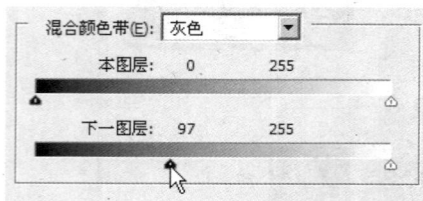

图7-25 拖曳鼠标状态

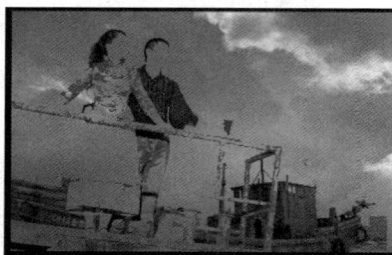

图7-26 混合后的图像效果

（10）将鼠标指针放置到如图 7-27 所示的位置，然后按住 Alt 键，再按住鼠标左键向右拖曳，将其中一个滑块向右调整，状态如图 7-28 所示。

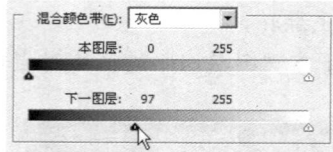

图7-27 鼠标指针放置的位置

图7-28 调整滑块的位置

知识链接

混合颜色带：单击右侧的倒三角按钮可以选择颜色的混合带。选择"灰色"，可以指定所有通道的混合范围。选择单个颜色通道（如 RGB 图像中的红色、绿色或蓝色），可以指定该通道内的混合。

本图层和下一图层：用于设置混合像素的亮度范围。拖动白色滑块设置范围的高值。拖动黑色滑块设置范围的低值。要定义部分混合像素的范围，可按住 Alt 键，并拖动滑块三角形的一半，在分开的滑块上方显示的两个值指示部分混合范围。使用"本图层"滑块指定现用图层上将要混合并因此出现在最终图像中的像素范围；使用"下一图层"滑块指定将在最终图像中混合的下面的可见图层的像素范围。混合的像素与现用图层中的像素组合产生复合像素，而未混合的像素透过现用图层的上层区域显示出来。

（11）单击 ▭确定▭ 按钮，图像混合后的效果如图 7-29 所示。

（12）单击【图层】面板下方的 ▭ 按钮，为"图层 2"添加图层蒙版，然后将前景色设置为黑色。

（13）选择 ✎ 工具，设置合适的笔头大小后，在人物图像上拖曳，即可将没显示的图像区域显示，状态如图 7-30 所示。

图7-29　混合后的图像效果　　　　　　　　　　　　图7-30　显示图像状态

（14）分别设置不同大小的笔头，对要显示的图像进行描绘，最终效果如图 7-31 所示。

图7-31　编辑蒙版后的效果

（15）单击"图层 3"层，将其设置为工作层，然后单击 ▭ 按钮，为"图层 3"添加图层蒙版，然后利用 ✎ 工具对"图层 3"中的图像进行编辑，最终效果如图 7-32 所示。

图7-32　编辑蒙版后的效果

（16）按住 Ctrl 键，将鼠标指针移动到如图 7-33 所示的图层缩览图位置单击，加载"图层 1"的选区。

（17）单击"图层 2"，将其设置为工作层，然后单击面板下方的 ▭. 按钮，在弹出的列表中选择【色彩平衡】命令。

（18）在弹出的【色彩平衡】对话框中，设置选项参数如图 7-34 所示。

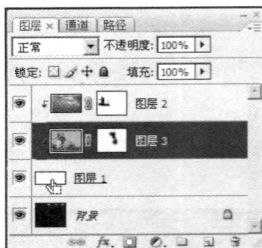

图7-33 鼠标指针放置的位置

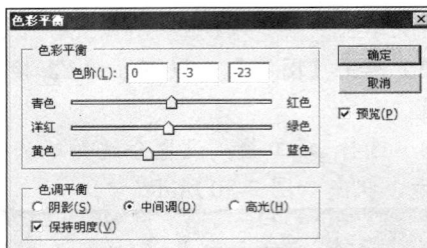

图7-34 【色彩平衡】对话框

（19）分别选择对话框下方的【阴影】和【高光】单选按钮，并设置相应的参数如图 7-35 所示。

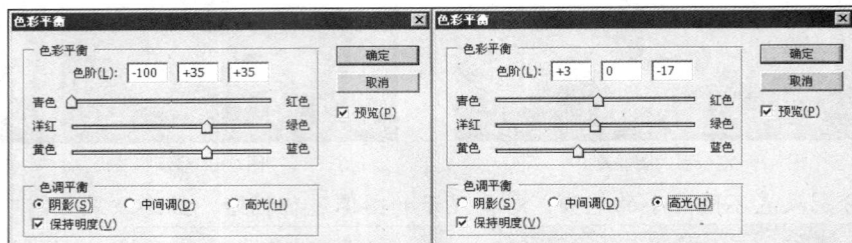

图7-35 设置的选项参数

（20）单击 ▭确定▭ 按钮，调整色彩后的图像效果及生成的"色彩平衡"调整层如图 7-36 所示。

图7-36 调整色彩后的图像效果及生成的调整层

（21）选择 ▭ 工具，根据图像的大小绘制出如图 7-37 所示的矩形选区。

（22）新建"图层 4"，并为选区填充黑色，然后按 Ctrl + D 组合键去除选区。

（23）执行【图层】/【排列】/【置为底层】命令，将"图层 4"调整至所有普通图层的下方，如图 7-38 所示。

图7-37 绘制的矩形选区

图7-38 图层调整后的位置

（24）执行【图层】/【图层样式】/【投影】命令，在弹出的【图层样式】对话框中设置选项参数如图 7-39 所示。

（25）单击 ▭ 确定 ▭ 按钮，为黑色图形添加灰色的投影，放大左侧画面显示的投影效果如图 7-40 所示。

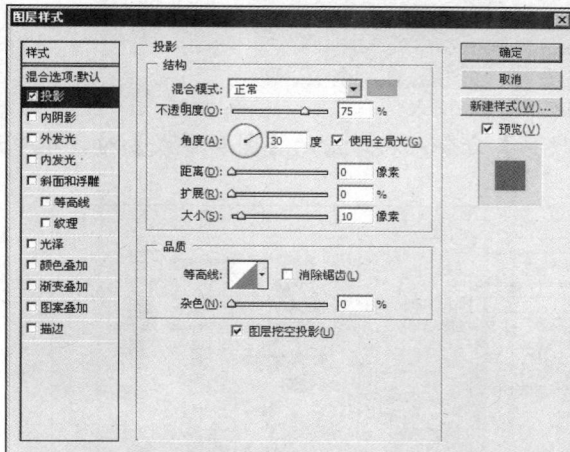

图7-39　【投影】选项参数设置

图7-40　投影效果

（26）继续利用 ▭ 工具，结合删除部分选区操作，绘制出如图 7-41 所示的矩形选区。

图7-41　绘制的矩形选区

（27）确认"图层 4"处于选择状态，为选区填充黑色，然后按 Ctrl+D 组合键去除选区。

（28）按 Ctrl+S 组合键，将此文件命名为"网站.psd"保存。

操作二　合成网站

【操作步骤】

1. 制作网站标头。

（1）打开素材文件夹中的"艺术字.psd"文件，然后将艺术字移动复制到"网站"文件中。

（2）执行【图层】/【排列】/【置为顶层】命令，将生成的"图层 5"调整至所有层的上方，然后将艺术字调整至如图 7-42 所示的大小。

图7-42 艺术字调整后的大小

（3）执行【图层】/【图层样式】/【投影】命令，在弹出的【图层样式】对话框中设置各选项参数如图 7-43 所示。

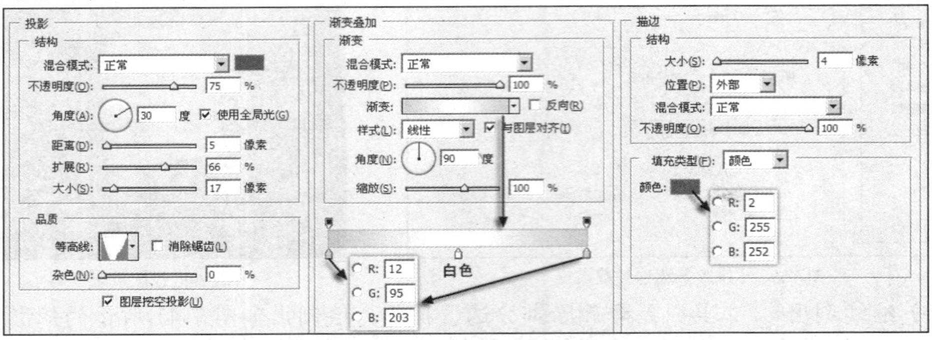

图7-43 设置的图层样式参数

（4）单击 ___确定___ 按钮，为艺术字添加图层样式，然后将其移动到如图 7-44 所示的左上角位置。

（5）打开"任务二"中制作的条形按钮文件，在【图层】面板中新建"图层 1"，然后将其与"形状 1"图层同时选中并按 Ctrl+E 组合键合并。

> **重要提示**
> 此处新建图层并将其与下方的图层合并，目的是确保将条形按钮移动复制到新建的文件中并在放大或缩小时其图层样式不发生变化。如果不将其转换为普通层，缩放按钮图形时其图层样式也会发生变化。

（6）利用 工具将合并后的图形移动复制到新建的文件中，调整至合适的大小后放置到如图 7-45 所示的位置。

图7-44 艺术字放置的位置

图7-45 按钮调整后的大小及位置

（7）执行【图层】/【复制图层】命令，在弹出的【复制图层】对话框中单击 确定 按钮，将生成的"图层 6"复制为"图层 6 副本"层，如图 7-46 所示。

> **重要提示**
> 在【图层】面板中，将鼠标指针放置到"图层 6"上按下鼠标左键并向下拖曳至 按钮上释放鼠标，也可将图层复制。

（8）用步骤（7）相同的方法，依次复制图层，最终效果如图 7-47 所示。

图7-46　复制出的图层

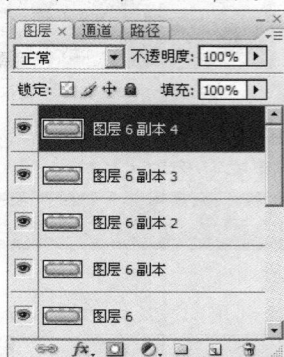

图7-47　复制的图层

（9）选择 工具，按住 Shift 键，将复制出的按钮水平向右移动至如图 7-48 所示的位置。

图7-48　移动的位置

（10）按住 Shift 键，单击【图层】面板中的"图层 6"，将按钮图形所在的图层同时选中，然后单击属性栏中的 按钮，将选择的按钮图形在水平方向上均匀分布，如图 7-49 所示。

图7-49　平均分布的按钮图形

（11）按住 Ctrl 键，单击"图层 6 副本 4"的图层缩览图加载选区，然后按住 Shift + Ctrl 组合键，并依次单击"图层 6 副本 3"、"图层 6 副本 2"和"图层 6 副本"的图层缩览图，添加选区如图 7-50 所示。

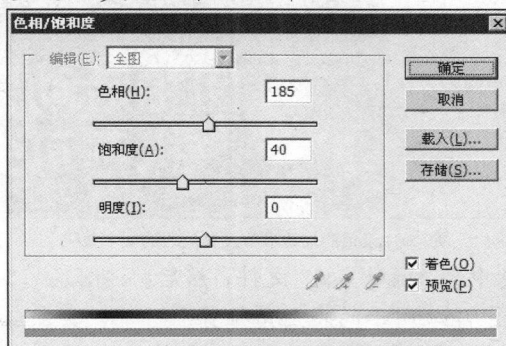

图7-50　添加的选区

（12）单击面板下方的 按钮，在弹出的列表中选择【色相/饱和度】命令，在弹出的【色相/饱和度】对话框中，设置选项参数如图 7-51 所示。

图7-51　【色相/饱和度】对话框

（13）单击 确定 按钮，按钮图形调整颜色后的效果如图 7-52 所示。

图7-52 按钮图形调整颜色后的效果

（14）选择 T 工具，在按钮图形上分别输入如图 7-53 所示的黑色文字。黑色文字的字体及各选项参数设置如图 7-54 所示。

图7-53 输入的黑色文字

（15）继续利用 T 工具，输入如图 7-55 所示的白色文字。

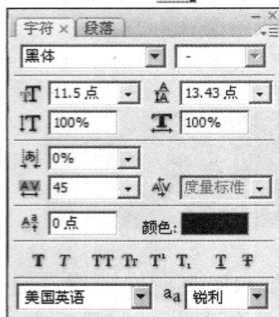

图7-54 【字符】面板

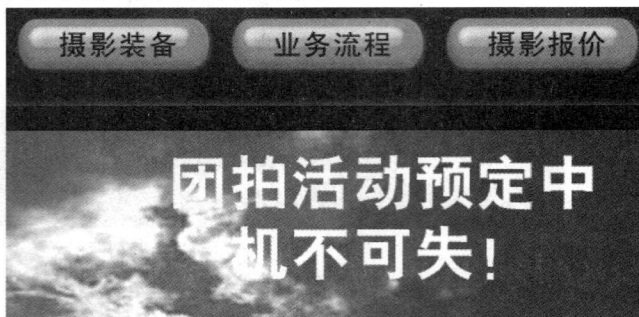

图7-55 输入的文字

（16）利用【图层】/【图层样式】/【描边】命令，为文字添加蓝色的外边框，选项参数设置及添加描边后的效果如图 7-56 所示。

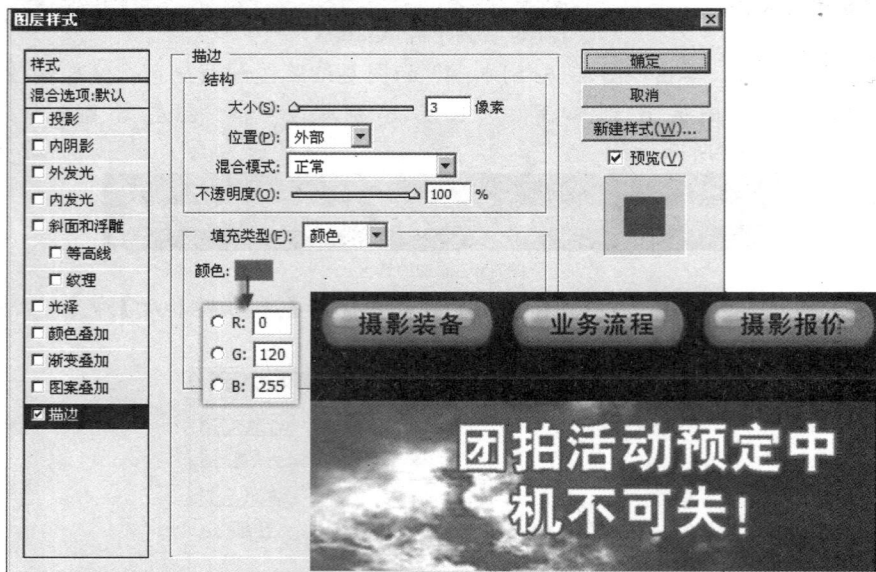

图7-56 设置的描边参数及描边后的文字效果

（17）打开素材文件夹中的"绿叶.psd"文件，然后将"图层 1"中的叶子移动复制到"网站"文件中，并调整至如图 7-57 所示的左上角位置。

（18）依次执行【图层】/【排列】/【后移一层】命令，将生成的"图层 7"调整至"图层 5"的下方，效果如图 7-58 所示。

图7-57　绿叶放置的位置

图7-58　调整图层堆叠顺序后的效果

2. 输入网站文字并添加其他辅助图像。

（1）继续利用 T 工具，在主图像的下方依次输入如图 7-59 所示的白色英文字母。

（2）确认"more"文字层为工作层，单击属性栏中的 ▤ 按钮，然后在弹出的【字符】面板中激活 T 按钮，为字母添加下画线，效果如图 7-60 所示。

图7-59　输入的英文字母

图7-60　添加的下画线

（3）利用 T 工具，依次输入如图 7-61 所示的白色文字，然后选择 ⬭ 工具，将前景色设置为浅黄色（R:247,G:247,B:186），并激活属性栏中的 ▢ 按钮，然后在输入文字的前面绘制出如图 7-62 所示的小圆形图形。

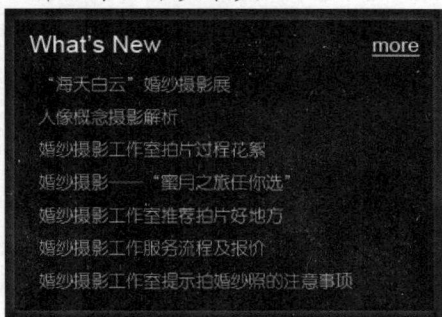

图7-61　输入的文字

图7-62　绘制的小圆形图形

（4）选择 ▲ 工具，按住 Shift+Alt 组合键，依次向下移动复制图形，然后将复制出的图形同时选中，再单击属性栏中的 ☰ 按钮，将各图形均匀分布，效果如图 7-63 所示。

（5）利用 T 工具，输入如图 7-64 所示的英文字母。

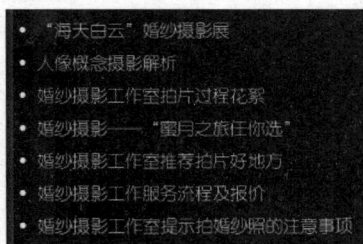

图7-63　复制出的圆形图形

图7-64　输入的英文字母

（6）利用【图层】/【图层样式】/【外发光】命令，为英文字母添加默认参数设置的外发光效果。

（7）将"more"文字层复制，然后将复制出的字母水平向右移动至如图 7-65 所示的位置。

图7-65 移动的位置

（8）打开素材文件夹中的"红叶.jpg"文件，利用 工具将红叶选取，然后移动复制到"网站"文件中。

（9）依次打开素材文件夹中的"照片 02.jpg"和"照片 03.jpg"文件，并将其分别移动复制到"网站"文件中。

（10）打开任务一中调整出的"个性色调.psd"文件，按 Ctrl+E 组合键合并图层，然后将合并后的图像移动复制到"网站"文件中，各图像调整后的大小及位置如图 7-66 所示。

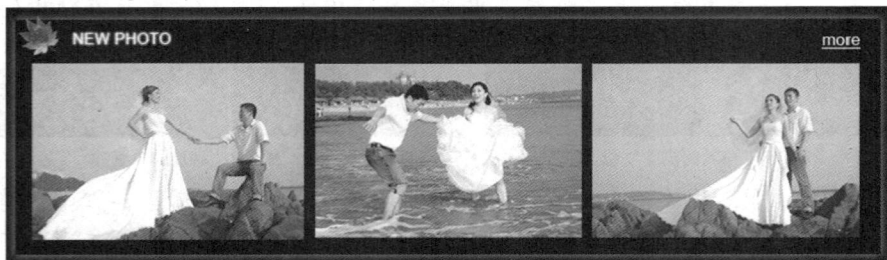

图7-66 各图像调整后的大小及位置

（11）按住 Ctrl 键，单击"照片 02"图像所在图层的图层缩览图，然后按住 Shift+Ctrl 组合键，单击"照片 03"图像所在图层的图层缩览图，加载的选区如图 7-67 所示。

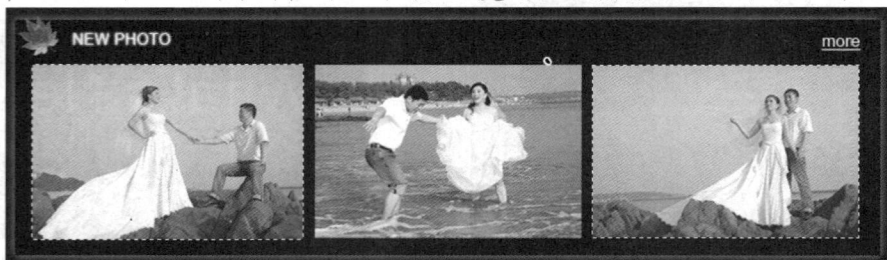

图7-67 加载的选区

（12）单击【图层】面板下方的 按钮，在弹出的列表中选择【色彩平衡】命令，然后依次设置各选项参数如图 7-68 所示。

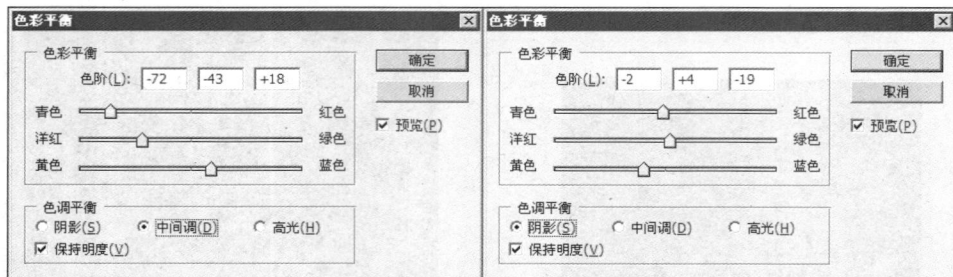

图7-68 · 设置的颜色参数

（13）单击 确定 按钮，图像添加调整层调整色调后的效果如图 7-69 所示。

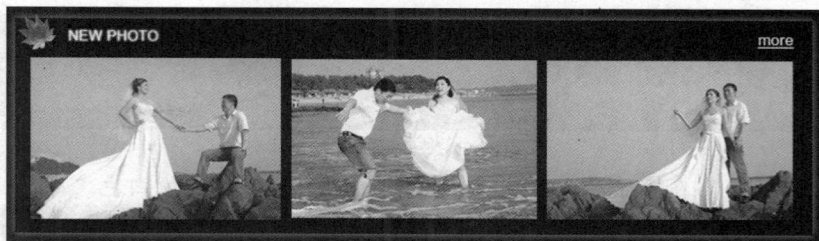

图7-69 调整色调后的效果

（14）选择█工具，然后在画面的下方绘制出如图 7-70 所示的矩形选区。

图7-70 绘制的矩形选区

（15）新建图层，并在该图层上为选区填充黑色，然后按 Ctrl+D 组合键去除选区。

（16）利用【图层】/【图层样式】/【渐变叠加】命令为图形叠加渐变色，参数设置及生成的效果如图 7-71 所示。

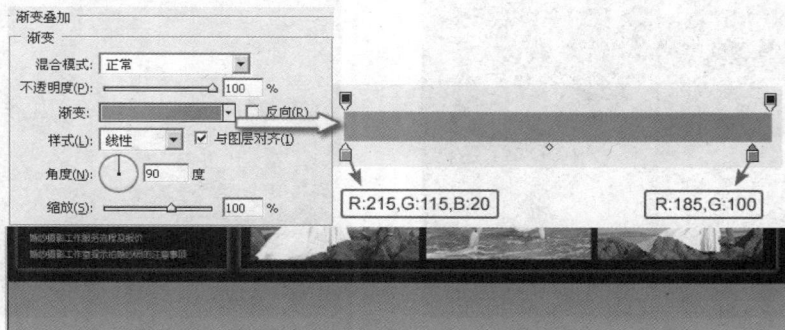

图7-71 【渐变叠加】参数设置及生成的效果

（17）选择█工具并按 F5 键，调出【画笔】面板并设置各选项的参数如图 7-72 所示。

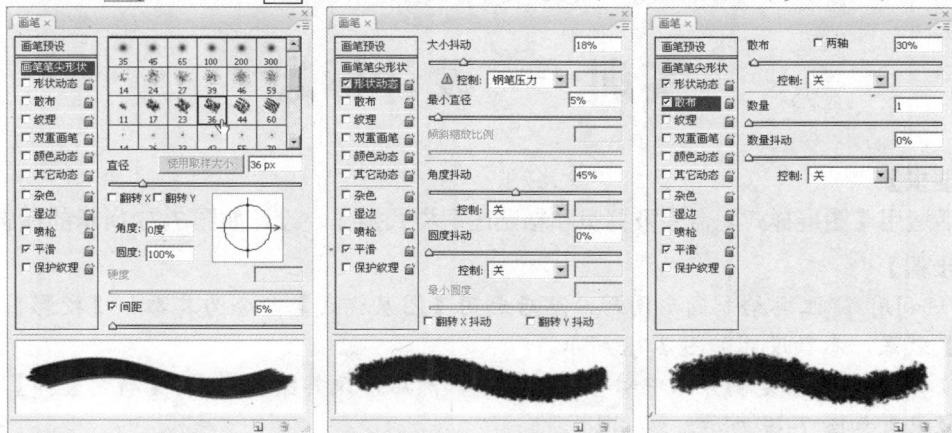

图7-72 【画笔】面板选项参数设置

（18）将鼠标指针移动到添加渐变色图形上方的边缘，自左向右拖曳鼠标对图形的边缘进行擦除，擦除后的效果如图 7-73 所示。

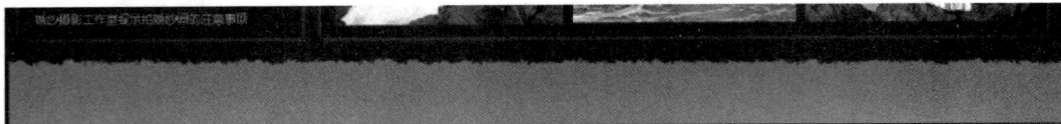

图7-73 擦除后的效果

（19）利用 T 工具在擦除后的图形上依次输入如图 7-74 所示的白色文字。

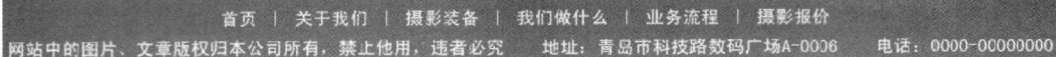

首页 | 关于我们 | 摄影装备 | 我们做什么 | 业务流程 | 摄影报价
网站中的图片、文章版权归本公司所有，禁止他用，违者必究
地址：青岛市科技路数码广场A-0006
电话：0000-00000000

图7-74 输入的白色文字

（20）将前面打开的“绿叶.psd”文件设置为工作状态，然后将“图层 2”中的叶子移动复制到“网站”文件中，并调整至如图 7-75 所示的大小及位置。

（21）打开素材文件夹中的“树叶.jpg”文件，然后将“树叶”选取并移动复制到“网站”文件中，再调整至如图 7-76 所示的大小及位置。

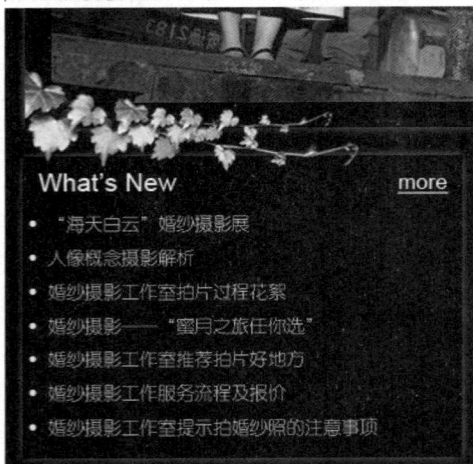

What's New
more
“海天白云”婚纱摄影展
人像概念摄影解析
婚纱摄影工作室拍片过程花絮
婚纱摄影——“蜜月之旅任你选”
婚纱摄影工作室推荐拍片好地方
婚纱摄影工作服务流程及报价
婚纱摄影工作室提示拍婚纱照的注意事项

图7-75 绿叶调整后的大小及位置

more
电话：0000-00000000

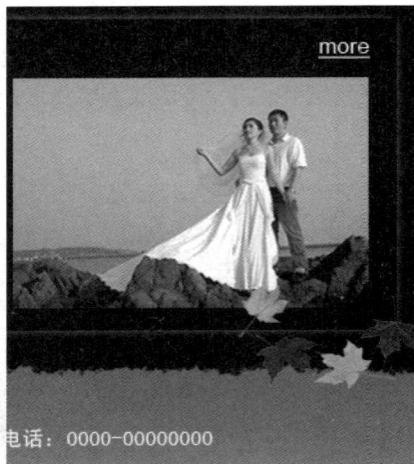

图7-76 树叶调整后的大小及位置

（22）至此，网站设计完成，按 Ctrl+S 组合键保存。

实训一 设计标志

【实训要求】

灵活运用【图层样式】命令及拷贝和粘贴图层样式操作，设计如图 7-77 所示的标志图形。

【操作步骤】

（1）利用 工具绘制圆形图形，然后利用【图层样式】命令为其添加【投影】和【渐变叠加】效果，参数设置如图 7-78 所示。

（2）将圆形图形复制并以中心等比例缩小，然后修改其图层样式，【渐变叠加】效果的颜色参数设置如图 7-79 所示。

（3）选择 工具，并单击属性栏中的 按钮，在弹出的【自定形状】面板中单击右上角的 按钮，然后在弹出的菜单中选择【全部】命令，在弹出的询问面板中单击 确定 按钮，载入全部的自定形状，再选择如图 7-80 所示的自定形状。

图7-77　设计的标志

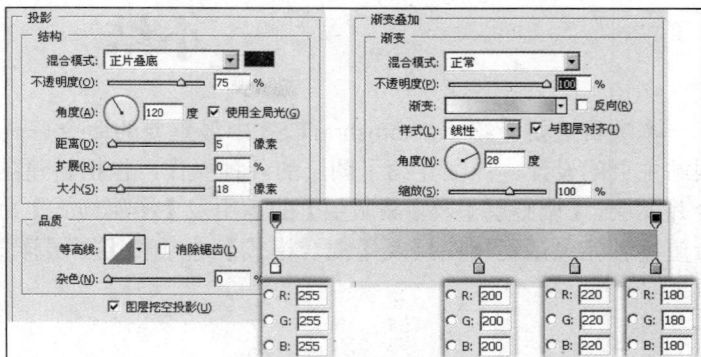

图7-78　【投影】和【渐变叠加】图层样式参数设置

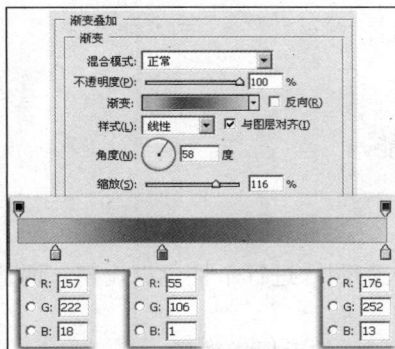

图7-79　【渐变叠加】效果的颜色参数设置

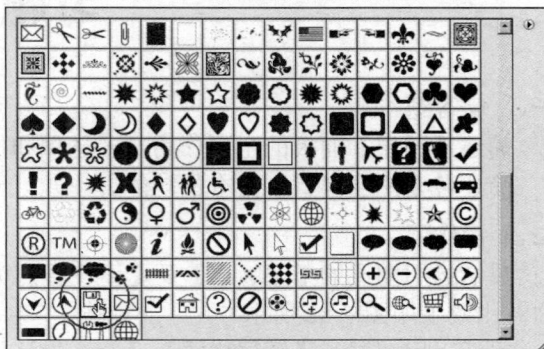

图7-80　选择的自定形状

（4）激活属性栏中的□按钮，在圆形图形中绘制图形，然后为其复制最下方大圆形的图层样式即可。

实训二　设计冰箱广告

【实训要求】

综合运用图层、调整图层的堆叠顺序及【图层样式】等命令，设计如图 7-81 所示的冰箱广告。

【操作步骤】

（1）依次打开素材文件夹中的"豆角.psd"和"冰箱与小孩.psd"文件，然后将豆角文件的版面调大，并灵活运用图层将冰箱与小孩分别移动到豆角文件中的指定位置。

（2）输入文字，利用【图层样式】命令制作描边字及带阴影的描边字，即可完成冰箱广告设计。

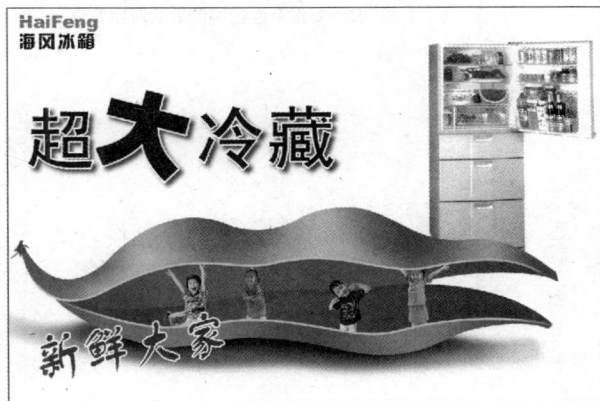

图7-81　设计的冰箱广告

小结

　　本项目主要介绍了 Photoshop CS3 中最重要的命令——图层，整个项目通过对房地产公司网站主页的设计，详细介绍了图层的各种操作，包括新建图层、调整图层的顺序、链接图层、合并图层、【调整层】及【蒙版层】的运用及【图层样式】命令的使用等。通过本项目的学习，希望读者能灵活运用图层及【混合模式】选项和【图层样式】命令，以便制作出更多特殊的效果。

习题

一、 简答题

1. 简述【图层】面板的主要作用及各选项和按钮的功能。
2. 简述各【图层样式】命令的功能。

二、 操作题

1. 灵活运用图层的【蒙版层】及【调整层】功能，对人物照片进行个性色调调整，调整前后的对比效果如图 7-82 所示。
2. 灵活运用图层及【图层样式】命令，设计如图 7-83 所示的手提袋效果。

图7-82　制作个性色调前后的对比效果

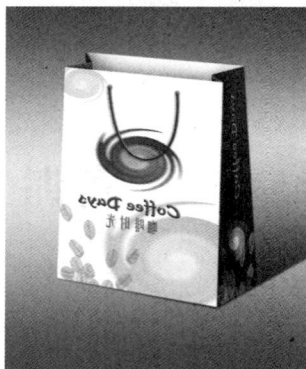

图7-83　制作的手提袋

项目八   设计报纸广告

本项目以设计房地产的报纸广告为例，详细介绍【蒙版】的应用，主要包括【快速蒙版】和【图层蒙版】的使用方法、技巧等。通过本项目的学习，读者应该掌握【蒙版】的使用方法。

📄 项目分析

本项目设计完成的报纸广告如图 8-1 所示，主要通过以下几个任务来完成。

★ 首先利用【快速蒙版】选取需要的人物图像。

★ 然后综合运用【图层蒙版】将各素材图片合成。

★ 最后输入相应的文字即可。

图8-1   设计的门面广告及实景效果

🖨 学习目标

★ 学会利用【快速蒙版】选取图像的方法。

★ 了解图层蒙版的编辑原理。

★ 掌握利用图层蒙版合成图像的方法。

任务一　利用快速蒙版选取图像

下面主要运用【快速蒙版】将人物从背景中选出。

【设计目标】

练习利用【快速蒙版】创建选区的方法。

【设计效果】

原图像及选出的人物图像效果如图8-2所示。

【设计思路】

首先利用【快速蒙版】创建选区，然后将背景层转换为普通层，并将选区内的背景删除，即可得到选出的人物图像。

图8-2　原图像及选出的人物图像

【操作步骤】

（1）打开素材文件夹中的"人物.jpg"文件，然后单击工具箱中下方的 ⬜ 按钮，将默认的标准编辑模式转换到快速蒙版编辑模式下，此时画面并没有什么变化，只是 ⬜ 按钮将显示为 ⬜ 按钮。

（2）利用 🔍 工具将人物的头部区域放大，然后选择 🖊 工具，并在属性栏中设置合适的笔头大小。

（3）将前景色设置为黑色，然后将鼠标指针移动到人物的头部位置沿图像的边缘拖曳创建选区的边界，如图8-3所示。

> **重要提示**　利用 🖊 工具在人物的边缘拖曳并不是在图像的边缘描绘了红色，而是确定选区的边界，当转换到标准模式下后，红色的区域将自动生成选区，原图像不会被破坏。

（4）用同样的方法，沿人物的边缘拖曳鼠标，最终效果如图8-4所示。

（5）选择 🖐 工具，然后将鼠标指针移动到红色边缘线的内部单击，为人物区域覆盖颜色，效果如图8-5所示。

局部放大显示的效果

图8-3　拖曳鼠标时的状态　　图8-4　确定的选区边缘　　图8-5　填充颜色后的效果

> **重要提示** 在红色的边缘线内填充颜色后，通过放大显示会发现填充颜色的区域与边缘线之间有一条缝隙，这些区域也必须覆盖上颜色，否则在选取图像时不能生成精确的选取效果。

（6）利用 ✎ 工具在没有覆盖颜色的区域拖曳鼠标，使其完全覆盖人物区域。

（7）单击工具箱中的 ◐ 按钮回到标准模式编辑状态，此时在人物的边缘将出现如图8-6所示的选区。

（8）在【图层】面板中双击"背景层"，在弹出的【新建图层】对话框中单击 确定 按钮，将"背景层"转换为普通层"图层0"，然后按 Delete 键将选区内的图像删除，删除图像后的效果如图8-7所示。

（9）按 Ctrl+D 组合键去除选区，然后按 Shift+Ctrl+S 组合键，将此文件命名为"快速蒙版选取图像.psd"另存。

图8-6 生成的选区　　　图8-7 裁剪图像后的效果

任务二　设计报纸广告

下面主要运用【图层蒙版】将各素材图像进行合成，并设计出报纸广告。

【设计目标】

练习【图层蒙版】的灵活运用。

【设计效果】

图像素材及设计出的报纸广告效果如图8-8所示。

图8-8 图像素材及设计出的报纸广告效果

【设计思路】

❖ 首先利用【图层蒙版】将各图片素材进行合成。

❖ 然后利用【文字】工具添加广告画面中的文字。

【操作步骤】

（1）新建一个【宽度】为 25 厘米、【高度】为 23 厘米、【分辨率】为 150 像素/英寸的文件。

（2）将前景色设置为白色，背景色设置为灰绿色（R:104,G:120,B:100）。

（3）选择 ▦ 工具并激活属性栏中的 ▦ 按钮，确认【反向】复选框没有被勾选，将鼠标指针移动到画面的中心位置按下并向右拖曳，为背景添加如图 8-9 所示的渐变色。

（4）执行【滤镜】/【杂色】/【添加杂色】命令，弹出【添加杂色】对话框，设置选项参数如图 8-10 所示。

（5）单击 ▭ 确定 ▭ 按钮，添加杂色后的效果如图 8-11 所示。

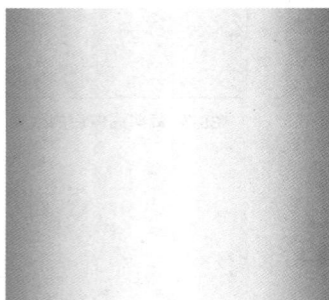

图8-9 填充的渐变色　　　　　图8-10 【添加杂色】对话框　　　　图8-11 添加杂色后的效果

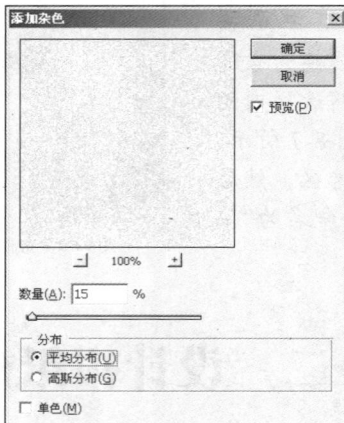

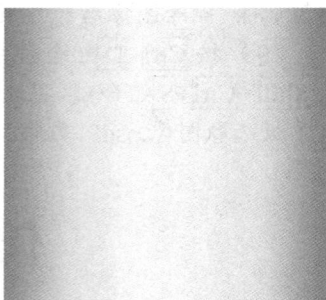

（6）打开素材文件夹中的"云山.jpg"文件，将其移动复制到新建的文件中，并调整至如图 8-12 所示的大小及位置。

（7）将生成的"图层 1"的【图层混合模式】选项设置为"正片叠底"，效果如图 8-13 所示。

（8）单击【图层】面板中的 ▣ 按钮为"图层 1"添加图层蒙版，然后选择 ✏ 工具，并将前景色设置为黑色。

（9）设置合适的笔头大小后，在图片的下方位置拖曳鼠标，将下方的图像隐藏，效果如图 8-14 所示。

图8-12 图片调整后的大小及位置　　　图8-13 设置图层混合模式后的效果　　　图8-14 编辑蒙版后的效果

（10）打开素材文件夹中的"笔墨.psd"文件，将其移动复制到新建的文件中，并调整至如图 8-15 所示的大小及位置。

（11）将生成的"图层 2"的【图层混合模式】选项也设置为"正片叠底"，然后为其添加图层蒙版并编辑，最终效果如图 8-16 所示。

（12）打开素材文件夹中的"龙头.psd"文件，将其移动复制到新建的文件中，并调整至如图 8-17 所示的大小及位置。

图8-15 笔墨图片调整后的大小及位置

图8-16 处理后的效果

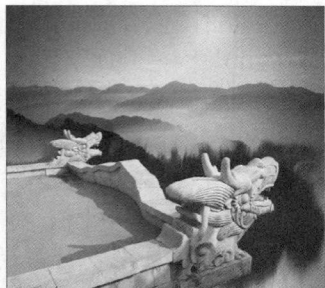

图8-17 龙头图片调整后的大小及位置

（13）将生成的"图层 2"的【图层混合模式】选项设置为"强光"，然后为其添加图层蒙版并编辑，效果如图 8-18 所示。

（14）按住 Ctrl 键单击"图层 3"的图层缩览图，为其添加选区，然后选择 ▣ 工具，并在【渐变编辑器】对话框中设置渐变颜色如图 8-19 所示。

（15）新建"图层 4"，为选区填充设置的渐变颜色，效果如图 8-20 所示，然后按 Ctrl+D 组合键去除选区。

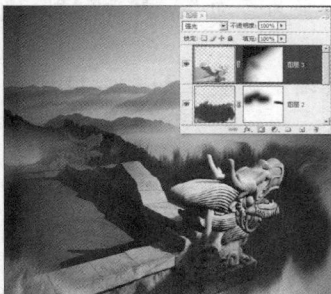

图8-18 处理后的效果

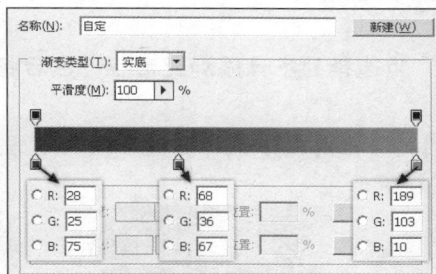

图8-19 设置的渐变颜色

图8-20 填充的渐变色

（16）将"图层 4"调整至"图层 3"的下方，效果如图 8-21 所示，然后为"图层 4"添加图层蒙版，并利用 ▣ 工具为蒙版自左向右填充由黑色到白色的线性渐变色，效果如图 8-22 所示。

（17）打开素材文件夹中的"梅花.psd"文件，将其移动复制到新建的文件中，然后将生成的"图层 5"调整至"图层 3"的上方，再将梅花图片调整至如图 8-23 所示的大小及位置。

图8-21 调整图层堆叠顺序后的效果

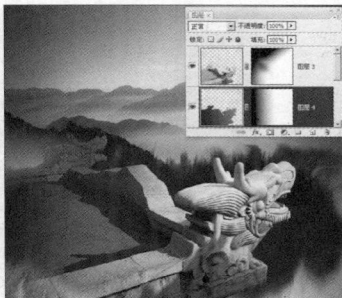

图8-22 编辑蒙版后的效果

图8-23 梅花图片放置的位置

（18）将"任务一"中选取的人物图像移动复制到新建的文件中，并调整至合适的大小，然后将生成的"图层 6"调整至"图层 5"的下方。

（19）为"图层 6"添加图层蒙版并进行编辑，效果如图 8-24 所示。

各素材图像合成后，下面我们来输入广告画面中的文字。

（20）选择 T 工具，将前景色设置为黑色，然后在画面的右上角位置依次输入如图 8-25 所示的文字。

（21）执行【图层】/【栅格化】/【文字】命令，将文字层转换为普通层，然后利用 工具框选如图 8-26 所示的文字。

（22）按住 Ctrl 键，将鼠标指针放置到选区内按下鼠标左键并向左下方拖曳，将选取的文字移动到如图 8-27 所示的位置。

图8-24 处理后的效果

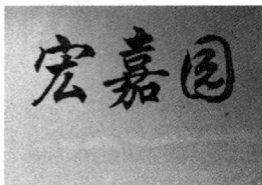

图8-25 输入的文字

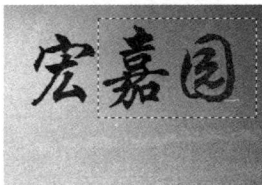

图8-26 框选的文件

图8-27 移动后的位置

（23）按 Ctrl+D 组合键去除选区，然后利用 T 工具输入如图 8-28 所示的白色字母。

（24）执行【图层】/【栅格化】/【文字】命令，将白色字母也转换为普通层，然后利用 工具框选 "JIAYUAN" 字母。

（25）按 Ctrl+T 组合键，为选择的字母添加变形框，然后将其缩小调整至如图 8-29 所示的形态。

（26）将鼠标指针移动到变形框内按下鼠标左键并向左下方移动位置，然后按 Enter 键确认字母的调整，效果如图 8-30 所示。

图8-28 输入的字母

图8-29 缩小后的形态

图8-30 移动的位置

（27）利用 T 工具再输入如图 8-31 所示的白色文字，然后利用 T 工具在画面的左上角位置输入如图 8-32 所示的竖向文字，即可完成报纸广告的设计，整体效果如图 8-33 所示。

图8-31 输入的文字

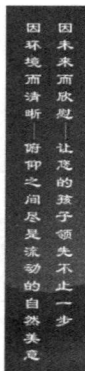

图8-32 输入的文字

图8-33 设计的报纸广告

（28）按 Ctrl+S 组合键，将此文件命名为"报纸广告.psd"保存。

知识链接

根据创建方式不同，蒙版可分为两种类型：图层蒙版和矢量蒙版。图层蒙版是位图图像，与分辨率相关，是由绘图工具或选框工具创建的；矢量蒙版与分辨率无关，是由路径工具创建的。

（1）创建和编辑图层蒙版

在【图层】面板中选择要添加图层蒙版的图层或图层组，然后选择菜单栏中的【图层】/【图层蒙版】/【显示全部】命令，即可创建出显示整个图层的蒙版，如当前图像文件中有选区，选择菜单栏中的【图层】/【图层蒙版】/【显示选区】命令，可以创建出显示选区的蒙版；选择菜单栏中的【图层】/【图层蒙版】/【隐藏全部】命令，即可创建出隐藏整个图层的蒙版，如当前图像文件中有选区，选择菜单栏中的【图层】/【图层蒙版】/【隐藏选区】命令，可以创建出隐藏选区的蒙版。

在【图层】面板中单击蒙版缩览图使之成为工作状态，然后在工具箱中选择任一绘图工具，在蒙版图像中绘制黑色，可增加蒙版被屏蔽的区域，并显示更多的图像；在蒙版图像中绘制白色，可减少蒙版被屏蔽的区域，并显示更少的图像；在蒙版图像中绘制灰色，可创建半透明效果的屏蔽区域。

（2）创建和编辑矢量蒙版

矢量蒙版可在图层上创建锐边形状的图像，若需要添加边缘清晰分明的图像可以使用矢量蒙版。在【图层】面板中选择要添加矢量蒙版的图层或图层组，然后选择菜单栏中的【图层】/【矢量蒙版】/【显示全部】命令，可创建显示整个图层的矢量蒙版；选择菜单栏中的【图层】/【矢量蒙版】/【隐藏全部】命令，可创建隐藏整个图层的矢量蒙版。当图像文件中有路径存在且处于显示状态时，选择菜单栏中的【图层】/【矢量蒙版】/【当前路径】命令，可创建显示形状内容的矢量蒙版。

在【图层】或【路径】面板中单击矢量蒙版缩览图，将其设置为工作状态，然后利用【钢笔】工具或【路径编辑】工具更改路径的形状，即可编辑矢量蒙版。

（3）停用或启用蒙版

添加蒙版后，选择菜单栏中的【图层】/【图层蒙版】/【停用】或【图层】/【矢量蒙版】/【停用】命令，可将蒙版停用，此时【图层】面板中蒙版缩览图上会出现一个红色的交叉符号，且图像文件中会显示不带蒙版效果的图层内容。

选择菜单栏中的【图层】/【图层蒙版】/【停用】或【图层】/【矢量蒙版】/【停用】命令后，【停用】命令将显示为【启用】命令，选择此命令，将重新启用蒙版。另外，按住 Shift 键反复单击【图层】面板中的蒙版缩览图，可在停用蒙版和启用蒙版之间切换。

（4）应用或删除图层蒙版

完成图层蒙版的创建后，既可以应用蒙版使更改永久化，也可以扔掉蒙版而不应用更改。

选择菜单栏中的【图层】/【图层蒙版】/【应用】命令或单击【图层】面板下方的 🗑 按钮，在弹出的询问面板中单击 应用 按钮，即可在当前层中应用编辑后的蒙版。

选择菜单栏中的【图层】/【图层蒙版】/【删除】命令或单击【图层】面板下方的 🗑 按钮，在弹出的询问面板中单击 删除 按钮，即可在当前层中取消编辑后的蒙版。

实训一　选取图像

【实训要求】

利用【快速蒙版】将人物从背景中选出，然后与背景图片组合制作艺术照片效果，原图片及制作完成的艺术照片如图 8-34 所示。

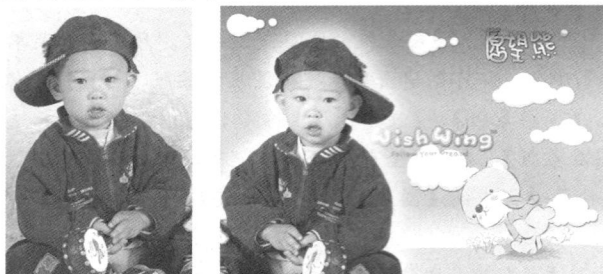

图8-34　原图片及制作完成的艺术照片

【操作步骤】

（1）打开素材文件夹中的"照片 03.jpg"文件，然后单击 [] 按钮转换到蒙版编辑模式状态下。

（2）利用 ✐ 工具根据人物的轮廓描绘黑色，注意要选择不带羽化的小笔头，且紧贴人物边缘。

（3）利用 ◊ 工具为描绘图形填充黑色，然后单击 ◙ 按钮转换到默认的编辑模式下，反选后即可将人物选出。

（4）将选出的人物图像移动复制到"背景"文件中然后为其添加"外发光"效果即可。

实训二　合成图像

【实训要求】

灵活运用【图层蒙版】将两幅图像合成，素材图片及合成后的效果如图 8-35 所示。

【操作步骤】

（1）依次打开素材文件夹中的"风景.jpg"和"照片 04.jpg"文件，然后将"照片"移动复制到"风景"文件中，并为其添加图层蒙版。

（2）利用 ✐ 工具对蒙版进行编辑，编辑后的图层蒙版缩览图如图 8-36 所示。

图8-35　素材图片及合成后的效果

图8-36　编辑后的图层蒙版缩览图

小结

本项目通过对门面广告进行设计，详细介绍了快速蒙版的使用方法及图层蒙版的灵活运用。通过本项目的学习，希望读者能将有关蒙版的操作完全掌握。灵活运用快速蒙版选取图像可以达到事半功倍的效果，灵活运用图层蒙版也会给设计带来意想不到的效果。

习题

一、简答题

1. 简述创建图层蒙版的方法。
2. 简述在蒙版层中绘制不同颜色的作用。

二、操作题

1. 灵活运用图层蒙版将两幅照片进行合成，制作出如图 8-37 所示的双胞胎效果。

图8-37 素材图片及制作的双胞胎效果

2. 灵活运用图层蒙版的屏蔽功能及【滤镜】菜单下的【模糊】/【径向模糊】命令，制作如图 8-38 所示类似爆炸效果的焦点蒙版图像效果。

3. 灵活运用图层蒙版及【滤镜】菜单下的【画笔描边】/【喷色描边】和【模糊】/【动感模糊】命令，为照片添加如图 8-39 所示的艺术边框效果。

图8-38 制作的焦点蒙版效果

图8-39 制作的艺术边框效果

项目九　设计电影海报

本项目以设计电影海报为例，详细介绍通道的用法，主要包括利用通道制作闪电效果、选取复杂图像、制作浮雕效果字、分离通道、合并通道等。通过本项目的学习，读者应掌握【通道】面板的使用方法。

项目分析

本项目设计完成的电影海报效果如图 9-1 所示，主要通过以下几个任务来完成。

★　首先利用【滤镜】/【渲染】/【云彩】命令，制作背景中的云彩效果。

★　然后灵活运用【通道】面板制作闪电效果，并运用【滤镜】菜单下的命令制作下雨效果。

★　再灵活运用图层蒙版及通道，将各素材图像合成到背景画面中。

★　最后利用【通道】面板制作浮雕字效果，并利用 T 工具和【图层样式】命令输入其他相关文字，完成电影海报的设计。

图9-1　设计完成的电影海报

学习目标

★　了解通道的含义。

★　掌握利用【通道】面板制作闪电效果的方法。

★　熟悉【滤镜】菜单下部分命令的使用方法。

★　熟悉【图像】/【调整】菜单下部分命令的使用方法。

★　掌握利用【通道】面板选取复杂图像的方法。

★　掌握利用【通道】面板制作浮雕效果的方法。

★　了解通道的分离与合并操作。

任务一 制作海报的背景

下面主要运用通道与部分【滤镜】命令及 、、工具和【自由变换】命令来制作电影海报的背景。

【设计目标】

练习利用通道制作闪电效果的方法及【滤镜】菜单命令的灵活运用。

【设计效果】

制作的海报背景如图9-2所示。

【设计思路】

❖ 首先利用【滤镜】/【渲染】/【云彩】命令制作背景中的云彩效果。

❖ 然后利用【通道】命令与部分【滤镜】命令及 、、工具和【自由变换】命令来制作闪电效果。

❖ 最后灵活运用【滤镜】菜单下的【添加杂色】、【点状化】和【动感模糊】命令来制作下雨效果。

图9-2 制作的电影海报背景

【操作步骤】

1. 制作云彩效果。

（1）新建一个【宽度】为18厘米、【高度】为25厘米、【分辨率】为120像素/英寸的文件。

（2）将工具箱中的前景色和背景色设置为默认的黑色和白色，选择菜单栏中的【滤镜】/【渲染】/【云彩】命令，添加云彩效果，如图9-3所示。

重要提示　　使用【渲染】/【云彩】命令时出现的效果是随机变化的，因此，读者完成的云彩效果可能与本例制作的有所差异，这时可以通过多次按 Ctrl+F 组合键，重复使用【云彩】命令，直到出现想要的效果为止。

（3）按 Ctrl+A 组合键添加选区，然后按 Ctrl+T 组合键为其添加变形框，将云彩效果在水平方向上拉伸变形，如图9-4所示。

图9-3 重复使用【云彩】命令后的效果

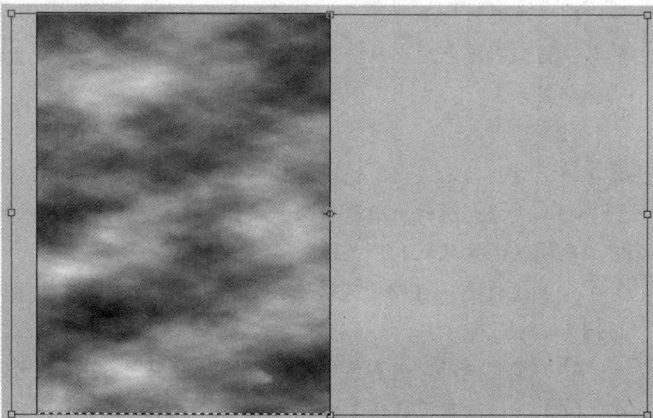

图9-4 拉伸变形状态

> **重要提示**　　将画面添加为选区的目的是为了添加变形框，否则在背景层上无法直接进行变形调整。在进行拉伸变形时，整体画面会太小，此时，可以按 Ctrl++ 组合键将画面缩小显示，然后再利用变形框进行调整。

（4）按 Enter 键确认画面的拉伸变形，然后按 Ctrl+D 组合键去除选区。

（5）选择菜单栏中的【图像】/【调整】/【自动色阶】命令，自动调整画面的色阶，然后按 Ctrl+U 组合键弹出【色相/饱和度】对话框，选项及参数设置如图 9-5 所示。

（6）单击 确定 按钮，调整颜色后的画面效果如图 9-6 所示。

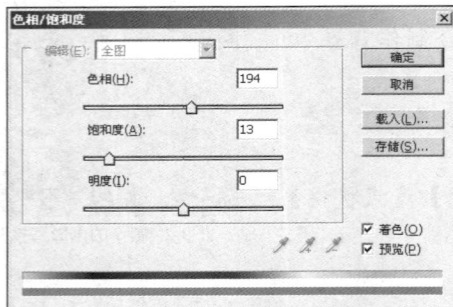

图9-5　【色相/饱和度】对话框　　　　　　　　　图9-6　调整颜色后的效果

至此，海报背景中的云彩效果就制作完成了，下面来制作闪电效果。

2．制作闪电效果。

（1）打开【通道】面板，单击面板底部的 按钮，新建"Alpha 1"通道。

知识链接

通道主要用于保存颜色数据，利用它可以查看各种通道信息，还能够对通道进行编辑以达到编辑图像的目的。选择菜单栏中的【窗口】/【通道】命令，即可在工作区中显示【通道】面板。利用【通道】面板可以对通道进行如下操作。

（1）通道的隐藏与显示：单击各通道左侧的 图标可使通道在隐藏和显示之间切换。需要注意的是，当某一单色通道被隐藏时，复合通道将自动隐藏；当选择或显示复合通道时，所有单色通道将全部显示。

（2）通道名称：通道名称可以帮助用户快速识别各种通道。通道名称左侧为通道缩览图，用于显示该通道的颜色信息；通道名称右侧为切换该通道的快捷键。

（3）【将通道作为选区载入】按钮 ○ ：单击此按钮或按住 Ctrl 键单击某通道，可以将该通道中颜色较淡的区域载入为选区。

（4）【将选区存储为通道】按钮 ▢ ：当图像中有选区时，单击此按钮，可以将图像口的选区存储为 Alpha 通道。

（5）【创建新通道】按钮 ▫ ：单击此按钮，可以在【通道】面板中新建一个 Alpha 通道。

（6）【删除当前通道】按钮 🗑 ：单击此按钮，可以删除当前选择的通道。

（2）选择 ▣ 工具，在【渐变编辑器】对话框中设置渐变色如图9-7所示，然后在"Alpha 1"通道中填充设置的渐变色，效果如图9-8所示。

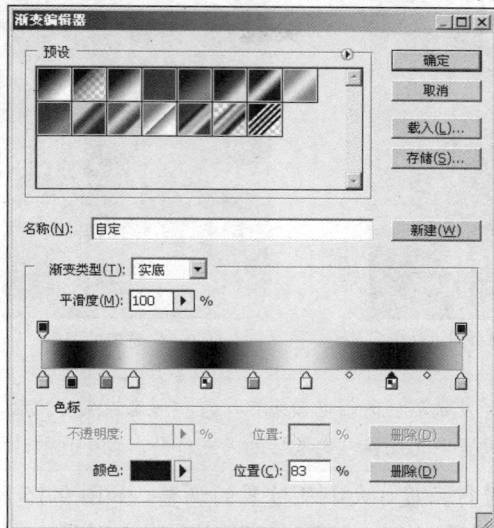

图9-7 【渐变编辑器】对话框

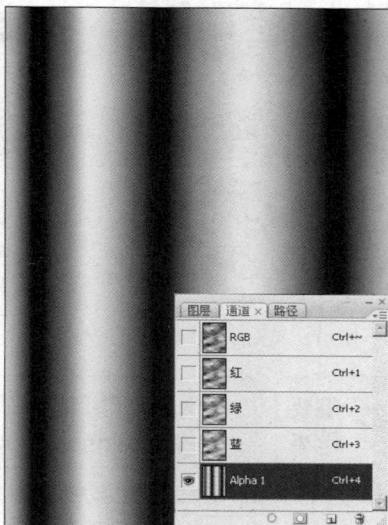

图9-8 添加渐变色后的效果

（3）将工具箱中的前景色设置为黑色，背景色设置为白色，然后选择菜单栏中的【滤镜】/【渲染】/【分层云彩】命令，效果如图9-9所示。

（4）按 Ctrl+I 组合键将效果反相，然后按 Ctrl+L 组合键弹出【色阶】对话框，选项及参数设置如图9-10所示。

（5）单击 确定 按钮，调整色阶后的效果如图9-11所示。

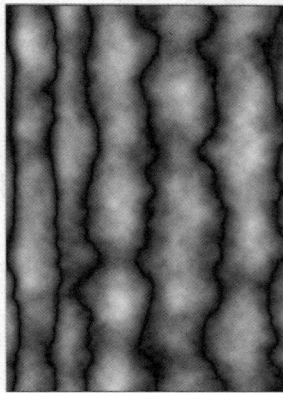

图9-9 执行分层云彩后效果

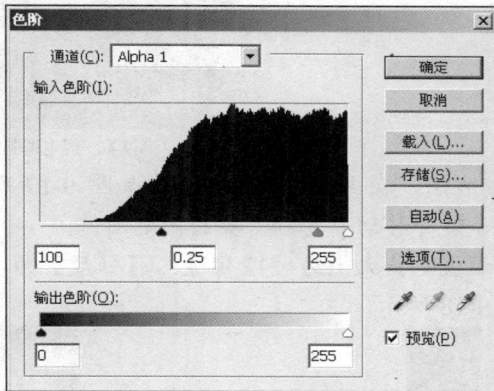

图9-10 【色阶】对话框

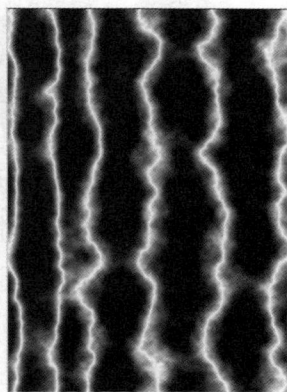

图9-11 调整色阶后的效果

（6）单击【通道】面板底部的 ◯ 按钮，将效果作为选区载入，然后打开【图层】面板，新建"图层 1"，并为选区填充白色，效果如图9-12所示。

（7）按 Ctrl+D 组合键去除选区，然后利用 ✎ 工具将多余的部分闪电效果擦除，保留的部分如图9-13所示。

为了使闪电效果更为逼真，接下来对其进行调整，并利用【涂抹】工具 ✐ 修饰闪电的形态。

（8）利用 ✎ 工具选取如图9-14所示的闪电，然后选择菜单栏中的【选择】/【修改】/【羽化】命令，在弹出的【羽化选区】对话框中将【羽化半径】选项的值设置为"10像素"，然后单击 确定 按钮。

157

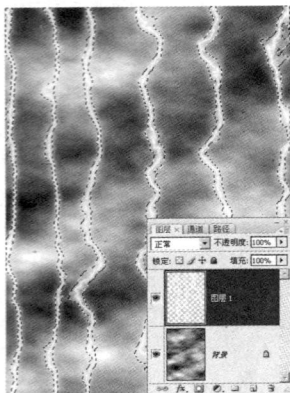

图9-12 填充白色效果

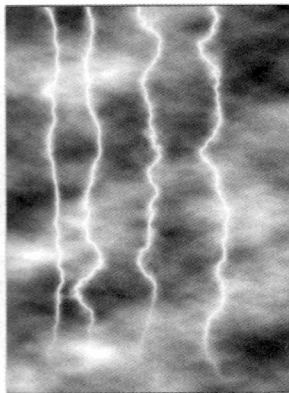

图9-13 保留的部分闪电效果

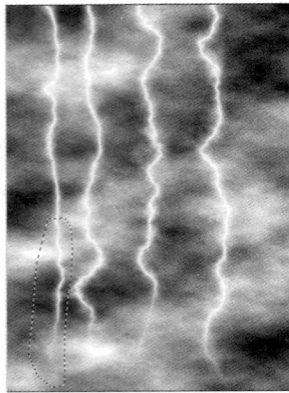

图9-14 选取的闪电

> **重要提示** 此处为选区设置羽化的目的是为了使选取后的闪电效果在位置和形态发生变化后，其边缘还是虚化的效果，如果不为选区设置羽化属性，选取后的闪电将会出现生硬的边缘。

（9）按 Ctrl+T 组合键添加变形框，将闪电进行角度、大小及位置的调整，如图 9-15 所示。

（10）按 Enter 键确认形态的调整，然后用步骤（8）～（9）相同的方法分别将左、右两边的闪电进行调整，如图 9-16 所示。

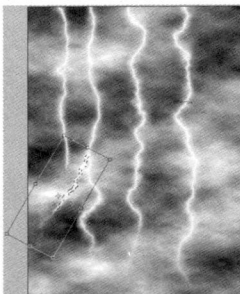

图9-15 调整图像状态

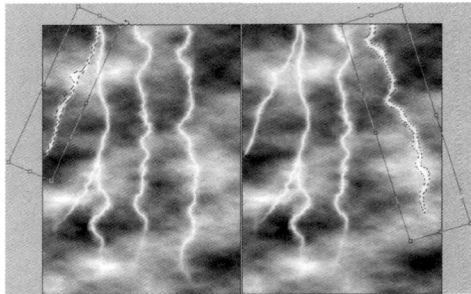

图9-16 闪电调整后的形态

（11）使用相同的调整方法，在画面中调整组合出如图 9-17 所示的闪电效果。在调整时可以通过按住 Ctrl+Alt 组合键并移动来复制需要的闪电图像。

（12）选择 🖌 工具，设置笔头大小为"12 像素"，【强度】为"70%"，将闪电进行修饰，使其效果更加逼真，如图 9-18 所示。

图9-17 调整后的闪电

图9-18 涂抹完成的闪电效果

至此，闪电效果制作完成，接下来制作下雨效果。

3.　制作下雨效果。

（1）在【图层】面板中新建"图层 2"，然后为其填充黑色。

（2）选择菜单栏中的【滤镜】/【杂色】/【添加杂色】命令，弹出【添加杂色】对话框，设置选项及参数如图 9-19 所示，然后单击 确定 按钮。

（3）选择菜单栏中的【滤镜】/【像素化】/【点状化】命令，弹出【点状化】对话框，参数设置如图 9-20 所示，单击 确定 按钮，效果如图 9-21 所示。

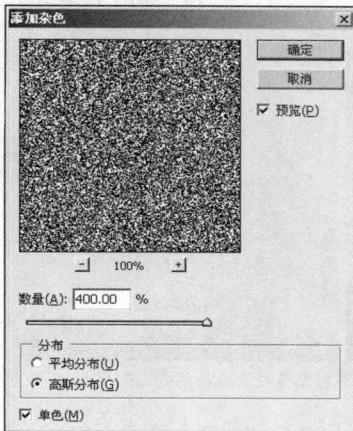

図9-19　【添加杂色】对话框　　　　図9-20　【点状化】对话框　　　　図9-21　添加点状化后的效果

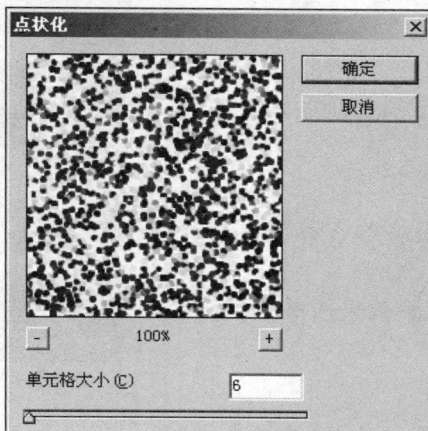

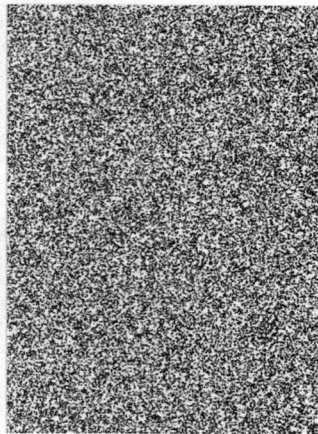

（4）选择菜单栏中的【图像】/【调整】/【阈值】命令，弹出【阈值】对话框，将【阈值色阶】设置为"255"，单击 确定 按钮，效果如图 9-22 所示。

（5）在【图层】面板中设置"图层 2"的【混合模式】选项为"滤色"，【不透明度】选项为"70%"，效果如图 9-23 所示。

（6）选择菜单栏中的【滤镜】/【模糊】/【动感模糊】命令，弹出【动感模糊】对话框，将【角度】选项的参数设置为"60"度，【距离】选项的参数设置为"40"像素，单击 确定 按钮，制作的下雨效果如图 9-24 所示。

图9-22　调整阈值后的效果　　　　图9-23　调整混合模式后的效果　　　　图9-24　制作的下雨效果

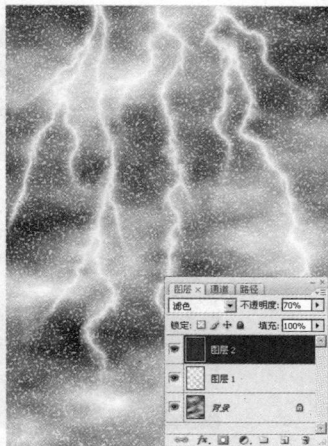

（7）至此，电影海报的背景就制作完成了，按 Ctrl + S 组合键将文件命名为"海报背景.psd"保存。

任务二　利用蒙版和通道合成图像

下面主要运用图层蒙版和通道将各素材图像合成。

【设计目标】

练习图层蒙版与通道的使用方法，并掌握利用通道选取复杂图像的方法。

【设计效果】

用到的素材图像及合成后的画面效果如图9-25所示。

【设计思路】

❖ 首先利用图层蒙版将各素材图片与背景画面合成。

❖ 然后利用通道将海浪效果选出，再合并到背景画面中。

图9-25　素材图像及合成后的画面效果

【操作步骤】

（1）依次打开素材文件夹中的"海报素材01.jpg"、"海报素材02.jpg"、"海报素材03.jpg"和"海报素材04.jpg"文件。

（2）将"海报素材01.jpg"图片移动复制到"海报背景"文件中并调整大小。

（3）在【图层】面板中将"图层 1"和"图层 2"暂时隐藏，以方便观看图像合成效果。单击面板底部的 按钮，为生成的"图层 3"添加图层蒙版。

（4）选择 工具，利用黑颜色编辑蒙版，使图片的上半部分虚化，以便融合到背景中，效果如图 9-26 所示。

（5）利用图层的蒙版功能将其他素材图片也合成到海报背景画面中，最终效果及【图层】面板如图 9-27 所示。

图9-26　合成后的画面效果

图9-27　合成后的画面效果及【图层】面板

下面利用通道来选取图片素材中的波浪，然后与海报背景画面合成。

（6）将"海报素材 03.jpg"文件设置为工作文件，利用 工具绘制如图 9-28 所示的裁切框，保留需要的水纹部分，然后单击属性栏中的 按钮确认裁切。

（7）打开【通道】面板，检查"红"、"绿"、"蓝"3个通道，可以发现"红"通道中的图像明暗对比色调最明显，单击"红"通道设置为工作通道。

（8）选择菜单栏中的【图像】/【调整】/【曲线】命令，弹出【曲线】对话框，调整对话框中的曲线如图9-29所示。

图9-28 绘制的裁切框

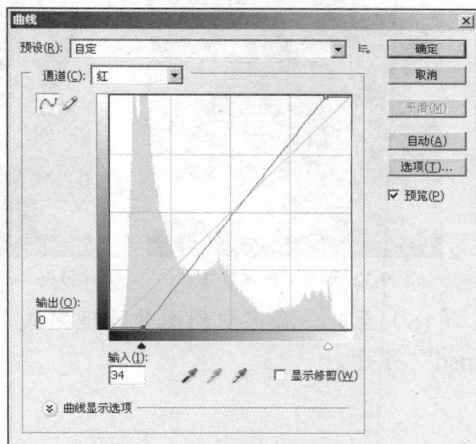

图9-29 【曲线】对话框

（9）单击 确定 按钮，调整明暗对比后的画面效果如图9-30所示。

（10）选择 ✎ 工具，将画面中的人物和帆船用黑色涂抹掉，效果如图9-31所示。

图9-30 调整明暗对比后的效果

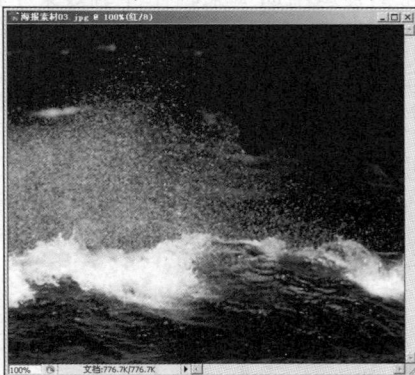

图9-31 去除人物和帆船后的效果

（11）单击【通道】面板底部的 ⃝ 按钮，将画面中的白色水纹作为选区载入。

（12）利用 ⊹ 工具将选取的水纹移动复制到"海报背景"文件中，然后单击【图层】面板上面的 按钮，锁定图层透明像素，并为水纹填充白色。

（13）选择菜单栏中的【编辑】/【变换】/【水平翻转】命令，将水纹在水平方向上翻转，然后调整图片的大小，调整后的效果如图9-32所示。

（14）将"图层1"和"图层2"中的闪电和下雨效果显示出来，并将其调整到所有图层的上面，然后将"图层1"中的【图层混合模式】选项设置为"叠加"，此时的画面效果如图9-33所示。

（15）将"图层2"设置为工作层，然后单击下方的 ○. 按钮，在弹出的列表中选择【照片滤镜】命令，在弹出的【照片滤镜】对话框中将【滤镜】选项设置为"加温滤镜（81）"；【浓度】选项设置为"40%"，单击 确定 按钮，调整色调后的画面效果如图9-34所示。

图9-32 调整后的水纹效果　　　图9-33 显示闪电及下雨后的效果　　　图9-34 调整颜色后的效果

（16）至此，海报中的图片处理完成，按 Shift + Ctrl + S 组合键将文件命名为"图像合成效果.psd"另存。

任务三　添加文字内容

下面主要运用通道来制作浮雕效果字，并利用 T 工具和【图层样式】命令添加海报中的其他文字。

【设计目标】
练习利用通道制作浮雕效果的方法。

【设计效果】
制作的浮雕效果字及为海报添加的文字内容如图 9-35 所示。

【设计思路】
❖ 首先利用 T 工具输入标题文字，然后利用通道将其制作为浮雕字。

❖ 再利用 T 工具结合【图层样式】命令添加海报中的其他文字。

【操作步骤】
（1）接上例。选择菜单栏中的【图层】/【拼合图像】命令，将"图像合成效果"文件中的所有图层合并为一个图层。

（2）利用 T 工具在画面的上方位置输入如图 9-36 所示的文字，设置文字的字体为"文鼎霹雳体"，文字颜色为黄色(R:255,G:193)。

（3）按住 Ctrl 键单击【图层】面板中的文字层添加为选区，如图 9-37 所示。

图9-35 电影海报添加的文字效果

图9-36　输入的文字

图9-37　添加的选区

（4）打开【通道】面板，单击面板底部的 按钮，将文字的选区存储为"Alpha 1"通道，然后单击"Alpha 1"通道将其设置为工作通道，再按 Ctrl+D 组合键去除选区。

（5）选择菜单栏中的【滤镜】/【模糊】/【高斯模糊】命令，弹出【高斯模糊】对话框，参数设置如图 9-38 所示，然后单击 确定 按钮。

图9-38　【高斯模糊】对话框

（6）选择菜单栏中的【滤镜】/【风格化】/【浮雕效果】命令，弹出【浮雕效果】对话框，参数设置如图 9-39 所示。

（7）单击 确定 按钮，添加浮雕后的文字效果如图 9-40 所示。

（8）将"Alpha 1"通道复制为"Alpha 1 副本"通道，然后选择菜单栏中的【图像】/【调整】/【反相】命令（快捷键为 Ctrl+I），将复制出的浮雕效果受光面和背光面反转，效果如图 9-41 所示。

图9-39　【浮雕效果】对话框

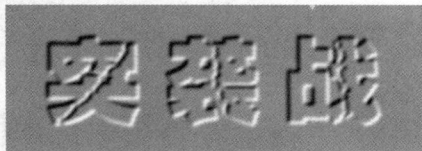

图9-40　添加浮雕后的效果

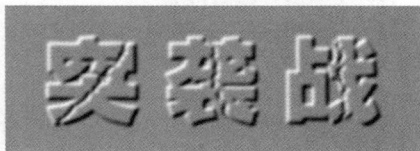

图9-41　浮雕反转后的效果

（9）选择菜单栏中的【图像】/【调整】/【色阶】命令，弹出如图 9-42 所示的【色阶】对话框。

（10）选择对话框中的 按钮，将鼠标指针放置在画面中的灰色区域单击，设置画面背景色为黑色，效果如图 9-43 所示。

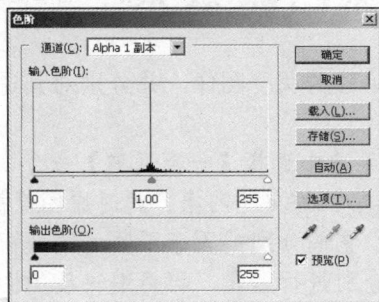

图9-42　【色阶】对话框

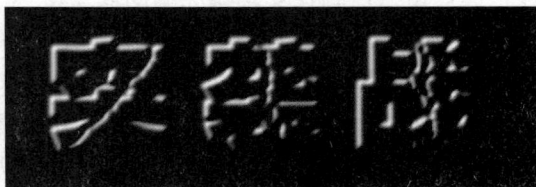

图9-43　将背景设置黑色后的效果

（11）用与步骤（9）～（10）相同的方法将"Alpha 1"中的文字也设置为黑色背景。

（12）单击底部的 ⊙ 按钮，将"Alpha 1"作为选区载入，回到【图层】面板，载入的选区形态如图 9-44 所示。

（13）选择菜单栏中的【图层】/【栅格化】/【文字】命令，将文字层转换为普通层以便给文字调整效果。

（14）按 Ctrl+U 组合键，弹出【色相/饱和度】对话框，将【明度】参数设置为"-100"，单击 确定 按钮。

（15）将【通道】面板中的"Alpha 1 副本"通道设置为工作通道，然后单击底部的 ⊙ 按钮载入选区。

（16）按 Ctrl+U 组合键弹出【色相/饱和度】对话框，将【明度】参数设置为"+100"，单击 确定 按钮，调整出的文字浮雕效果如图 9-45 所示。

（17）利用 T 工具在画面中再输入其他文字并分别利用【图层样式】命令为其添加"投影"和"描边"效果，完成电影海报设计，整体效果如图 9-46 所示。

图9-44 载入的选区	图9-45 文字浮雕效果	图9-46 输入的其他文字及整体效果

（18）按 Shift+Ctrl+S 组合键，将文件命名为"电影海报.psd"另存。

任务拓展　制作特殊色调效果

在图像处理过程中，有时需要将通道分离为多个单独的灰度图像，并分别对其进行编辑处理，然后再合成制作各种特殊的图像效果。

❖ 对于只有背景层的图像文件，在【通道】面板菜单中选择【分离通道】命令，可以将图像中的颜色通道、Alpha 通道和专色通道分离为多个单独的灰度图像。此时原图像被关闭，生成的灰度图像以原文件名和通道缩写形式重新命名，它们分别被置于不同的图像窗口中，相互独立。在处理图像时，可以对分离出的灰度图像分别进行编辑，再将编辑后的图像重新合并为一幅彩色图像。

❖ 【合并通道】命令可以将分离出的灰度图像重新合并为一幅彩色图像。打开要合并的具有相同像素尺寸的灰度图像，选择其中任意一幅，在【通道】面板菜单中选择【合并通道】命令，在弹出的【合并通道】对话框中选择需要合并的图像颜色模式，然后单击 确定 按钮，即可将多幅图像合并为一幅图像。

下面将以"制作一种特殊色调的照片效果"为例，详细介绍【分离通道】和【合并通道】命令的使用。

【操作步骤】

（1）打开素材文件夹中的"照片.jpg"文件，然后单击【通道】面板右上角的 ▼ 按钮，在弹出的菜单中选择【分离通道】命令。

（2）选择【分离通道】命令后，系统会自动将照片分离成 3 个灰度文件，如图 9-47 所示。

（3）再次单击【通道】面板右上角的 ▼ 按钮，在弹出的菜单中选择【合并通道】命令，此时将弹出【合并通道】对话框，将【模式】选项设置为"RGB 颜色"，如图 9-48 所示。

（4）单击 确定 按钮，将弹出如图 9-49 所示的【合并 RGB 通道】对话框。

图 9-48 【合并通道】对话框

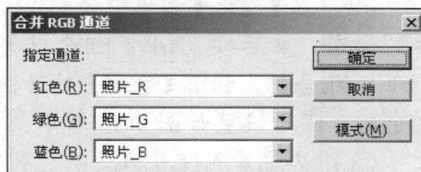

图9-47 分离出的 3 个灰度文件及【通道】面板

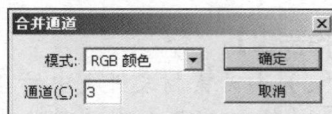

图9-49 【合并 RGB 通道】对话框

（5）在【合并 RGB 通道】对话框中，单击【红色(R):】选项右侧的倒三角形按钮 ▼，在弹出的下拉列表中选择"照片_G"通道；单击【绿色(G):】选项右侧的 ▼ 按钮，在弹出的下拉列表中选择"照片_B"通道；单击【蓝色(B):】选项右侧的 ▼ 按钮，在弹出的下拉列表中选择"照片_R"通道，如图 9-50 所示。

（6）单击 确定 按钮，3 个灰度图像即合并成一个 RGB 文件，图像调整色调前后的对比效果如图 9-51 所示。

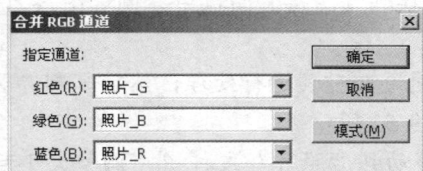

图9-50 【合并 RGB 通道】对话框

图9-51 调整色调前后的对比效果

（7）按 Ctrl+S 组合键，将此文件命名为"个性色调.psd"保存。

实训一　选取复杂的图像

【实训要求】

利用【通道】将人物从背景中选出，然后为其更换背景，原图片与更换背景后的效果如图9-52所示。

图9-52　原图片与更换背景后的效果

【操作步骤】

（1）打开素材文件夹中的"照片01.jpg"文件，按 Ctrl + J 组合键复制出"图层 1"。

（2）在【通道】面板中复制"蓝"通道为"蓝 副本"通道，然后按 Ctrl + I 组合键将图像反相，再按 Ctrl + L 组合键，利用【色阶】对话框调整反相后图像的色阶，参数设置如图9-53所示。

（3）将前景色设置为黑色，利用 工具对调整色阶后的图像进行描绘，使图像的左侧区域全显示为黑色，描绘前后的图像对比效果如图9-54所示。

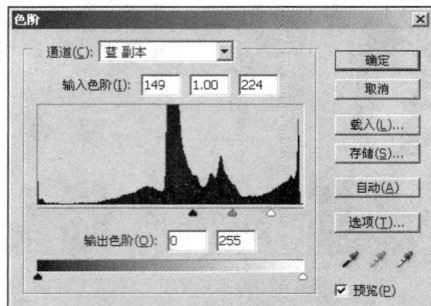

图9-53　【色阶】对话框

图9-54　描绘图像前后的对比效果

（4）按住 Ctrl 键单击"蓝 副本"添加选区，然后转换到【图层】面板中复制"图层 1"中的图像为新图层"图层 2"。

（5）用与步骤（2）～（4）相同的方法复制"红"通道并对其进行处理，然后复制选区内的图像为新图层"图层 3"，此时的【图层】面板如图9-55所示。

（6）打开素材文件夹中的"背景.jpg"文件，将其移动到"照片"文件中，调整大小后移动到"图层 1"的下方，隐藏"图层 1"的效果如图9-56所示。

（7）将"图层 1"调整至所有图层的上方，然后利用 工具选择灰色区域。

（8）选择菜单栏中的【图层】/【图层蒙版】/【隐藏全部】命令，将选区内的图像隐藏，然后利用 ✎ 工具，在要隐藏的头发区域描绘黑色，将头发也隐藏，只显示人物的面部及身体区域，调整后的蒙版如图 9-57 所示。

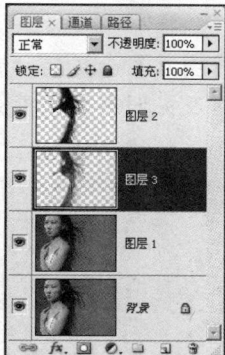

图9-55　【图层】面板　　　　　　图9-56　隐藏"图层1"的画面效果　　　　　图9-57　调整后的蒙版

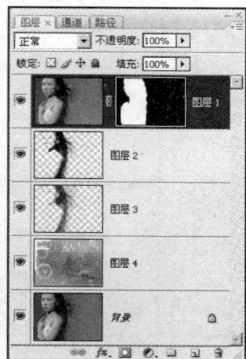

（9）复制"图层2"为"图层2副本"加深头发边缘的清晰度，完成头发的选取操作。

实训二　制作雕刻字效果

【实训要求】

利用通道在打开的图片中制作如图 9-58 所示的雕刻效果字。

【操作步骤】

（1）打开素材文件夹中的"照片 02.jpg"文件，利用 T 工具在其上输入"空潭泻春"文字。

（2）添加文字选区，然后单击【通道】面板底部的 ▣ 按钮，将选区存储为通道。

（3）去除选区后为通道添加【半径】值为"4"的高斯模糊效果及浮雕效果，浮雕参数设置及生成的浮雕效果如图 9-59 所示。

图9-58　制作完成的雕刻效果字

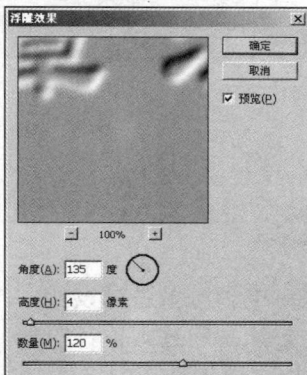

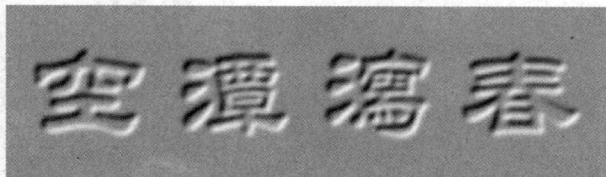

图9-59　参数设置及生成的浮雕效果

（4）复制"Alpha 1"通道为"Alpha 1 副本"通道，然后按 Ctrl+I 组合键将"Alpha 1 副本"通道反相。

（5）利用【色阶】命令依次对"Alpha 1"通道和"Alpha 1 副本"通道进行设置，即利用 按钮单击一下灰颜色区域，将灰颜色转换为黑色即可。

（6）分别添加"Alpha 1"通道和"Alpha 1 副本"通道为选区，在【图层】面板的"背景"层上利用【滤镜】/【渲染】/【光照效果】命令对其进行照射，各选区及光照参数设置分别如图 9-60 所示。

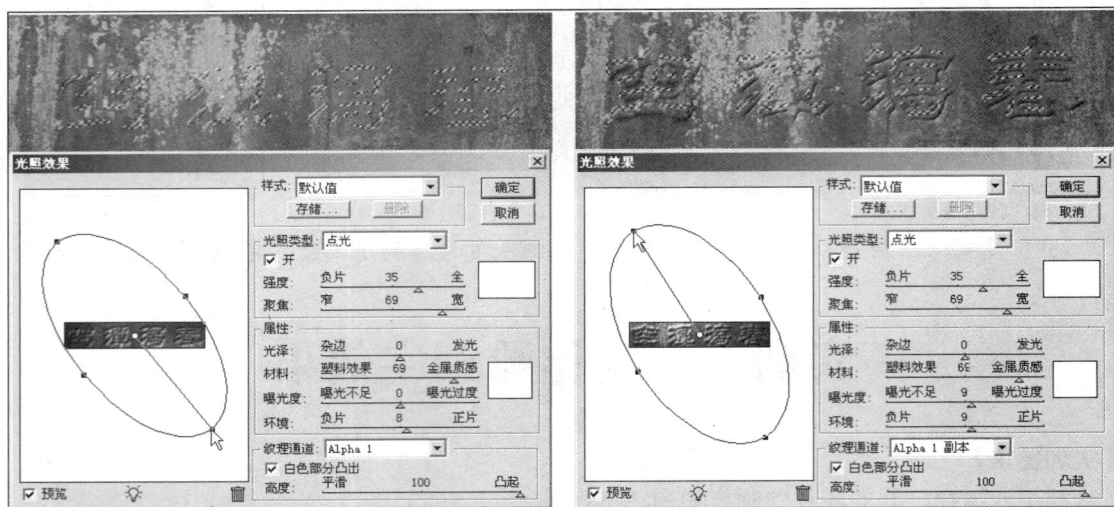

图9-60　各选区及光照参数设置

（7）在"背景"图层上添加文字选区，然后利用【色彩平衡】命令调整颜色，各参数设置如图 9-61 所示。

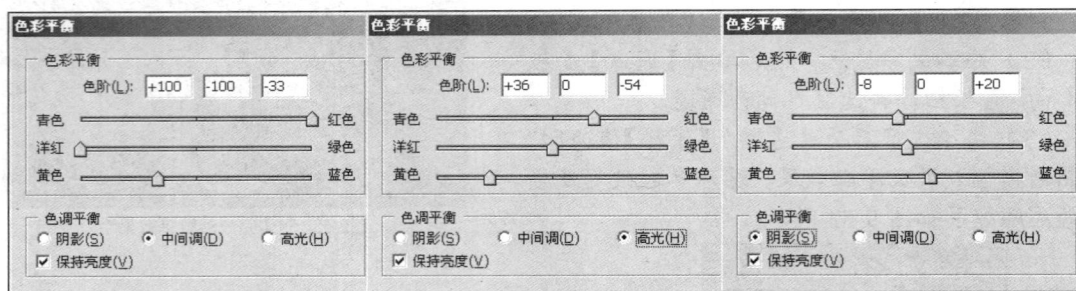

图9-61　【色彩平衡】对话框

小结

本项目主要介绍了通道功能的使用方法。整个项目通过对电影海报进行设计，详细介绍了利用通道制作闪电效果、选取复杂图像、制作浮雕效果的方法。通过本项目的学习，希望读者在理解概念的基础上能够对通道功能灵活运用，以便制作出更加精彩的作品。

习题

一、简答题

1. 简述通道的含义及【通道】面板的功能。

2. 简述【分离通道】和【合并通道】命令的使用方法。

二、操作题

1. 灵活运用【通道】面板及【滤镜】/【模糊】/【径向模糊】命令，在打开的图片中制作如图 9-62 所示的透射光线效果。

2. 参考本项目中设计的电影海报，设计如图 9-63 所示的电影海报。

图9-62　制作的透射光线效果

图9-63　设计的电影海报

项目十　黑白照片彩色化处理

本项目以给黑白照片上色为例，详细介绍各种【图像】/【调整】命令的运用，主要包括【曲线】、【通道混合器】、【色相/饱和度】、【色彩平衡】、【可选颜色】、【变化】等命令。通过本项目的学习，读者应了解各种【调整】命令的功能及产生的不同特效，以便在实际作图过程中灵活运用。

项目分析

黑白照片及彩色化处理前后的效果如图 10-1 所示，主要通过以下几个任务来完成。

★　首先利用【抽出】命令将人物在背景中选出。

★　然后综合运用选区工具及【图像】/【调整】命令，分别为图像的各个区域调色，制作出彩色化效果。

图10-1　黑白照片及彩色化处理前后的效果

学习目标

★　掌握利用【抽出】命令抽出图像的方法。

★　了解各种【调整】命令的功能及产生的不同特效。

★　学会利用【色相/饱和度】命令和【色彩平衡】命令调整图像颜色的方法。

★　学会利用【曝光度】和【阴影/高光】等命令调整图片清晰度的方法。

★　学会利用【通道混合器】调整图像色调的方法。

★　学会利用【变化】命令制作单色调照片的方法。

任务一 利用【抽出】命令抽出图像

下面主要运用【抽出】命令将人物从背景中选出。

【设计目标】

练习利用【抽出】命令抽出图像的方法。

【设计效果】

原图像及抽出后的图像效果如图 10-2 所示。

【设计思路】

打开图像文件后选择【抽出】命令，在弹出的【抽出】对话框中，首先要在需要保留的图像的轮廓边缘绘制标记，然后将要保留的区域进行填充，在抽出之前还可以先预览抽出后的图像效果，并根据需要重做或修饰图像的边缘，当确认后关闭【抽出】对话框即可将图像抽出。

图10-2 原图像及抽出后的图像效果

【操作步骤】

（1）打开素材文件夹中的"人物.jpg"文件，然后在【图层】面板中将"背景"图层复制为"背景 副本"图层。

（2）选择菜单栏中的【滤镜】/【抽出】命令（或按 Ctrl+Alt+X 组合键），将弹出如图 10-3 所示的【抽出】对话框。

图10-3 【抽出】对话框

知识链接

【抽出】对话框中各按钮及选项的含义分别如下。

❖ 【边缘高光器】工具 ✐：在预览窗口中拖曳，可定义选取图像的边缘，按住 Alt 键可将当前工具切换为【橡皮擦】工具 ✐。

❖ 【填充】工具 ◇、【橡皮擦】工具 ✐、【吸管】工具 ✐、【缩放】工具 ✐ 和【抓手】工具 ✋ 的功能及使用方法与工具箱中的相同。当勾选右侧参数设置区中的【强制前景】复选框时 ✐ 工具才可用。

❖ 【清除】工具 ✐：利用此工具在抽出的图像轮廓边缘进行描绘，可以擦除不需要的轮廓边缘，如果按住 Alt 键进行描绘，可以将擦除透明后的图像边缘重新显示出来。

❖ 【边缘修饰】工具 ✐：利用此工具结合 Alt 键，可以对图像边缘进行圆滑处理。但只有单击 预览 按钮后，✐工具和✐工具才变为可用状态。

❖ 【画笔大小】选项：可设置边缘高光器、橡皮擦、清除和边缘修饰工具的笔头大小。在使用边缘高光器、橡皮擦、清除或边缘修饰工具时，按] 键可以增加笔头的大小，按 [键可以减小笔头的大小。

❖ 【高光】选项：设置高光的自定颜色，下拉列表中包括"红色"、"蓝色"、"绿色"和"其他" 4 个选项。当选择"其他"选项时，可在弹出的【拾色器】对话框中设置自定义颜色。

❖ 【填充】选项：设置由填充工具覆盖区域的自定颜色，下拉列表中的选项与【高光】选项中的相同。

❖ 【智能高光显示】选项：勾选此选项，可以保持边缘上的高光，并应用刚好覆盖住边缘的高光。

（3）单击【抽出】对话框中的【边缘高光器】工具 ✐，并在右侧的工具选项栏中将【画笔大小】设置为"5"，【高光】颜色设置为"绿色"，【填充】颜色设置为"蓝色"，勾选下方的【智能高光显示】选项。

（4）将鼠标指针移动到预览窗口中人物图像边缘处按住鼠标拖曳，定义要抽出图像的边缘，最终效果如图 10-4 所示。在描绘时注意灵活运用 ✐ 工具和 ✋ 工具。

（5）单击 ◇ 按钮，在定义出的高光区域内填充蓝色，效果如图 10-5 所示。

（6）单击 预览 按钮，查看抽出后的图像效果，如图 10-6 所示。

由图 10-6 可以看出，抽出的图像边缘不是很平滑。下面利用【抽出】对话框中的 ✐ 工具和 ✐ 工具对抽出的图像边缘进行精确修改。

图10-4 定义出的图像边缘

（7）单击【抽出】对话框中的 ✐ 按钮，设置一个合适的笔头，然后结合 Alt 键，对抽出图像的轮廓边缘进行圆滑修饰，如图 10-7 所示。

图10-5　填充蓝色后的效果　　　　图10-6　图像抽出后的预览效果　　　　图10-7　圆滑修饰图像轮廓边缘

（8）单击【抽出】对话框中的 按钮，设置一个合适的笔头，然后结合 Alt 键对抽出图像的轮廓边缘多余的背景颜色或已成为透明的图像边缘再修饰一下，修饰后的图像边缘效果如图 10-8 所示。

（9）单击 确定 按钮，即可将图像从背景中抽出。

（10）将"背景"层隐藏，然后按 Shift+Ctrl+S 组合键，将文件命名为"抽出图像.psd"另存。

【任务小结】

利用【抽出】命令抽出图像与利用【快速蒙版】选取图像的方法基本相同，都是先定义图像的边缘，然后填充要选出的图像，确认后即可将图像选出。只是利用【抽出】命令抽出背景层的图像后，系统会自动将背景层转换为普通层。

图10-8　修饰后的图像边缘效果

任务二　调整图像颜色

下面综合运用选区工具及【图像】/【调整】命令，分别为图像的各个区域调色，制作出黑白照片的彩色化效果。

【设计目标】

练习【图像】/【调整】菜单下各命令的使用。

【设计效果】

黑白照片彩色化处理后的效果如图 10-9 所示。

【设计思路】

首先利用选区工具将需要调整颜色的区域选出，然后利用【图像】/【调整】子菜单下的命令分别对其进行颜色调整，最终完成照片的彩色化处理。

图10-9　彩色化处理后的效果

【操作步骤】

（1）接上例。将"背景"图层显示并设置为当前层，然后选择菜单栏中的【图像】/【调整】/【色相/饱和度】命令（或按 Ctrl+U 组合键），在弹出的【色相/饱和度】对话框中设置参数如图 10-10 所示。

（2）单击 确定 按钮，调整【色相/饱和度】后的画面效果如图 10-11 所示。

（3）将"背景 副本"图层设置为当前层，选择 工具，并激活属性栏中的 按钮，然后在人物的上衣位置拖曳鼠标，创建如图 10-12 所示的选区。

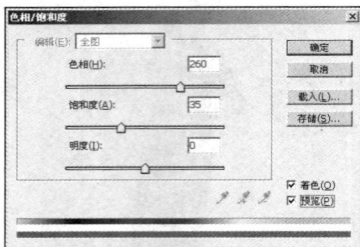

图10-10 设置色相/饱和度参数　　　图10-11 调整颜色后的效果　　　图10-12 绘制的路径

（4）选择 工具并激活属性栏中的 按钮，然后在画面中绘制选区，与原选区进行相减，即将除上衣外的其他选区去除，相减后的选区形态如图 10-13 所示。

（5）单击【图层】面板中的 按钮，在弹出的列表中选择【色相/饱和度】命令，弹出【色相/饱和度】对话框，设置参数如图 10-14 所示。

图10-13 修剪后的选区形态　　　　　图10-14 【色相/饱和度】对话框

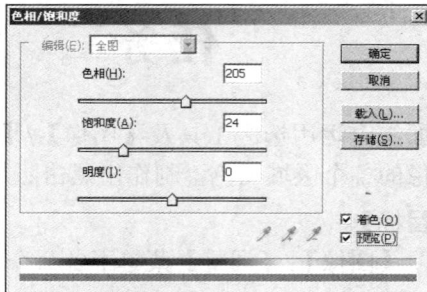

（6）单击 确定 按钮，调整后的效果如图 10-15 所示，然后将"背景 副本"图层设置为当前层。

（7）选择 工具并激活属性栏中的 按钮，然后在人物的裤子上依次单击添加选区，添加的选区形态如图 10-16 所示。

（8）选择 工具并激活属性栏中的 按钮，然后在画面中将多余的选区去除，修剪后的选区形态如图 10-17 所示。

图10-15　调整后的效果　　　　图10-16　添加的选区　　　　图10-17　修剪后的选区形态

（9）选择菜单栏中的【选择】/【修改】/【收缩】命令，在弹出的【收缩选区】对话框中将【收缩量】选项设置为"1 像素"，单击 确定 按钮。

（10）单击 ◯. 按钮，在弹出的列表中选择【色相/饱和度】命令，弹出【色相/饱和度】对话框，设置参数如图10-18所示。

（11）单击 确定 按钮，调整后的效果如图10-19所示。

（12）再次将"背景 副本"图层设置为当前层，然后灵活运用选区工具创建出如图10-20所示的选区。

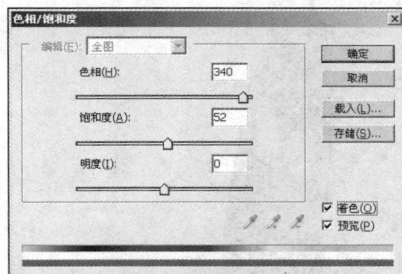

图10-18　【色相/饱和度】对话框（1）　　　图10-19　调整后的效果　　　图10-20　创建的选区

（13）单击 ◯. 按钮，在弹出的列表中选择【色相/饱和度】命令，弹出【色相/饱和度】对话框，设置参数如图10-21所示。

（14）单击 确定 按钮，调整后的效果如图10-22所示。

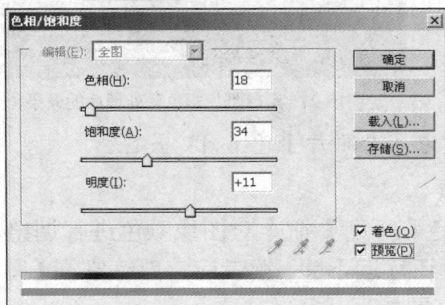

图10-21　【色相/饱和度】对话框（2）　　　图10-22　调整后的效果

（15）按住 Ctrl 键单击"色相/饱和度 3"图层的蒙版缩览图，加载人物面部及双手的选区，然后再次单击 ◎. 按钮，在弹出的列表中选择【亮度/对比度】命令，弹出【亮度/对比度】对话框，设置参数如图 10-23 所示。

（16）单击 确定 按钮，调整后的效果如图 10-24 所示。

（17）利用 ♥ 工具将人物的嘴唇区域选择，如图 10-25 所示。

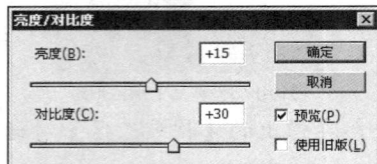

图10-23　【亮度/对比度】对话框　　　　图10-24　调整后的效果　　　　图10-25　绘制的选区

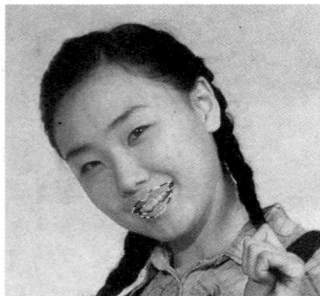

（18）在所有图层的上方新建"图层 1"，然后为选区填充红色（R:255），并将其【图层混合模式】选项设置为"颜色"，【不透明度】选项设置为"30%"，去除选区后的效果如图 10-26 所示。

至此，黑白照片彩色化处理完成，整体效果如图 10-27 所示。

图10-26　嘴唇处理后的效果　　　　　　图10-27　黑白照片彩色化处理后的效果

（19）按 Shift+Ctrl+S 组合键，将文件命名为"老照片上色.psd"另存。

【任务小结】

本例主要运用了【色相/饱和度】命令和【色彩平衡】命令对图像颜色进行调整，在实际工作过程中，只运用这两种命令来调整图像颜色还远远不够，读者应该熟练掌握【图像】/【调整】命令子菜单下的其他命令，各命令的功能分别如下。

❖　【色阶】命令是处理图像时常用的色阶对比调整命令，它通过调整图像中的暗调、中间调和高光区域的色阶分布来调整图像的色阶对比。对于高亮度的图像，将左侧的黑色滑块向右拖曳，可增大图像中暗调的范围，使图像变暗。对于光线较暗的图像，将右侧的白色滑块向左拖曳，可增大图像中高光区域的范围，使图像变亮。将中间的灰色滑块向右拖曳，可以减少图像中中间色调的范围，从而增大图像的对比度；同理，若将此滑块向左拖曳，可以增加中间色调的范围，从而减小图像的对比度。

❖　【自动色阶】命令可以对图像进行简单调整。执行此命令后系统将自动设置图像的暗调和高光区域，并将每个颜色通道中最暗和最亮像素分别设置为黑色和白色，再按比例重新分布中间调的像素值，从而自动调整图像的色阶。

❖　【自动对比度】命令可以自动调整图像的对比度，其工作原理是将图像中最暗和最亮的像素分别映射为黑色和白色，然后按比例重新分布中间调的图像，从而调整图像的对比度。

❖　【自动颜色】命令可以自动调整图像的色彩，其工作原理是首先确定图像中的中性灰色像素，然后选择一种平衡色来填充，从而起到平衡色彩的作用。

❖　【曲线】命令的功能和【色阶】命令相似，区别在于【曲线】命令是通过调整曲线型态来改变图像各通道的明暗区域的范围。对于因曝光不足而色调偏暗的 RGB 颜色照片，可以将曲线调整至上凸的形态，使照片图像中的各色调区按比例加亮，从而使图像变亮。对于因曝光过度而色调高亮的 RGB 颜色照片，可以将曲线调整至向下凹的形态，使照片的各色调区按比例减暗，从而使照片的色调变得更加饱和。对于在阴天或雾天拍摄的色调偏灰的 RGB 颜色照片，可以将曲线调整为 "S" 形态，使照片的高光区域加亮，阴影区域加暗，从而增加照片的对比度。

❖　【色彩平衡】命令是通过调整各种颜色的混合量来调整图像的整体色彩。

❖　【亮度/对比度】命令可以对图像的亮度和对比度进行简单调整。与【色阶】和【曲线】命令的区别在于【亮度/对比度】命令只能对图像的整体亮度和对比度进行调整，对单个颜色通道不起作用。

❖　【黑白】命令可以将彩色图像快速转换为黑白图像或单色图像，同时保持对各颜色的控制。

❖　【色相/饱和度】命令可以调整图像的色相、饱和度和亮度，它既可以作用于整个画面，又可以对指定的颜色进行单独调整，还可以为图像染色。

❖　【去色】命令可以去掉图像中的所有颜色，即在不改变色彩模式的前提下将图像变为灰度图像。

❖　【匹配颜色】命令可以将一个图像的颜色与另一个图像的颜色相互融合，或者将同一图像不同图层中的颜色相融合。

❖　【替换颜色】命令可以用设置的颜色样本来替换图像中指定的颜色范围，其工作原理是先用【色彩范围】命令选取要替换的颜色范围，再用【色相/饱和度】命令调整选取图像的色彩。

❖　【可选颜色】命令可以调整图像中的某种颜色，从而影响图像的整体色彩。

❖　【通道混合器】命令可以通过混合指定的颜色通道来改变某一颜色通道的颜色，进而影响图像的整体效果。此命令只能调整 RGB 颜色模式和 CMYK 颜色模式的图像，调整不同颜色模式的图像时，【通道混合器】对话框中的选项也不相同。

❖　【渐变映射】命令可以将选定的渐变色映射到图像中以取代原来的颜色。在渐变映射时，渐变色最左侧的颜色映射为阴影色，最右侧的颜色映射为高光色，中间的过渡色则根据图像的灰度级映射到图像的中间调区域。

❖ 【照片滤镜】命令类似于摄像机或照相机的滤色镜片，它可以对图像颜色进行过滤，使图像产生不同的滤色效果。

❖ 【阴影/高光】命令常用于校正由于光线不足或强逆光而形成的阴暗照片，或校正由于曝光过度而形成的发白照片。

❖ 【曝光度】命令可以在线性空间中调整图像的曝光数量、位移和灰度系数，进而调整当前颜色空间中图像的亮度和明度。

❖ 【反相】命令可以使图像中的颜色和亮度反转，生成一种照片底片效果，反复执行此命令，可以使图像在正片与负片之间相互转换。

❖ 【色调均化】命令可以自动查找图像中的最亮像素和最暗像素，并将它们分别映射为白色和黑色，然后将中间的像素按比例重新分配到图像中，从而增加图像的对比度，使图像明暗分布更均匀。

❖ 【阈值】命令可以将彩色图像转换为高对比度的黑白图像。

❖ 【色调分离】命令可以指定图像中每个颜色通道的色调级或亮度值数目，并将像素映射为与之最接近的一种色调，从而使图像产生特殊的色彩效果。

❖ 【变化】命令可以直观地调整图像的色彩、亮度或饱和度。此命令常用于调整一些不需要精确调整的平均色调的图像，与其他色彩调整命令相比，【变化】命令更直观，但是无法调整索引颜色模式的图像。

实训一　调整照片的清晰度

【实训要求】

利用【图像】/【调整】/【曝光度】命令调整照片的清晰度，调整前后的对比效果如图10-28所示。

图10-28　照片调整清晰度前后的对比效果

【操作步骤】

在【曝光度】对话框中将【曝光度】选项的参数设置为"0.6"，将【位移】选项的参数设置为"-0.05"，将【灰度系数】选项的参数设置为"0.8"即可。

实训二　调整曝光不足的照片

【实训要求】

利用【图像】/【调整】/【阴影/高光】命令对曝光不足的照片进行调整，调整前后的对比效果如图 10-29 所示。

图10-29　曝光度调整前后的对比效果

【操作步骤】

在弹出的【阴影/高光】对话框中勾选【显示更多选项】复选框，然后分别设置阴影【数量】的参数为 "70"；【色调宽度】的参数为 "70"；高光【数量】的参数为 "10" 即可。

实训三　调整曝光过度的照片

【实训要求】

利用【图像】/【调整】/【曝光度】命令及【图像】/【调整】/【照片滤镜】命令对曝光过度的照片进行调整，调整前后的对比效果如图 10-30 所示。

图10-30　曝光度调整前后的对比效果

【操作步骤】

利用【曝光度】命令及【照片滤镜】命令对照片进行调整，参数及选项设置如图 10-31 所示。

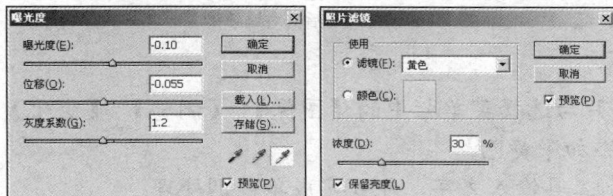

图10-31　【曝光度】对话框和【照片滤镜】对话框

实训四 调整图像色调

【实训要求】

利用【图像】/【调整】/【色调均化】命令及【图像】/【调整】/【通道混合器】命令对照片进行色调调整，调整前后的对比效果如图 10-32 所示。

图10-32 原图片与调整色调后的效果

【操作步骤】

（1）为打开的照片选择菜单栏中的【图像】/【调整】/【色调均化】命令，然后选择菜单栏中的【编辑】/【渐隐色调均化】命令，在弹出的【渐隐】对话框中将【不透明度】选项设置为"80"。

（2）单击 按钮，在弹出的列表中选择【通道混合器】命令，弹出【通道混和器】对话框，设置参数如图 10-33 所示。

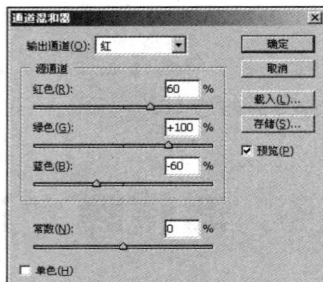

（3）选择 工具，设置合适的笔头大小后在人物的面部区域描绘黑色，使其不被【通道混合器】的参数调整，编辑后的图层蒙版缩览图如图 10-34 所示。

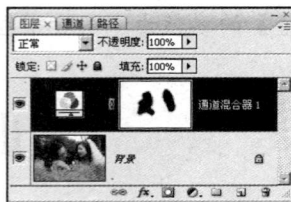

图10-33 【通道混合器】对话框

图10-34 编辑后的缩览图

实训五 单色调处理

【实训要求】

利用【变化】命令对灰度图片进行单色调处理，处理前后的对比效果如图 10-35 所示。

图10-35 单色调处理前后的对比效果

【操作步骤】

（1）打开素材图片后选择菜单栏中的【图像】/【调整】/【变化】命令，在弹出的【变化】对话框中为图片添加深黄色。

（2）然后利用 工具输入文字，即可完成单色调处理。

（8）按 Enter 键确认图像的旋转操作，然后按 Ctrl+J 组合键将选区内的图像通过复制生成"图层 1"。

（9）用与步骤（2）～（8）相同的方法，依次制作出如图 11-17 所示的文字。

图11-16 图像旋转后的形态

图11-17 制作的球形字

（10）将"背景"图层设置为工作层，然后为其填充白色，完成球形字效果的制作。

（11）按 Ctrl+S 组合键，将此文件命名为"球形字.psd"保存。

操作二　制作火焰字

【设计目标】

本操作主要运用【图像】/【旋转画布】命令及【滤镜】菜单下的【风】命令、【高斯模糊】命令和【液化】命令制作火焰效果，再通过对文字进行处理制作出火焰字效果。

【设计效果】

制作的火焰效果字如图 11-18 所示。

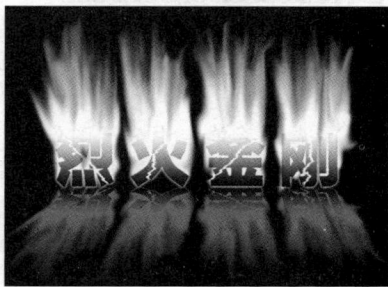

图11-18 制作完成的火焰效果字

【设计思路】

❖ 首先输入文字，然后与背景合并生成新图层。

❖ 然后旋转画布，并依次执行【滤镜】/【风格化】/【风】命令和【滤镜】/【模糊】/【高斯模糊】命令，再利用【色相/饱和度】命令、【图层混合模式】选项及【液化】命令对其进行编辑，制作出火焰效果。

❖ 最后利用图层蒙版及【自由变换】命令对输入的文字进行处理，制作出火焰字效果。

【操作步骤】

（1）新建一个【宽度】为 20 厘米、【高度】为 15 厘米、【分辨率】为 120 像素/英寸、【颜色模式】为 RGB 颜色、【背景内容】为黑色的文件。

（2）利用 T 工具输入如图 11-19 所示的白色文字，字体为"文鼎霹雳体"。

（3）按住 Alt 键选择菜单栏中的【图层】/【合并可见图层】命令，将当前文件中的可见图层合并生成"图层 1"。

> **重要提示**
>
> 选择菜单栏中的【图层】/【合并可见图层】命令时不要释放 Alt 键，否则会将文字层合并到背景层中，而不会合并生成"图层 1"。另外，按 Ctrl+Shfit+Alt+E 组合键也可以合并生成"图层 1"。

（4）选择菜单栏中的【图像】/【旋转画布】/【90 度（顺时针）】命令，顺时针旋转画面，然后选择菜单栏中的【滤镜】/【风格化】/【风】命令，弹出【风】对话框，选项设置如图 11-20 所示。

（5）单击 确定 按钮，然后连续按3次 Ctrl+F 组合键，重复选择【风】滤镜，最终效果如图 11-21 所示。

（6）选择菜单栏中的【滤镜】/【模糊】/【高斯模糊】命令，弹出【高斯模糊】对话框，将【半径】值设置为"4像素"，然后单击 确定 按钮。

图11-19 输入的白色文字　　　　图11-20 【风】对话框　　　　图11-21 执行【风】滤镜

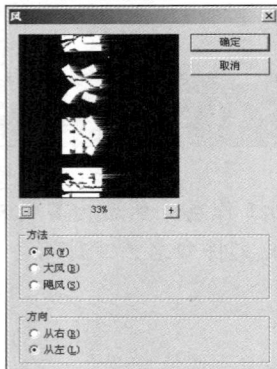

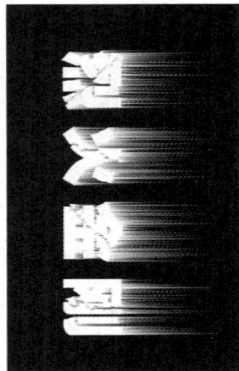

（7）按 Ctrl+U 组合键弹出【色相/饱和度】对话框，参数设置如图 11-22 所示，然后单击 确定 按钮。

（8）选择菜单栏中的【图像】/【旋转画布】/【90度（逆时针）】命令，逆时针旋转画面，恢复到新建时的状态，如图 11-23 所示。

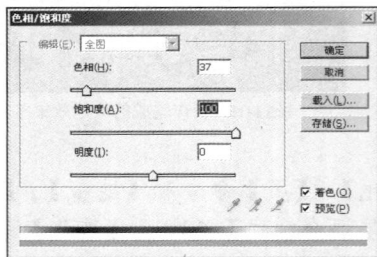

图11-22 【色相/饱和度】对话框　　　　图11-23 文字模糊及调整颜色后的效果

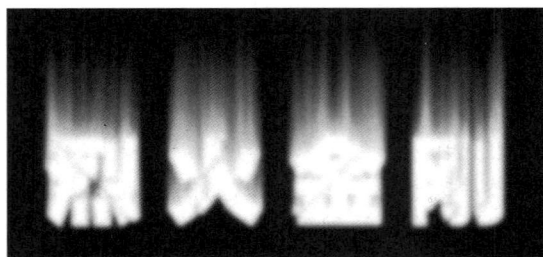

（9）将"图层 1"复制为"图层 1 副本"，然后按 Ctrl+U 组合键，弹出【色相/饱和度】对话框，参数设置及调整色调后的文字效果如图 11-24 所示。

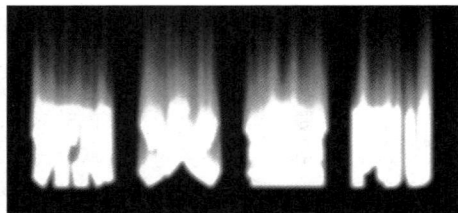

（10）将"图层 1 副本"层的【图层混合模式】选项设置为"颜色减淡"模式，文字效果如图 11-25 所示。

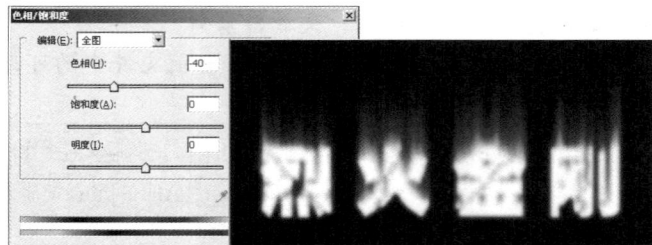

图11-24 【色相/饱和度】参数设置及调整色调后的文字效果　　　　图11-25 更改模式后文字效果

至此，火焰效果基本生成，下面利用【液化】命令对火焰的形态进行调整。

（11）按 Ctrl+E 组合键，将"图层 1 副本"层合并到"图层 1"中，选择菜单栏中的【滤镜】/【液化】命令，弹出【液化】对话框，如图 11-26 所示。

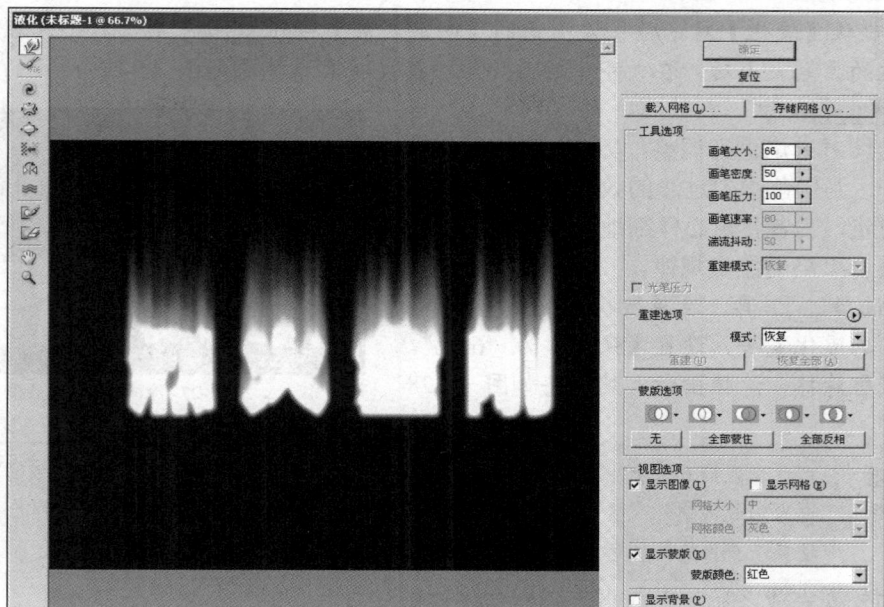

图11-26　【液化】对话框

![知识链接]

　　【液化】对话框中左侧的工具按钮用于设置变形的模式，右侧的选项及参数可以设置使用画笔的大小、压力、查看模式等。各工具按钮的功能分别如下。

❖　【向前变形】工具：利用此工具在预览窗口中单击或拖曳，可以将图像向前推送使之产生扭曲变形。

❖　【重建】工具：利用此工具在预览窗口中单击或拖曳，可以修复变形后的图像。

❖　【顺时针旋转扭曲】工具：利用此工具在图像中单击或拖曳，可以得到顺时针扭曲效果；按住 Alt 键在图像中单击或拖曳可以得到逆时针扭曲效果。

❖　【褶皱】工具：利用此工具在预览窗口中单击或拖曳，可以使图像在靠近画笔区域的中心处进行变形。

❖　【膨胀】工具：利用此工具在预览窗口中单击或拖曳，可以使图像在远离画笔区域的中心处进行变形。

❖　【左推】工具：利用此工具在预览窗口中单击或拖曳，可以使图像向左或向上偏移；按住 Alt 键并拖曳，可以将图像向右或向下偏移。

❖　【镜像】工具：利用此工具在预览窗口中拖曳鼠标，可以反射与描边方向垂直的区域；按住 Alt 键并拖曳，将反射与描边方向相反的区域。

❖　【湍流】工具：利用此工具在预览窗口中单击或拖曳，可以平滑地拼凑图像，一般用于创建火焰、云彩、波浪以及类似的效果。

❖　【冻结蒙版】工具：利用此工具在预览窗口中拖曳，可以将该区域冻结并保护该区域以免被进一步编辑。

❖　【解冻蒙版】工具：利用此工具在预览窗口中拖曳，可以将冻结的区域擦除，使该区域能够被编辑。

（12）确认【液化】对话框中左上角的【向前变形】按钮 处于激活状态，在右侧的窗口设置合适的画笔大小后，在文字中的火焰上涂抹，将其涂抹成如图 11-27 所示的形态，然后单击 确定 按钮。

下面继续对火焰进行调整，以使火焰的内外焰完全融合，达到颜色均匀过渡的效果。下面的操作没有捷径可走，读者要耐心仔细地涂抹调整，以使最终效果符合火焰的燃烧规律。

（13）选择 工具，在属性栏中设置【大小】为"50px"的虚化笔头，设置【强度】为"60%"，在火焰上轻轻涂抹，涂抹出的火焰形态如图 11-28 所示。

图11-27 涂抹后的火焰效果

重要提示　　在火焰效果上涂抹时，要不断改变笔头的大小和压力，以适应不同区域的需要。注意火焰底部的外观要与文字相符，不要变化太多，否则无法与文字很好地结合。另外，还要注意火焰的颜色，从外到内依次是红、黄、白，这样火焰效果才逼真。

火焰的外观完成之后，下面再来制作文字效果。

（14）将"烈火金刚"文字层复制并将其调整到"图层 1"的上方，再将文字的颜色设置为黑色。

（15）为了使文字与火焰效果更好地融合，可以将"图层 1"的火焰效果稍微向下移动一点位置，使火焰的下边缘超出文字的边缘，效果如图 11-29 所示。

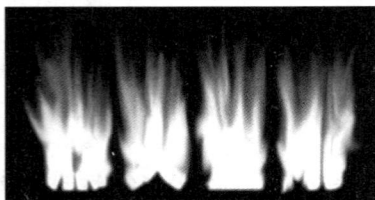

图11-28 涂抹后的火焰效果

图11-29 文字与火焰效果

（16）将"图层 1"复制为"图层 1 副本"，然后将其调整至所有图层的上方，并将【图层混合模式】设置为"滤色"，效果如图 11-30 所示。此处复制"图层 1"的目的是使火焰亮度增加，以产生真实的烈火效果。

（17）单击【图层】面板底部的 按钮为"图层 1 副本"添加蒙版，然后利用 工具在蒙版中填充由下到上的黑白渐变色，效果如图 11-31 所示。

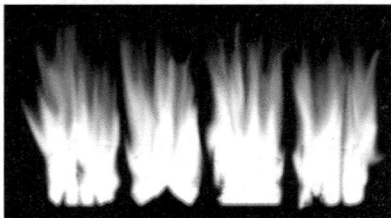

图11-30 火焰效果

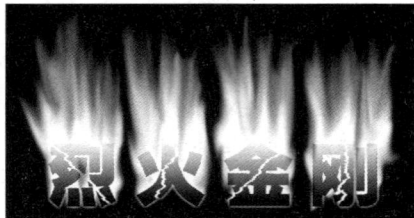

图11-31 编辑蒙版后的效果

现在火焰字效果制作完成，下面再来制作倒影效果。

（18）按住 Alt 键，选择菜单栏中的【图层】/【合并可见图层】命令，将当前文件中的可见层合并，并生成一个新的图层"图层 2"。

（19）再次按住 Alt 键，选择菜单栏中的【图层】/【合并可见图层】命令，将当前文件中的可见层合并，并生成一个新的图层"图层 3"。

（20）将"图层 3"的【图层混合模式】设置为"滤色"模式，然后选择菜单栏中的【编辑】/【变换】/【垂直翻转】命令，将"图层 3"中的火焰垂直翻转。

（21）利用【自由变换】命令，将翻转后的火焰调整至如图 11-32 所示的形态。

（22）按 Enter 键确认图像的变形操作，完成火焰效果字的制作，整体效果如图 11-33 所示。

图11-32　火焰调整后的形态　　　　　　　　　图11-33　制作完成的火焰字效果

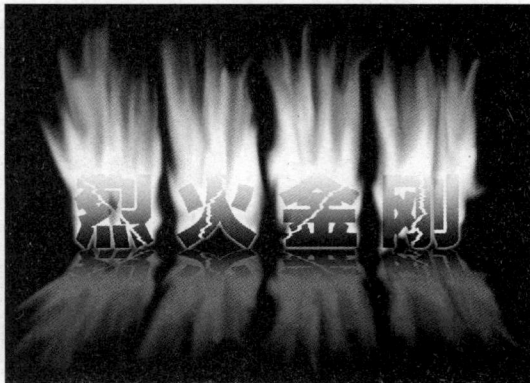

（23）按 Ctrl+S 组合键，将此文件命名为"火焰字效果.psd"保存。

任务三　制作山和水纹效果

本任务综合运用【滤镜】命令来制作山和水纹效果。

操作一　制作山效果

【设计目标】

利用【滤镜】菜单中的【云彩】命令、【光照效果】命令和【置换】命令，结合通道、【图像】/【调整】/【色阶】和【曲线】命令来制作山效果。

【设计效果】

制作的山效果如图 11-34 所示。

【设计思路】

❖　首先利用【滤镜】/【渲染】/【云彩】命令制作云彩效果。

❖　然后复制通道，创建需要的选区。

❖　再调整图像模式，并利用【图像】/【调整】/【曲线】命令和【滤镜】/【渲染】/【光照效果】命令，调整出山的颜色和纹理。

❖　最后为其置换一个底图图案，即可完成山效果的制作。

图11-34　制作的山效果

【操作步骤】

（1）新建一个【宽度】为 1 024 像素、【高度】为 768 像素、【分辨率】为 72 像素/英寸、【颜色模式】为灰度、【背景内容】为白色的文件。

（2）按 D 键，将前景色和背景色设置为默认的黑色和白色，然后选择菜单栏中的【滤镜】/【渲染】/【云彩】命令，为"背景"图层添加前景色与背景色混合而成的云彩效果，如图 11-35 所示。

（3）选择 工具，将属性栏中的【模式】选项设置为"叠加"，然后为画面由上至下填充从黑色到透明的线性渐变色，效果如图 11-36 所示。注意，在填充渐变色时可填充多次，尽量使最终效果与本例的相似。

图11-35　添加的云彩效果

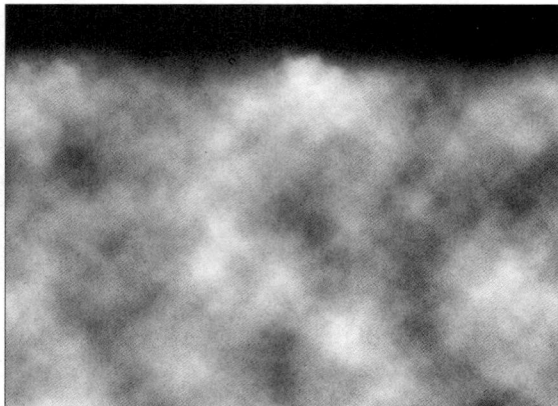

图11-36　填充渐变色后的效果

（4）打开【通道】面板，将"灰色"通道依次复制为"灰色 副本"和"灰色 副本 2"通道。

（5）确认"灰色 副本 2"通道为工作状态，按 Ctrl+L 组合键，在弹出的【色阶】对话框中设置参数如图 11-37 所示，然后单击 确定 按钮。

（6）按 Ctrl+I 组合键将画面反相显示，然后利用 工具绘制黑色，将下方的白色区域覆盖，而只保留上方的白色区域，如图 11-38 所示。

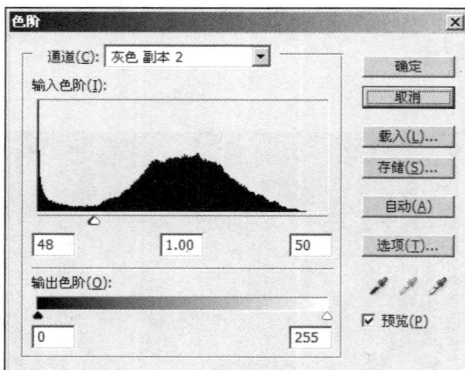

图11-37　设置【色阶】参数

图11-38　涂抹后的效果

（7）单击"灰色"通道，然后返回【图层】面板，选择菜单栏中的【图像】/【模式】/【RGB 颜色】命令，将图像文件的颜色模式转换为"RGB 颜色"模式。

（8）按 Ctrl+M 组合键，在弹出的【曲线】对话框中调整曲线形态如图 11-39 所示。

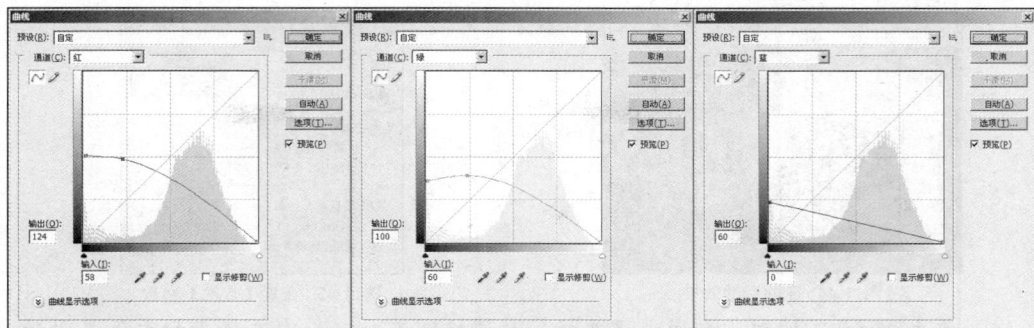

图11-39 【曲线】对话框

（9）单击 确定 按钮，调整后的效果如图 11-40 所示。

（10）选择菜单栏中的【滤镜】/【渲染】/【光照效果】命令，在弹出的【光照效果】对话框中设置参数如图 11-41 所示。

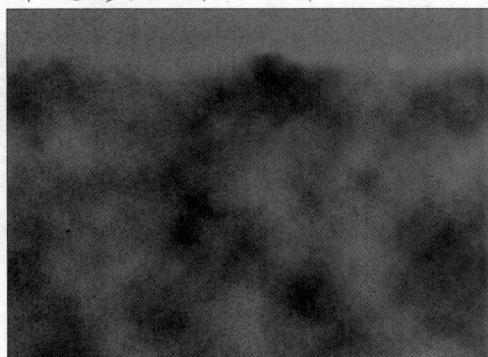

图11-40 调整后的效果

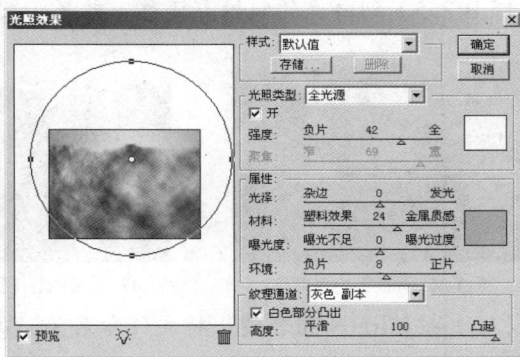

图11-41 设置【光照效果】参数

（11）单击 确定 按钮，执行【光照效果】命令后的效果如图 11-42 所示。

（12）选择 工具，将属性栏中的【模式】选项设置为"强光"，然后为画面由上至下填充从蓝色（G:110,B:255）到透明的线性渐变色，效果如图 11-43 所示。

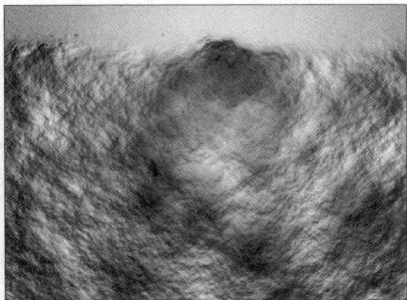

图11-42 执行【光照效果】命令后的效果

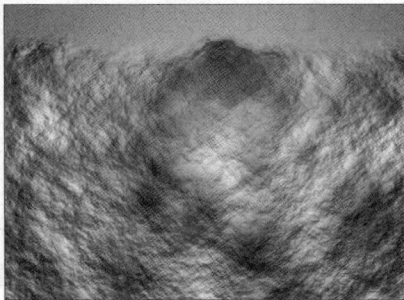

图11-43 填充渐变色后的效果

（13）选择菜单栏中的【图层】/【新建】/【背景图层】命令，在弹出的【新建图层】对话框中单击 确定 按钮，将"背景"层转换为普通层。

（14）按 Alt+Ctrl+5 组合键，载入"灰色 副本 2"通道的选区，再按 Delete 键删除选择的内容，效果如图 11-44 所示，然后按 Ctrl+D 组合键去除选区。

（15）选择菜单栏中的【滤镜】/【扭曲】/【置换】命令，在弹出的【置换】对话框中设置参数如图 11-45 所示。

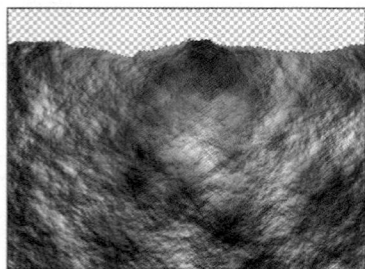

图11-44 删除后的效果

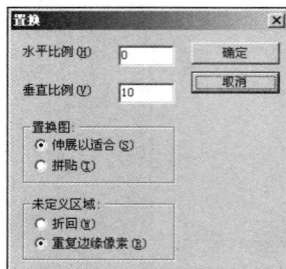

图11-45 设置【置换】参数

（16）单击 确定 按钮，在弹出【选择一个置换图】对话框中选择素材文件夹中的"置换.psd"文件，单击 打开(0) 按钮，置换处理后的效果如图11-46所示。

（17）连续8次按 Ctrl+F 组合键，重复执行【置换】命令，生成的效果如图11-47所示。

（18）在"图层 0"的下方新建"图层 1"，然后利用 工具，为其由上至下填充从蓝色（G:115,B:255）到白色的线性渐变色，效果如图11-48所示。

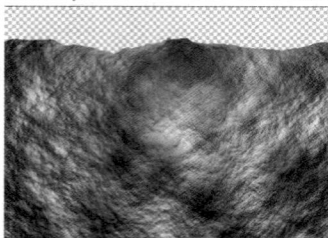

图11-46 置换后的效果

图11-47 重复执行【置换】命令后的效果

图11-48 填充渐变色后的效果

（19）按 Ctrl+S 组合键，将文件命名为"山.psd"保存。

操作二 制作水纹效果

【设计目标】

学习利用【滤镜】菜单中的【云彩】、【径向模糊】、【基底凸现】和【铬黄】命令结合【图像】/【调整】/【色相/饱和度】命令来制作水纹效果。

【设计效果】

制作的水纹效果如图11-49所示。

【设计思路】

❖ 首先利用【滤镜】菜单中的【云彩】、【径向模糊】、【基底凸现】和【铬黄】命令来制作水纹效果。

❖ 然后利用【色相/饱和度】命令来调整水纹的颜色，即可完成水纹效果制作。

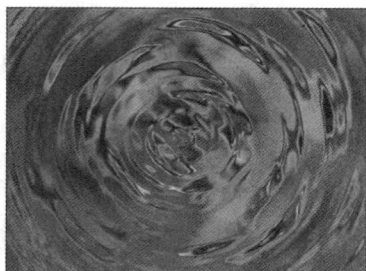

图11-49 制作的水纹效果

【操作步骤】

（1）新建一个【宽度】为16厘米、【高度】为12厘米、【分辨率】为300像素/英寸的白色文件。

（2）按 D 键，将前景色和背景色设置为默认的黑色和白色，然后选择菜单栏中的【滤镜】/【渲染】/【云彩】命令，为"背景"图层添加前景色与背景色混合而成的云彩效果，如图11-50所示。

（3）选择菜单栏中的【滤镜】/【模糊】/【径向模糊】命令，在弹出的【径向模糊】对话框中选择【旋转】单选按钮，并将【数量】选项的参数设置为"38"，单击 确定 按钮，执行【径向模糊】命令后的效果如图 11-51 所示。

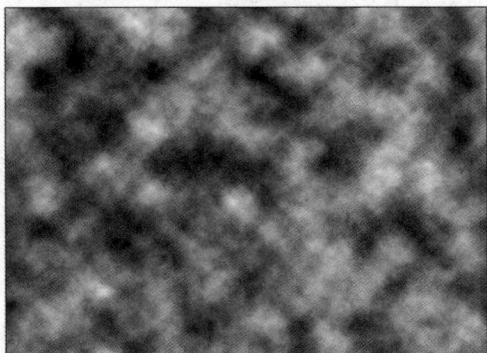

图11-50　添加的云彩效果

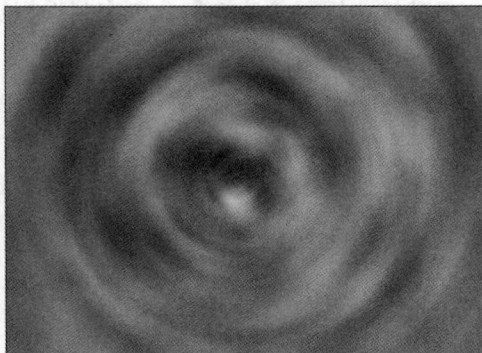

图11-51　设置【径向模糊】参数

（4）选择菜单栏中的【滤镜】/【素描】/【基底凸现】命令，在弹出的【基底凸现】对话框中设置参数如图 11-52 所示。

（5）单击 确定 按钮，执行【基底凸现】命令后的效果如图 11-53 所示。

（6）选择菜单栏中的【滤镜】/【素描】/【铬黄】命令，在弹出的【铬黄渐变】对话框中设置参数如图 11-54 所示。

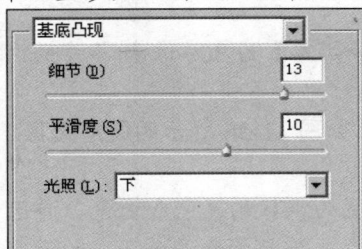

图11-52　设置【基底凸现】参数

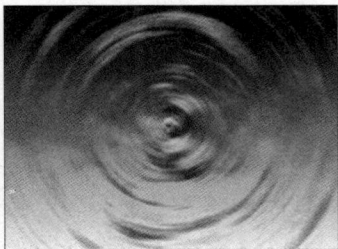

图11-53　执行【基底凸现】命令

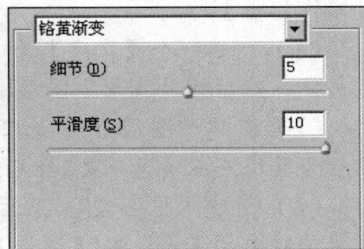

图11-54　设置【铬黄渐变】参数

（7）单击 确定 按钮，执行【铬黄】命令后的效果如图 11-55 所示。

（8）按 Ctrl+U 组合键，在弹出的【色相/饱和度】对话框中勾选【着色】复选框，然后将【色相】选项的参数设置为"212"，【饱和度】选项的参数设置为"85"，单击 确定 按钮，调整后的效果如图 11-56 所示。

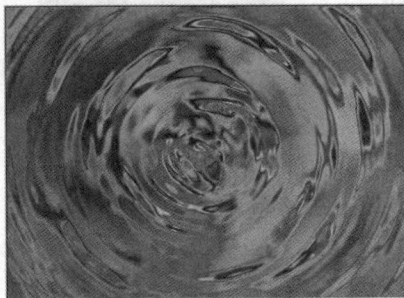

图11-55　执行【铬黄】命令后的效果

图11-56　调整后的效果

（9）按 Ctrl+S 组合键，将文件命名为"水波纹.psd"保存。

任务四　制作炽热的太阳与爆炸效果

本任务综合运用【滤镜】命令来制作炽热的太阳与爆炸效果。

操作一　制作炽热的太阳效果

【设计目标】

本操作主要学习运用各种【滤镜】命令，结合【图层混合模式】选项来制作炽热的太阳效果。

【设计效果】

制作的炽热太阳效果如图 11-57 所示。

【设计思路】

❖　新建文件后绘制圆形选区并填充深黄色。

❖　新建图层，依次选择菜单栏中的【滤镜】/【渲染】/【云彩】、【分层云彩】和【球面化】命令。

❖　最后更改【图层混合模式】选项，并添加外发光效果，即可完成炽热太阳效果的制作。

图11-57　制作的炽热太阳效果

【操作步骤】

（1）新建一个【宽度】为 10 厘米、【高度】为 12 厘米、【分辨率】为 300 像素/英寸的白色文件，然后为"背景"图层填充上黑色。

（2）新建"图层 1"，选择⚪工具，按住 Shift 键，绘制出如图 11-58 所示的圆形选区，然后为其填充深黄色（R:248,G:177,B:6）。

（3）新建"图层 2"，然后按 D 键，将前景色和背景色设置为默认的黑色和白色，再选择菜单栏中的【滤镜】/【渲染】/【云彩】命令，为选区添加前景色与背景色混合而成的云彩效果，如图 11-59 所示。

（4）选择菜单栏中的【滤镜】/【渲染】/【分层云彩】命令，为画面添加由前景色和背景色混合而成的云彩效果，如图 11-60 所示。此时根据需要也可以再按几次 Ctrl+F 组合键，直到出现理想的效果为止。

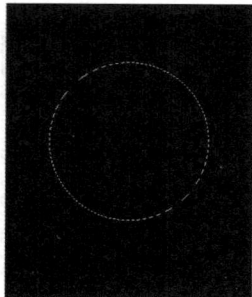

图11-58　绘制的选区　　　　图11-59　添加的云彩效果　　　　图11-60　执行【分层云彩】命令

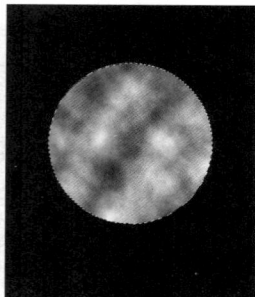

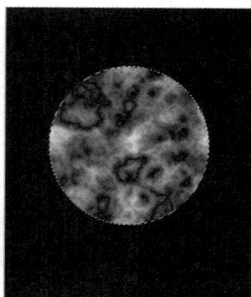

（5）选择菜单栏中的【滤镜】/【扭曲】/【球面化】命令，在弹出的【球面化】对话框中设置参数如图 11-61 所示，然后单击 确定 按钮，执行【球面化】命令后的效果如图 11-62 所示。

（6）将"图层 2"的【图层混合模式】选项设置为"线性减淡（添加）"模式，更改混合模式后的效果如图 11-63 所示。

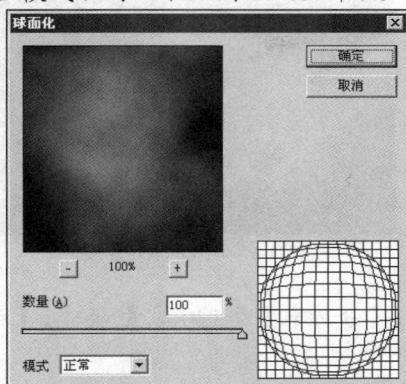

图11-61　设置【球面化】参数　　　图11-62　执行【球面化】命令后的效果　　图11-63　更改混合模式后的效果

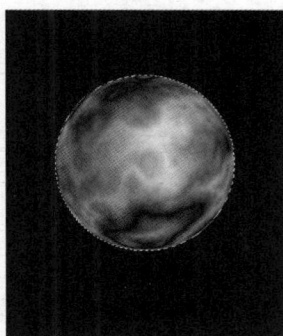

（7）选择菜单栏中的【滤镜】/【渲染】/【分层云彩】命令，为画面添加由前景色和背景色混合而成的云彩效果，如图 11-64 所示。此时根据需要也可以再按几次 Ctrl+F 组合键，直到出现理想的效果为止。

（8）按 Ctrl+D 组合键去除选区，然后按 Ctrl+E 组合键将"图层 2"向下合并为"图层 1"。

（9）选择菜单栏中的【图层】/【图层样式】/【外发光】命令，在弹出的【图层样式】对话框中设置参数如图 11-65 所示。

（10）单击 确定 按钮，添加外发光样式后的效果如图 11-66 所示。

图11-64　执行【分层云彩】命令　　　图11-65　设置【图层样式】参数　　　图11-66　添加外发光样式后的效果

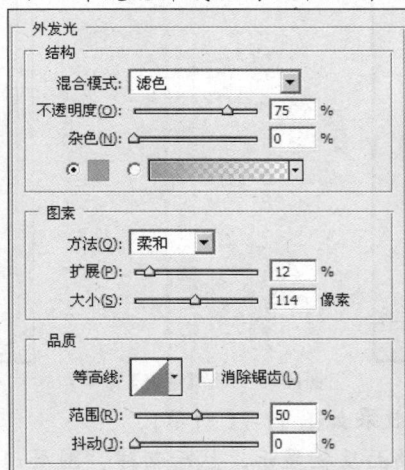

（11）按 Ctrl+S 组合键，将文件命名为"炽热太阳.psd"保存。

操作二　制作爆炸效果

【设计目标】

学习利用各种【滤镜】命令、【图像】/【调整】/【色相/饱和度】命令和图层混合模式的灵活运用来制作爆炸效果。

【设计效果】

制作的爆炸效果如图 11-67 所示。

【设计思路】

❖ 首先在最底层选取一幅图片做背景。

❖ 然后在这幅背景图上面做一个由文字和一组序列图片组成的遮罩效果。

❖ 最后在静态的图片上面可以透过文字的轮廓看到一副动态的景色。

图11-67 制作的爆炸效果

【操作步骤】

（1）新建一个【宽度】为 10 厘米、【高度】为 15 厘米、【分辨率】为 120 像素/英寸、【颜色模式】为 RGB 颜色、【背景内容】为白色的新文件。

（2）选择菜单栏中的【滤镜】/【杂色】/【添加杂色】命令，在弹出的【添加杂色】对话框中设置参数如图 11-68 所示，然后单击 确定 按钮。

（3）选择菜单栏中的【图像】/【调整】/【阈值】命令，设置【阈值色阶】选项的参数为 "200"，单击 确定 按钮，效果如图 11-69 所示。

（4）选择菜单栏中的【滤镜】/【模糊】/【动感模糊】命令，弹出【动感模糊】对话框，参数设置如图 11-70 所示。

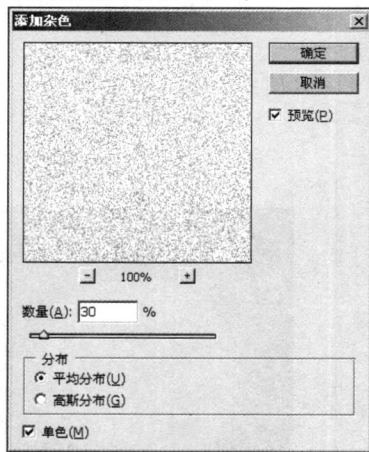

图11-68 【添加杂色】对话框

图11-69 执行【阈值】命令

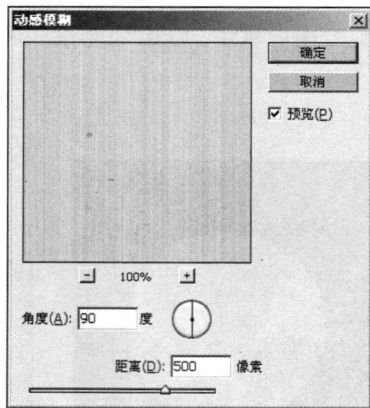

图11-70 【动感模糊】对话框

（5）单击 确定 按钮，效果如图 11-71 所示。

（6）按 Ctrl+I 组合键将画面反相显示，然后新建 "图层 1"，再按 D 键，将前景色和背景色设置为默认的黑色和白色。

（7）选择 工具，设置 "前景到背景" 渐变样式，然后按住 Shift 键在画面中由下至上填充从前景色到背景色的线性渐变色。

（8）将 "图层 1" 的【图层混合模式】选项设置为 "滤色" 模式，更改混合模式后的画面效果如图 11-72 所示，然后按 Ctrl+E 组合键将 "图层 1" 向下合并为 "背景层"。

（9）选择菜单栏中的【滤镜】/【扭曲】/【极坐标】命令，在弹出的【极坐标】对话框中单击【平面坐标到极坐标】选项，然后单击 确定 按钮，选择【极坐标】命令后的画面效果如图 11-73 所示。

图11-71　动感模糊效果　　　　　　　　图11-72　更改混合模式　　　　　　　图11-73　执行【极坐标】命令

（10）将背景色设置为黑色，然后选择菜单栏中的【图像】/【画布大小】命令，弹出【画布大小】对话框，各选项及参数设置如图 11-74 所示。

（11）单击 [确定] 按钮，调整画布大小后的画面如图 11-75 所示。

（12）选择菜单栏中的【滤镜】/【模糊】/【径向模糊】命令，弹出【径向模糊】对话框，各选项及参数设置如图 11-76 所示。

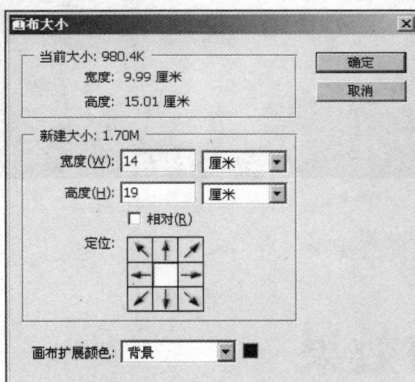

图11-74　【画布大小】对话框　　　　　图11-75　调整画布大小　　　　　　　图11-76　【径向模糊】对话框

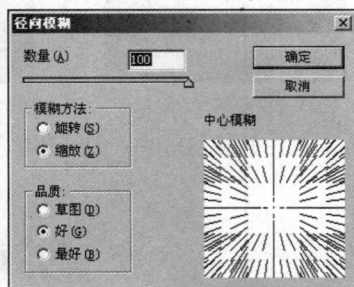

（13）单击 [确定] 按钮，然后再按 4 次 Ctrl+F 组合键进行多次模糊处理，画面效果如图 11-77 所示。

（14）按 Ctrl+U 组合键弹出【色相/饱和度】对话框，参数设置如图 11-78 所示。单击 [确定] 按钮，画面效果如图 11-79 所示。

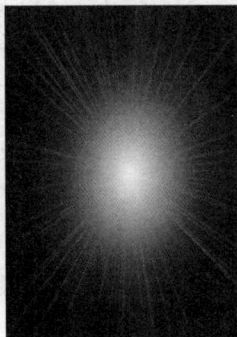

图11-77　径向模糊效果　　　　　　　图11-78　【色相/饱和度】对话框　　　　图11-79　调整色相/饱和度后的效果

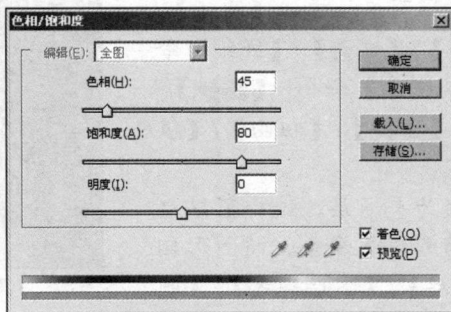

（15）新建"图层 1"，将【图层混合模式】选项设置为"颜色减淡"模式，并确认工具箱中的前景色和背景色分别为黑色和白色。

（16）选择菜单栏中的【滤镜】/【渲染】/【云彩】命令，效果如图 11-80 所示。

（17）选择菜单栏中的【滤镜】/【渲染】/【分层云彩】命令，使云彩图案发生变化，从而改变爆炸效果，此时根据效果也可以再按几次 Ctrl+F 组合键，直到出现理想的爆炸效果为止，如图 11-81 所示。

（18）按 Ctrl+E 组合键将爆炸效果图层合并，然后打开素材文件夹中的"火箭.jpg"文件。

（19）利用 工具将爆炸效果移动复制到"火箭.jpg"文件中，然后利用【自由变换】命令将爆炸效果调整到与"火箭.jpg"文件相同的大小。

（20）将"图层 1"的【图层混合模式】选项设置为"滤色"模式，更改混合模式后的画面效果如图 11-82 所示。

图11-80 添加的云彩效果　　　　图11-81 生成的爆炸效果　　　　图11-82 制作完成的爆炸效果

（21）按 Shift+Ctrl+S 组合键，将此文件命名为"爆炸效果.psd"另存。

实训一　制作布帘效果

【实训要求】

综合利用【滤镜】菜单下的命令，制作如图 11-83 所示的布帘效果。

【操作步骤】

（1）新建文件后，依次选择菜单栏中的【滤镜】/【渲染】/【云彩】命令、【滤镜】/【渲染】/【纤维】命令、【滤镜】/【模糊】/【动感模糊】命令、【滤镜】/【模糊】/【高斯模糊】命令和【滤镜】/【扭曲】/【极坐标】命令。

（2）将"背景"图层转换为普通层，选择菜单栏中的【编辑】/【变换】/【垂直翻转】命令，将图形翻转，然后选择菜单栏中的【图层】/【图层样式】/【颜色叠加】命令，为其添加红色（R:158,B:16,G:16）即可。

图11-83 制作的布帘效果

实训二 制作水彩画效果

【实训要求】

利用【滤镜】菜单中的【特殊模糊】命令，结合【图层混合模式】选项和【色相/饱和度】命令对原图片进行处理，制作如图 11-84 所示的水彩画效果。

图11-84 制作的水彩画效果

【操作步骤】

（1）打开素材图片后，将"背景"图层复制为"图层 1"，然后选择菜单栏中的【滤镜】/【模糊】/【特殊模糊】命令，在弹出的【特殊模糊】对话框中设置参数如图 11-85 所示。

（2）复制"图层 1"为"图层 1 副本"，并将"图层 1 副本"图层的【图层混合模式】选项设置为"柔光"。

（3）选择菜单栏中的【图像】/【调整】/【色相/饱和度】命令，弹出【色相/饱和度】对话框，调整画面色调，颜色参数设置如图 11-86 所示。

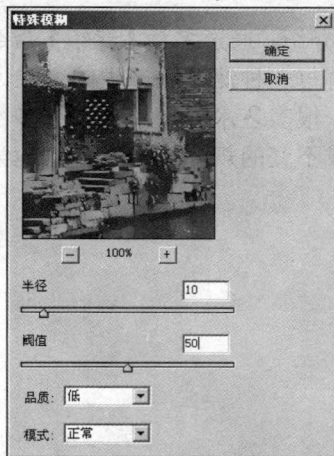

图11-85 【特殊模糊】对话框

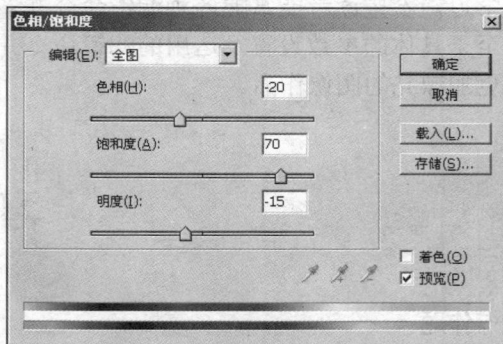

图11-86 【色相/饱和度】对话框

实训三 制作破碎文字效果

【实训要求】

利用【滤镜】菜单中的【置换】命令，制作如图 11-87 所示的破碎文字效果。

【操作步骤】

（1）利用 T 工具输入红色的英文字母，然后利用【编辑】/【自由变换】命令，将其倾斜调整。

（2）将输入的文字合并到"背景"图层中，然后选择菜单栏中的【滤镜】/【扭曲】/【置换】命令，在弹出的【置换】对话框中设置选项及参数如图 11-88 所示。

图11-87 制作的破碎文字效果

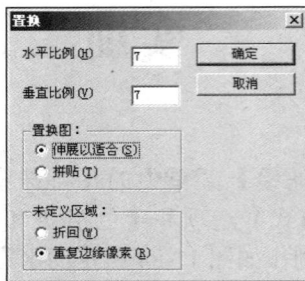

图11-88 【置换】对话框

（3）单击 确定 按钮，弹出【选择一个置换图】对话框，选择素材文件夹中的"纹理.psd"
文件，单击 打开(O) 按钮即可。

> **重要提示**　在使用【置换】命令置换文件时，选择的置换图格式必须为".psd"格式。

小结

本项目主要对 Photoshop CS3 中的滤镜部分进行了介绍，通过多种【滤镜】命令制作了几
种特殊的图像艺术效果，这样可以帮助读者更好地理解每一种滤镜所产生的效果。通过本项
目的学习，希望读者能掌握各种滤镜命令并多加练习，很多艺术效果都是通过多次试验得到
的，至于具体的参数设置及运用的滤镜命令并没有一成不变的规律，只有大胆地尝试才能创
作出更加漂亮的图像作品。

习题

操作题

1．利用【滤镜】菜单栏中的【镜头光晕】命令、【极坐标】命令及复制图层并变换角度，
结合【图层混合模式】选项，制作如图 11-89 所示的超酷螺旋效果。

2．利用【滤镜】菜单栏中的【特殊模糊】命令及颜色调整命令，制作如图 11-90 所示的
水彩画艺术效果。

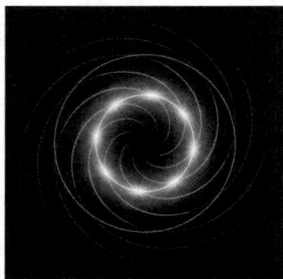

图11-89 制作的超酷螺旋效果

图11-90 制作的水彩画效果

3. 利用【滤镜】菜单栏中的【云彩】命令、【点状化】命令、【马赛克】命令、【查找边缘】命令及【图像】/【调整】/【曲线】命令来制作如图 11-91 所示的格子背景效果。

4. 利用【滤镜】菜单栏中的【镜头光晕】命令、【铬黄】命令、【波浪】命令、【旋转扭曲】命令和【高斯模糊】命令，结合复制图像操作来制作如图 11-92 所示的蓝色光束效果。

图11-91　制作的格子背景效果

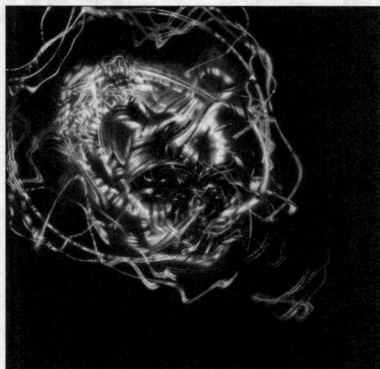

图11-92　制作的蓝色光束效果

项目十二 户外媒体广告设计与包装设计

本项目以户外媒体广告设计和包装设计为例,介绍 Photoshop CS3 中各工具与菜单命令的综合使用方法,本项目运用的工具和命令比较多, 也是实际工作过程中经常运用的。通过本项目的学习,读者可以掌握制作综合案例的方法。

学习目标

★ 了解户外媒体所包含的内容。
★ 了解剪贴蒙版的应用。
★ 了解包装设计的一般步骤及方法。
★ 熟悉参考线的灵活运用。
★ 掌握利用【自由变换】命令调整图形透视的方法。
★ 掌握为立体图形添加投影和阴影的方法。

任务一 户外媒体广告设计

户外媒体一般包括马路路牌、车站站牌等,通常采用灯箱的形式进行户外媒体发布。此类广告是企业文化传播的主要媒介,灯箱在白天可以起到形象宣传的作用,在晚上灯箱的灯光还可以起到积聚视觉的广告宣传作用。好的户外媒体灯箱广告易于被人们接受,既可为城市增加美丽色彩,又可以为商家带来无法估量的经济效益。

【设计目标】

通过为快餐店设计广告,让读者了解制作户外媒体广告的方法。

【设计效果】

设计的广告画面及在实景中的效果如图 12-1 所示。

图12-1 设计的广告画面及在实景中的效果

【设计思路】

❖ 首先利用各工具和菜单命令设计出广告的画面。

❖ 然后利用【自由变换】命令将画面应用于实景效果中，完成媒体广告设计。

下面主要运用各种工具和菜单命令来设计快餐店广告的画面，然后利用【自由变换】命令将画面应用于实景效果中。

【操作步骤】

（1）新建一个【宽度】为 28.5 厘米、【高度】为 15 厘米、【分辨率】为 150 像素/英寸、【模式】为 RGB 颜色、背景为白色的文件，然后为"背景"图层填充上酒绿色（R:165,G:195,B:30）。

（2）利用 ⒧ 工具和 ⒧ 工具，绘制并调整出如图 12-2 所示的钢笔路径，然后按 Ctrl+Enter 组合键将路径转换为选区。

（3）新建"图层 1"，为选区填充上白色，然后按 Ctrl+D 组合键去除选区。

（4）继续利用 ⒧ 工具和 ⒧ 工具，绘制并调整出如图 12-3 所示的钢笔路径，然后按 Ctrl+Enter 组合键将路径转换为选区。

图12-2　绘制的路径　　　　　　　　　　　　　　图12-3　绘制的路径

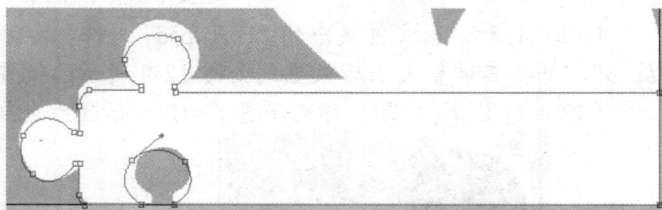

（5）新建"图层 2"，为选区填充上绿色（G:140,B:35），然后按 Ctrl+D 组合键去除选区。

（6）打开素材文件夹中的"牛肉饭.jpg"文件，并将其移动复制到新建的文件中，放置到如图 12-4 所示的位置。

（7）执行【图层】/【创建剪贴蒙版】命令，使用"图层 2"图层中的内容蒙盖"图层 3"中的内容，然后将"图层 3"的【图层混合模式】选项设置为"变暗"模式，更改混合模式后的效果如图 12-5 所示。

> **重要提示**
>
> 　　创建剪贴蒙版图层，可以使用图层的内容来蒙盖它上面的图层。在剪贴蒙版中，最下面的图层叫做基底图层，其作用是充当整个图层组的蒙版。例如，一个图层上可能有某个形状，其上面的图层上可能有纹理，如果将这两个图层定义为剪贴蒙版，则纹理只通过基底图层上的形状显示，并具有基底图层的不透明度。剪贴蒙版中只能包括连续的图层。蒙版中下方的图层名称带下画线，其上面图层的缩览图是缩进的。

图12-4　图片放置的位置　　　　　　　　　　　图12-5　更改混合模式后的效果

（8）打开素材文件夹中的"牛肉饭 01.jpg"文件，然后将其移动复制到新建的文件中生成"图层 4"，并将其放置到画面的右下角位置。

（9）利用 工具和 工具，沿碗的边缘绘制并调整出如图 12-6 所示的钢笔路径，然后按 Ctrl+Enter 组合键将路径转换为选区。

（10）按 Delete 键删除选择的内容，效果如图 12-7 所示，然后按 Ctrl+D 组合键去除选区。

（11）按 Ctrl+T 组合键，为"图层 4"中的内容添加自由变形框，然后将其调整至如图 12-8 所示的形态，按 Enter 键确认图形的变换操作。

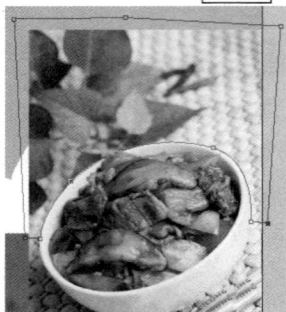

图12-6 绘制的路径　　　　　图12-7 删除后的效果　　　　　图12-8 调整后的图片形态

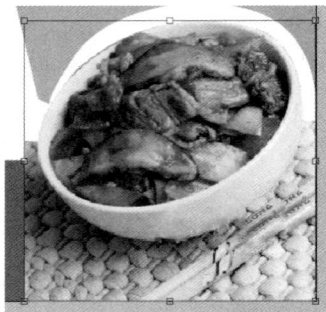

（12）打开素材文件夹中的"可乐.psd"文件，然后将其移动复制到新建的文件中生成"图层 5"，并将其调整大小后放置到如图 12-9 所示的位置。

（13）利用 T 工具，输入如图 12-10 所示的红色（R:230,G:5,B:10）文字。

图12-9 图像放置的位置　　　　　　　　　　图12-10 输入的文字

（14）执行【图层】/【图层样式】/【投影】命令，在弹出的【图层样式】对话框中设置参数如图 12-11 所示。

（15）单击 确定 按钮，添加投影样式后的文字效果如图 12-12 所示。

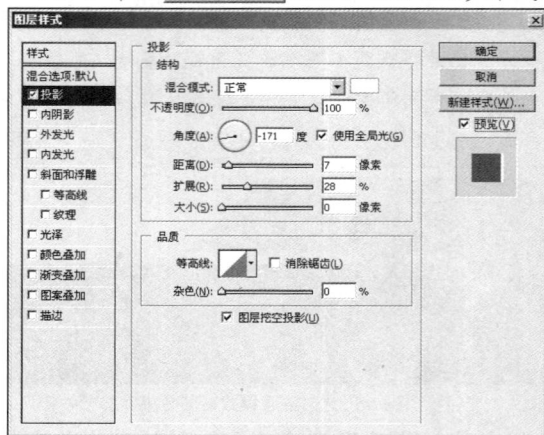

图12-11 【图层样式】对话框　　　　　　图12-12 添加投影样式后的效果

（16）利用 T 工具再输入如图 12-13 所示的绿色（R:15,G:115,B:35）文字。

（17）按 Ctrl+T 组合键为文字添加自由变形框，然后将其调整至如图 12-14 所示的形态，按 Enter 键确认文字的变换操作。

（18）利用 T 工具，输入如图 12-15 所示的紫色（R:123,G: 5,B:153）文字。

图12-13　输入的文字　　　　　　图12-14　调整后的文字形态　　　　　　图12-15　输入的文字

（19）执行【图层】/【栅格化】/【文字】命令，将文字层转换为普通层，然后按住 Ctrl 键，单击文字的图层缩览图添加选区。

（20）选择 工具，激活属性栏中的 按钮，然后在"快餐店"文字周围绘制选区与原选区进行相减，相减后的选区形态如图 12-16 所示，即只为"鲜美"两个字添加选区。

（21）将前景色设置为黑色，背景色设置为紫色（R:123,G:5,B:153）。

（22）选择 工具，在选区内由左上至右下拖曳鼠标，为文字填充线性渐变色，效果如图 12-17 所示，然后按 Ctrl+D 组合键去除选区。

（23）利用 工具绘制矩形选区，将"美"字选中，然后利用 工具将其移动至如图 12-18 所示的位置。

图12-16　相减后的选区形态　　　　　图12-17　填充渐变色后的效果　　　　　图12-18　文字放置的位置

（24）用与步骤（23）相同的方法，将"快餐店"3 个字移动至如图 12-19 所示的位置。

（25）利用 T 工具输入如图 12-20 所示的白色文字。

图12-19　文字放置的位置　　　　　　　　　图12-20　输入的文字

至此，户外媒体广告画面设计完成，整体效果如图 12-21 所示。

（26）按 Ctrl+S 组合键，将文件命名为"户外媒体广告设计.psd"保存。

接下来我们把设计的户外媒体广告画面放置到广告牌图片中，看一下实景效果。

（27）打开素材文件夹中的"广告牌.jpg"文件，如图 12-22 所示。

（28）将保存的"户外媒体广告设计.psd"文件打开，然后按 Shift+Ctrl+Alt+E 组合键盖印图层，生成"图层 6"。

图12-21　设计完成的广告画面

（29）将"图层 6"中的图像移动复制到"广告牌.jpg"文件中生成"图层 1"。

（30）按 Ctrl+T 组合键，为"图层 1"中的图像添加自由变形框，再按住 Ctrl 键，根据广告牌造型将画面调整到适合广告牌，如图 12-23 所示，然后按 Enter 键确认图像的变换操作。

图12-22 打开的图片　　　　　　　　　　　图12-23 调整后的图像形态

（31）按 Shift+Ctrl+S 组合键，将文件另命名为"合成户外广告牌.psd"保存。

【任务小结】

本例主要介绍了户外媒体广告设计。此类广告的设计非常简单，通常要求选用的底图要吸引人，画面中的文字要醒目、突出，给人以强烈的视觉冲击，这样才能起到宣传的作用。

任务二　包装设计

包装设计是指商品及其容器的艺术设计。在进行包装设计时，要根据不同产品的特性和不同消费群体的需求，分别采取不同的艺术处理和相应的印刷制作技术，其目的是向消费者传递准确的商品信息，树立良好的企业形象，同时对商品起到保护、美化和宣传的作用，并提高商品在同类产品中的销售竞争力。优秀的包装设计一般都具有科学性、经济性、艺术性、实用性、民族性等特点。

【设计目标】

通过为蛋糕设计包装盒为例，带领读者学习包装设计的一般方法，包括包装平面展开图的设计和立体效果图的制作。

【设计效果】

设计的平面展开图及立体效果图如图 12-24 所示。

图12-24　设计的平面展开图及立体效果图

【设计思路】

❖　首先根据包装盒的尺寸添加合适的参考线，并根据添加的参考线绘制出平面展开图的基本形态。

❖　然后灵活运用各种工具及菜单命令设计出包装盒的主展面。

❖　再根据主展面及平面展开图的结构，设计出其他面。

❖　最后通过【自由变换】命令对平面展图形中的图形进行透视变形，制作出包装盒的立体效果。

操作一　制作包装平面展开图

下面来学习制作包装盒的平面展开图。在制作之前，首先要设置合适的参考线，用以辅助制作出准确的包装盒平面展开图。

【操作步骤】

（1）新建一个【宽度】为 37.5 厘米、【高度】为 29 厘米、【分辨率】为 150 像素/英寸、【模式】为 RGB 颜色、背景为白色的文件。

（2）按 Ctrl+R 组合键将标尺显示在图像文件中，然后利用【视图】/【新建参考线】命令，在画面水平方向的"1.5 厘米"、"6.5 厘米"、"22.5 厘米"和"27.5 厘米"位置分别添加水平参考线，在垂直方向的"1.5 厘米"、"6.5 厘米"、"19.5 厘米"和"24.5 厘米"位置分别添加垂直参考线，如图 12-25 所示。

（3）为"背景"图层填充深灰色（R:170,G:170,B:170），再利用 ▽ 工具沿着参考线绘制选区，然后新建"图层 1"并为选区填充白色，去除选区后的效果如图 12-26 所示。

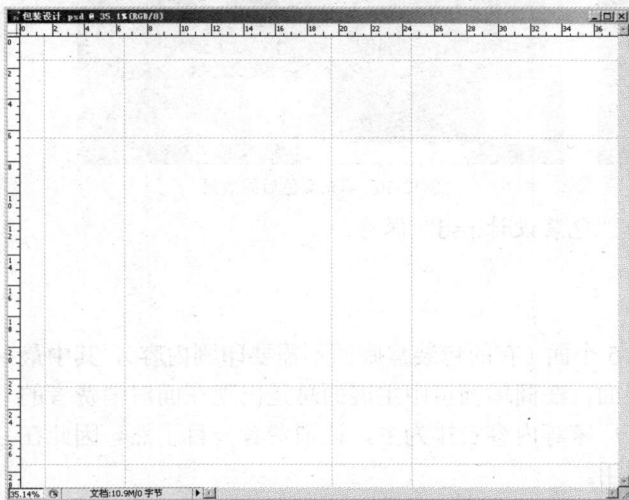

图12-25　添加的参考线

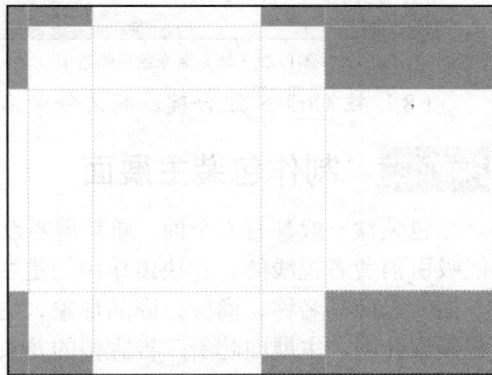

图12-26　填充颜色后的效果

（4）利用 ▽ 工具在侧面图形上下两边的白色图形边角位置绘制选区，并按 Delete 键删除选区，制作出如图 12-27 所示的切口。

（5）选择 ▨ 工具，激活属性栏中的 ▨ 按钮，然后单击属性栏中的 ▬▬▮ 按钮，在弹出的【渐变编辑器】对话框中设置渐变颜色如图 12-28 所示，单击 确定 按钮。

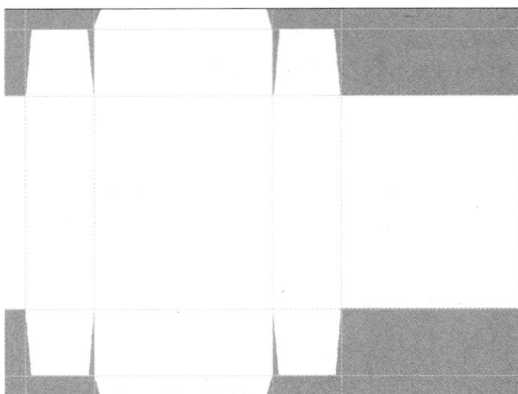

图12-27　制作出的切口

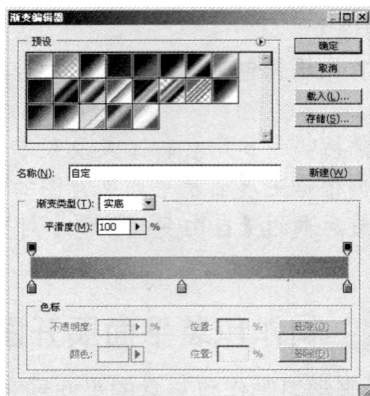

图12-28　【渐变编辑器】对话框

（6）新建"图层 2"，利用 [□] 工具沿着参考线绘制选区，然后为选区填充设置的渐变色，效果如图 12-29 所示。

（7）继续利用 [□] 工具绘制矩形选区，并为选区填充橘红色（R:245,G:115），效果如图 12-30 所示。

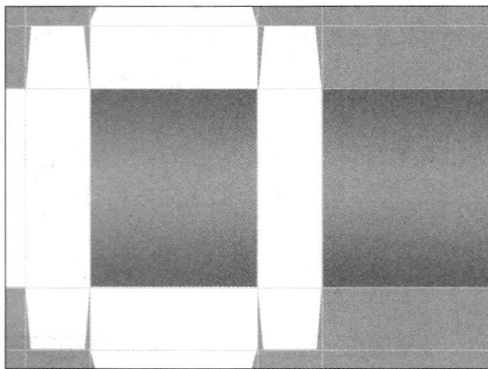

图12-29　填充渐变色后的效果

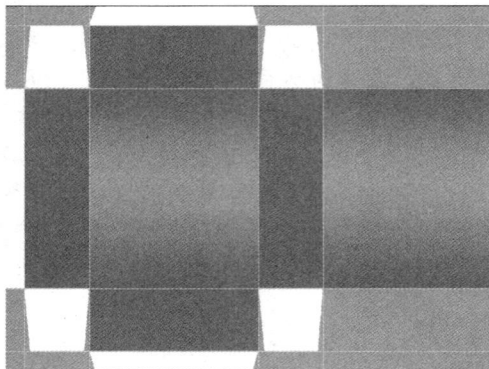

图12-30　填充颜色后的效果

（8）按 Ctrl+S 组合键，将文件命名为"包装设计.psd"保存。

操作二　制作包装主展面

包装盒一般都有 6 个面，通常需要设计 5 个面（有的包装盒底面不需要印刷内容），其中最能吸引消费者视线的、起决定作用的是主展面。在商场橱窗中主展面总是出现在面对消费者的一面，以商品名称、商标、商品形象、生产厂家等内容安排为主，让消费者一目了然。因此在包装设计中，主展面起着广告宣传的龙头作用。

【操作步骤】

（1）接上例。利用 [钢笔] 工具和 [转换点] 工具，绘制并调整出如图 12-31 所示的钢笔路径，然后按 Ctrl+Enter 组合键将路径转换为选区。

（2）新建"图层 3"，为选区填充上淡黄色（R:255,G:230,B:160），然后按 Ctrl+D 组合键去除选区。

（3）打开素材文件夹中的"漩涡.jpg"文件，然后将其移动复制到新建的文件中生成"图层 4"。

（4）按 Ctrl+T 组合键，为"图层 4"中的内容添加自由变形框，并将其调整至如图 12-32 所示的大小及位置，然后按 Enter 键确认图片的变换操作。

（5）执行【图层】/【创建剪贴蒙版】命令，使用"图层 3"层中的内容蒙盖"图层 4"中的内容，效果如图 12-33 所示。

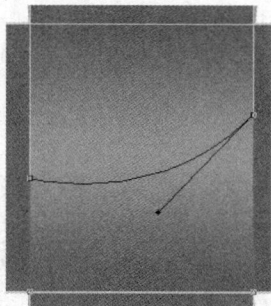

图12-31　绘制的路径　　　　　图12-32　调整后的图片形态　　　　　图12-33　创建剪贴蒙版后的效果

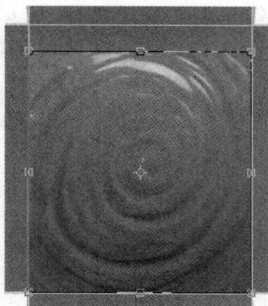

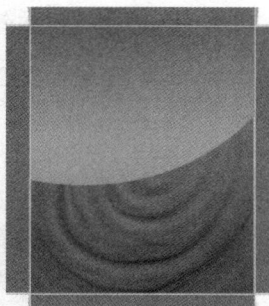

（6）将"图层 4"的【图层混合模式】选项设置为"点光"模式，然后利用 🖋 工具和 ▷ 工具，绘制并调整出如图 12-34 所示的路径。

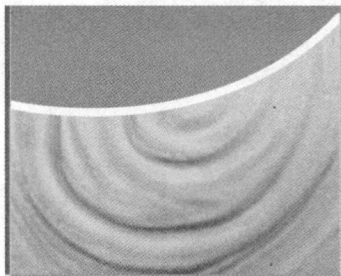

（7）新建"图层 5"，然后将前景色设置为白色。

（8）选择 🖌 工具，在属性栏中设置一个【主直径】为"20 px"，【硬度】为"100%"的画笔笔头，然后单击【路径】面板底部的 ○ 按钮，用画笔描绘路径，隐藏路径后的效果如图 12-35 所示。

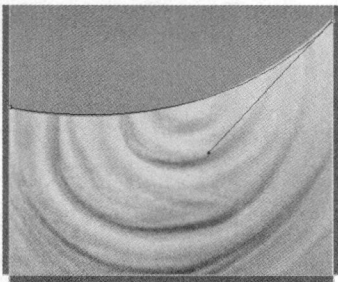

图12-34　绘制的路径　　　　　　　　　　　图12-35　描绘路径后的效果

（9）执行【图层】/【图层样式】/【斜面和浮雕】命令，在弹出的【图层样式】对话框中设置参数如图 12-36 所示。

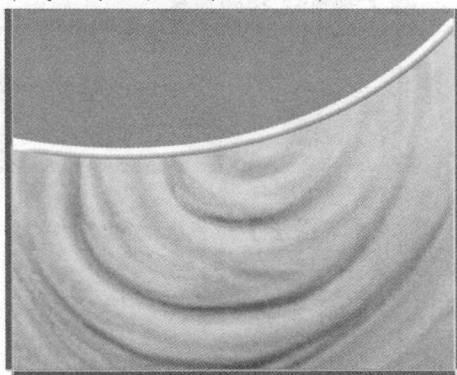

（10）单击 确定 按钮，添加斜面和浮雕样式后的效果如图 12-37 所示。

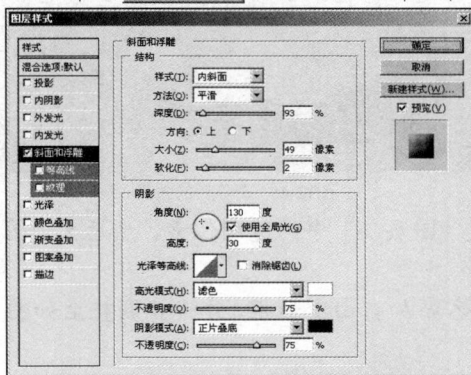

图12-36　【图层样式】对话框　　　　　　　图12-37　添加斜面和浮雕样式后的效果

（11）打开素材文件夹中的"蛋糕.psd"文件，将"图层 1"中的图像移动复制到新建文件中生成"图层 6"，然后将其调整大小后放置到如图 12-38 所示的位置。

（12）执行【图层】/【图层样式】/【投影】命令，在弹出的【图层样式】对话框中设置参数如图 12-39 所示。

（13）单击 确定 按钮，添加投影样式后的效果如图 12-40 所示。

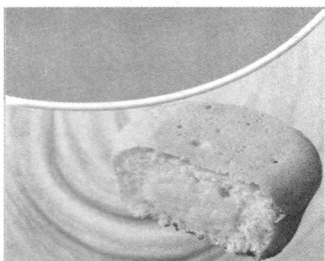

图12-38 图像放置的位置   图12-39 参数设置   图12-40 添加投影样式后的效果

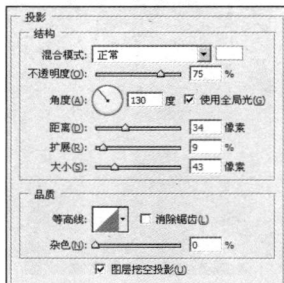

（14）将"蛋糕"文件"图层 2"中的图像移动复制到新建文件中生成"图层 7"，然后将其调整大小后放置到如图 12-41 所示的位置。

（15）执行【图层】/【图层样式】/【投影】命令，在弹出的【图层样式】对话框中设置参数如图 12-42 所示。

（16）单击 确定 按钮，添加投影样式后的效果如图 12-43 所示。

图12-41 图像放置的位置   图12-42 参数设置   图12-43 添加投影样式后的效果

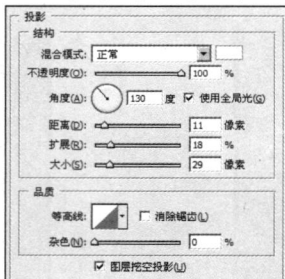

（17）打开素材文件夹中的"笔刷.jpg"文件，然后将其移动复制到新建文件中生成"图层 8"。

（18）选择 工具，在笔刷图形的白色背景上单击添加选区，形态如图 12-44 所示，再按 Delete 键，删除选择的内容，效果如图 12-45 所示，然后按 Ctrl+D 组合键去除选区。

图12-44 添加的选区   图12-45 删除后的效果

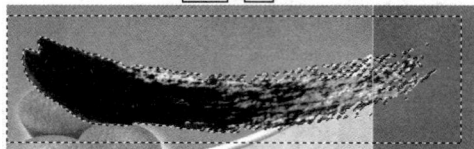

（19）单击【图层】面板上方的 按钮，锁定"图层 8"中的透明像素，然后为"图层 8"中的内容填充上红色（R:255）。

（20）按 Ctrl+T 组合键，为"图层 8"中的内容添加自由变形框，并将其调整至如图 12-46 所示的形态。

（21）利用 T 工具，输入如图 12-47 所示的白色文字。

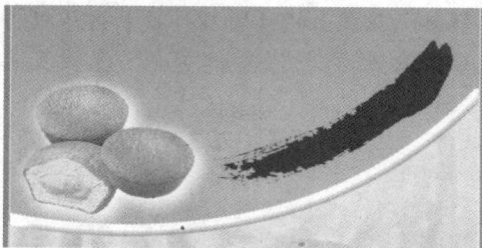

图12-46 调整后的图形形态

图12-47 输入的文字

（22）按 Ctrl+T 组合键，为白色文字添加自由变形框，并将其调整至如图 12-48 所示的形态，然后按 Enter 键确认文字的变换操作。

（23）利用 T 工具，输入如图 12-49 所示的暗红色（R:165）文字。

图12-48 调整后的文字形态

图12-49 输入的文字

（24）执行【图层】/【图层样式】/【混合选项】命令，在弹出的【图层样式】对话框中设置参数如图 12-50 所示。

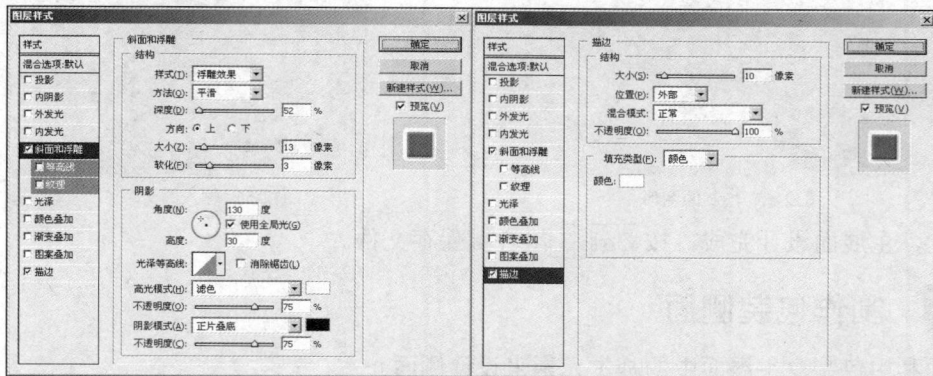

图12-50 【图层样式】对话框

（25）单击 确定 按钮，添加图层样式后的效果如图 12-51 所示。

（26）利用 T 工具，输入如图 12-52 所示的白色英文字母。

图12-51 添加图层样式后的效果

图12-52 输入的英文字母

（27）执行【图层】/【图层样式】/【描边】命令，在弹出的【图层样式】对话框中，将【颜色】设置为黄卡其色（R:198,G:168,B:5），【大小】设置为"3"像素，【位置】设置为"外部"，单击 确定 按钮，描边后的效果如图 12-53 所示。

（28）利用 T 工具，输入黑色的"齐乐美"文字，然后利用【图层】/【图层样式】/【描边】命令为其描绘白色的边缘，效果如图 12-54 所示。

图12-53　描边后的效果

图12-54　输入的文字

（29）新建"图层 9"，利用 工具和 工具，绘制并调整出如图 12-55 所示的白色图形，然后利用 T 工具，在画面的左下角输入如图 12-56 所示的文字。

图12-55　绘制的图形

图12-56　输入的文字

至此，主展面设计完成，按 Ctrl+S 组合键保存文件。

操作三　制作包装侧面

下面利用包装盒主展面中的基本元素来设计侧面。

【操作步骤】

（1）接上例。用操作二中输入文字并添加图层样式相同的方法，在上侧面中依次输入如图 12-57 所示的文字。

（2）打开素材文件夹中的"甜橙.psd"文件，然后将其移动复制到新建文件中生成"图层 10"。

（3）将复制的图片调整大小后放置到包装盒侧面的下方位置，然后将"图层 10"复制生成为"图层 10 副本"，并将复制出的图像放置到另一侧面的下方位置，效果如图 12-58 所示。

图12-57　输入的文字

图12-58　图像放置的位置

（4）将"图层 7"复制生成为"图层 7 副本"，并将复制出的图像调整大小后放置到包装盒侧面的上方位置，然后利用 T 工具和【图层】/【图层样式】/【描边】命令，输入如图12-59 所示的暗红色（R:165）英文字母。

（5）继续利用 T 工具，依次输入如图 12-60 所示的黑色文字。

图12-59　输入的字母

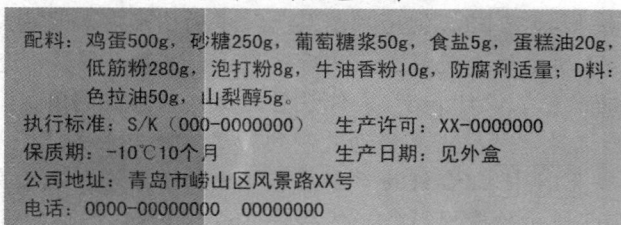

配料：鸡蛋500g，砂糖250g，葡萄糖浆50g，食盐5g，蛋糕油20g，
　　　低筋粉280g，泡打粉8g，牛油香粉l0g，防腐剂适量；D料：
　　　色拉油50g，山梨醇5g。
执行标准：S/K（000-0000000）　　生产许可：XX-0000000
保质期：-10℃10个月　　　　　　　生产日期：见外盒
公司地址：青岛市崂山区风景路XX号
电话：0000-00000000　00000000

图12-60　输入的文字

（6）按 Ctrl+T 组合键为文字添加自由变形框，然后在变形框上内单击鼠标右键，在弹出的快捷菜单中选择【旋转90度（逆时针）】命令，将文字旋转。

（7）将旋转后的文字调整大小后放置到如图 12-61 所示的位置，然后按 Enter 键确认文字的变换操作。

（8）将包装盒主展面中所包含的图层全部选择，再按 Ctrl+Alt+E 组合键盖印图层，并将生成的图层名称修改为"图层 11"，然后将盖印复制出的图形移动到如图 12-62 所示的位置，完成蛋糕包装的设计。

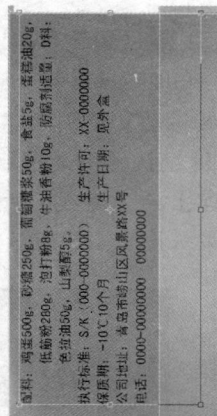

图12-61　文字放置的位置

图12-62　图形放置的位置

（9）按 Ctrl+S 组合键保存文件。

操作四　制作包装立体效果图

下面利用制作完成的包装盒平面展开图来制作包装盒的立体效果图。在制作过程中，读者要掌握【自由变换】命令的灵活运用及对图形进行透视变形的方法。

【操作步骤】

（1）新建一个【宽度】为 25 厘米、【高度】为 18 厘米、【分辨率】为 150 像素/英寸、【模式】为 RGB 颜色、背景为白色的文件。

（2）将前景色设置为紫色（R:50,B:77），背景色设置为灰色（R:209,G:209,B:209），然后利用 ▨ 工具为"背景"图层由上至下填充设置的线性渐变色。

（3）将"包装设计.psd"文件置为工作状态，再将"背景"图层隐藏，然后按 Shift+Ctrl+Alt+E 组合键盖印图层，生成"图层 12"。

（4）利用 ▨ 工具绘制出如图 12-63 所示的矩形选区，将包装的正面选中，然后将其移动复制到新建文件中生成"图层 1"。

（5）按 Ctrl+T 组合键为"图层 1"中的图形添加自由变形框，再按住 Ctrl 键将其调整至如图 12-64 所示的透视形态，然后按 Enter 键确认图形的透视变形操作。

（6）将"包装设计.psd"文件设置为工作状态，利用 ▨ 工具绘制矩形选区，将包装左侧的侧面图形选择，然后将其移动复制到新建文件中生成"图层 2"。

（7）按 Ctrl+T 组合键为"图层 2"中的图形添加自由变形框，再按住 Ctrl 键将其调整至如图 12-65 所示的透视形态，然后按 Enter 键确认图形的透视变形操作。

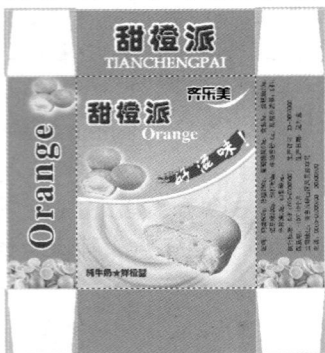

图12-63 绘制的选区　　图12-64 调整后的图形形态　　图12-65 调整后的图形形态

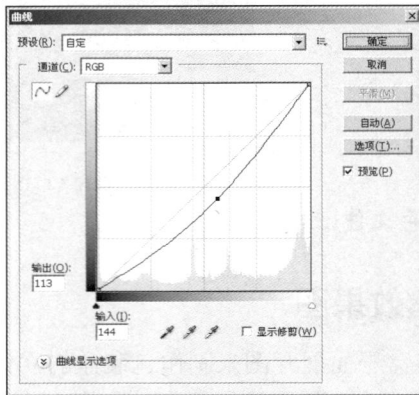

（8）用与步骤（6）～（7）相同的方法，将包装的顶面图形移动复制到新建文件中生成"图层 3"，并将其调整至如图 12-66 所示的形态，然后按 Enter 键确认图形的透视变形操作。

（9）将"图层 2"设置为当前层，按 Ctrl+M 组合键，在弹出的【曲线】对话框中调整曲线形态如图 12-67 所示，然后单击 确定 按钮，调整后的效果如图 12-68 所示。

图12-66 调整后的图形形态　　图12-67 【曲线】对话框　　图12-68 调整后的效果

（10）将"图层 3"设置为当前层，再按 |Ctrl|+|M|组合键，在弹出的【曲线】对话框中的调整曲线形态如图 12-69 所示，然后单击 确定 按钮，调整后的效果如图 12-70 所示。

（11）新建"图层 4"，然后将前景色设置为白色。

（12）选择 ＼工具，激活属性栏中的□按钮，并设置 粗细: 6 px 选项的参数为"6 px"，然后沿包装盒中面和面的结构转折位置绘制出如图 12-71 所示的直线。

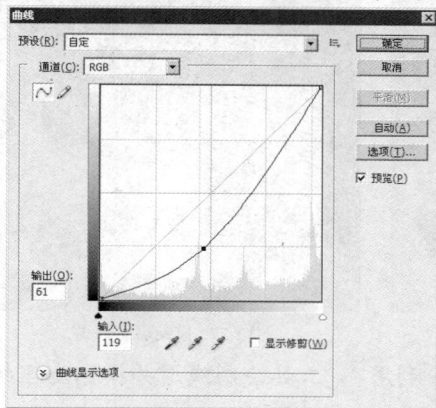

图12-69　【曲线】对话框

图12-70　调整后的效果

图12-71　绘制的直线

（13）执行【滤镜】/【模糊】/【高斯模糊】命令，在弹出的【高斯模糊】对话框中将【半径】选项设置为"7 像素"，单击 确定 按钮，执行【高斯模糊】命令后的效果如图 12-72 所示。

下面来制作包装盒的投影效果。

（14）将"图层 1"复制为"图层 1 副本"，然后执行【编辑】/【变换】/【垂直翻转】命令，将复制的图形垂直翻转，再利用【自由变换】命令将其调整至如图 12-73 所示的形态。

（15）按 |Enter| 键确认图形的调整，然后将该图层的【不透明度】设置为"30%"，再单击 ▣ 按钮为其添加图层蒙版，利用 ▤工具为蒙版填充由黑色到白色的线性渐变色，效果如图 12-74 所示。

图12-72　高斯模糊后的效果

图12-73　复制图形调整的形态

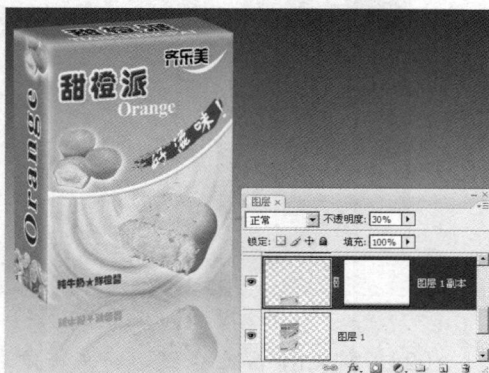

图12-74　编辑蒙版后的效果

（16）用与步骤（14）～（15）相同的方法，制作出侧面图形的投影效果，如图 12-75 所示。

（17）利用 ▨工具，根据包装盒的结构绘制出如图 12-76 所示的阴影区域。

（18）在"背景"图层的上方新建"图层 5"，然后利用 ▤工具为选区填充由黑色到透明的线性渐变色。

（19）执行【滤镜】/【模糊】/【高斯模糊】命令，在弹出的【高斯模糊】对话框中将【半径】选项设置为"7 像素"，单击 确定 按钮，高斯模糊后的效果如图 12-77 所示。

图12-75 制作的投影效果　　　　图12-76 绘制的选区　　　　图12-77 模糊后的效果

（20）新建"图层 6"，然后用与步骤（12）～（13）利用 ＼ 工具绘制线形并模糊处理相同的方法，制作出包装盒下方的阴影效果，如图 12-78 所示。

（21）将"图层 1"～"图层 4"同时选中，按 Ctrl+Alt+E 组合键盖印图层，然后将"图层 5"和"图层 6"分别复制为副本层。

（22）将盖印图层及复制出的"图层 5 副本"和"图层 6 副本"同时选中，并向右移动位置，然后按住 Ctrl 键单击盖印图层的图层缩览图，加载选区。

（23）单击 ⊘. 按钮，在弹出的下拉列表中选择【色相/饱和度】命令，在弹出的【色相/饱和度】对话框中将【饱和度】选项的参数设置为"–20"，单击 确定 按钮，调整后的效果如图 12-79 所示。

图12-78 制作的阴影　　　　　　　　图12-79 调整后的效果

（24）按 Ctrl+S 组合键，将文件命名为"包装立体效果图.psd"保存。

【任务小结】

本例主要介绍了蛋糕的包装盒设计，包括平面展开图和立体效果图的制作。在制作包装盒的立体效果时，要注意【自由变换】命令的灵活使用，此命令在实际工作中经常用到，希望读者能将其掌握。另外，读者需要深刻理解物体在光源的照射下所表现出来的不同明暗区域，这样才能绘制出更加逼真的立体效果。

实训一　POP 广告设计

【实训要求】

灵活运用图层、图层蒙版、调整层及【图层样式】命令设计海风冰箱的 POP 广告画面，设计完成的 POP 广告及实际中的展架效果如图 12-80 所示。

【操作步骤】

（1）新建文件后，利用图层蒙版将"苹果"图像合并到新建文件中，然后将"冰箱"图像移动复制到新建文件中并制作出倒影效果。

（2）绘制圆形图形，然后输入相应的文字，完成 POP 广告画面的制作。

（3）将制作完成的广告画面合并图层，然后移动复制到"展架"文件中，并利用【自由变换】命令将其调整至合适的透视角度即可。

图12-80　设计完成的 POP 广告及展架效果

实训二　墙面电视广告设计

【实训要求】

灵活运用【蒙版】及【自由变换】命令，设计如图 12-81 所示的墙面电视广告。

图12-81　设计完成的墙面电视广告

【操作步骤】

（1）依次打开素材文件夹中的"电视.jpg"、"大海.jpg"和"墙面.jpg"文件。

（2）利用【蒙版】合成图像的技巧，将电视机图片与大海图片进行合成，合成后的效果如图 12-82 所示。

（3）利用 ▅ 工具在画面的顶部位置填充上由绿色（R:41,G:147,B:150）到透明的渐变色，效果如图 12-83 所示。

图12-82 合成后的画面效果

图12-83 画面上边缘填充渐变色后的效果

（4）最后利用 T 工具在画面中输入编排文字内容。

实训三 酒店包装盒设计

【实训要求】

综合运用各种工具，制作如图 12-84 所示的包装盒顶面和卡片图形，然后再制作如图 12-85 所示的包装效果。

图12-84 设计的包装盒顶面及卡片图形

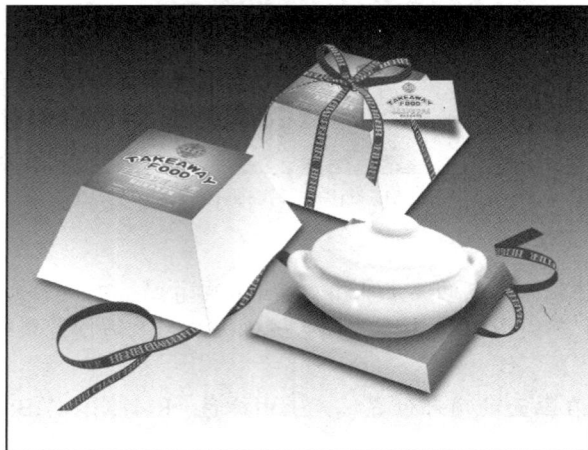

图12-85 制作的包装效果

【操作步骤】

（1）先制作包装盒的顶面。利用 工具在背景填充由紫色（R:144,G:58,B:165）到白色的渐变色。

（2）打开素材文件夹中的"双鱼图案.jpg"文件，将图案选取后复制到制作包装的文件中，然后利用基本编辑工具和命令制作出商标图形。

（3）利用 T 工具在画面中输入编排文字内容，其中大的英文字母是利用文字的变形命令制作的，如图 12-86 所示。

图12-86　输入文字后的效果

> **重要提示**　　画面中的白色虚线矩形框，是利用路径的描绘功能及设置为虚线型状的画笔笔头描绘出来的。

（4）包装外壳的制作过程示意图如图 12-87 所示。

利用【自由变换】命令对顶图图形进行调整

绘制选区填充渐变色制作立体效果

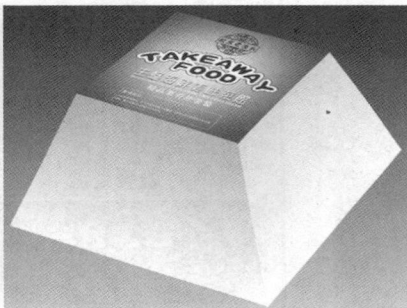

图12-87　包装外壳的制作过程示意图

（5）包装底座的制作过程示意图如图 12-88 所示。

图12-88　包装底座的制作过程示意图

小结

本项目主要介绍了户外媒体广告与包装盒的设计制作。这类设计在实际工作中经常用到，希望读者能将其掌握。

习题

操作题

1. 灵活运用图层蒙版制作地产广告画面，然后利用【自由变换】命令将其运用到实景效果中，设计的地产广告画面及实景效果如图 12-89 所示。

图12-89 设计的地产广告画面及候车亭广告效果

2. 灵活运用选区工具、路径工具及文字工具设计包装展开图，然后灵活运用【自由变换】命令，设计出包装的立体效果图，其平面展开图及立体效果图如图 12-90 所示。

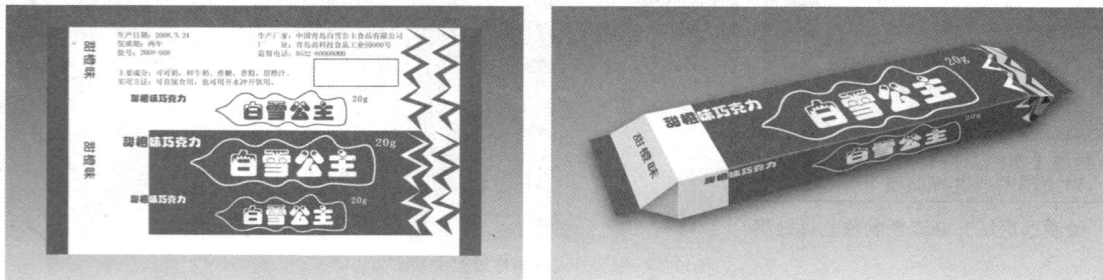

图12-90 设计的包装平面展开图及立体效果图

3. 灵活运用选区工具及【自由变换】命令，将素材图片制作出书籍装帧效果，原素材图片及制作的书籍效果如图 12-91 所示。

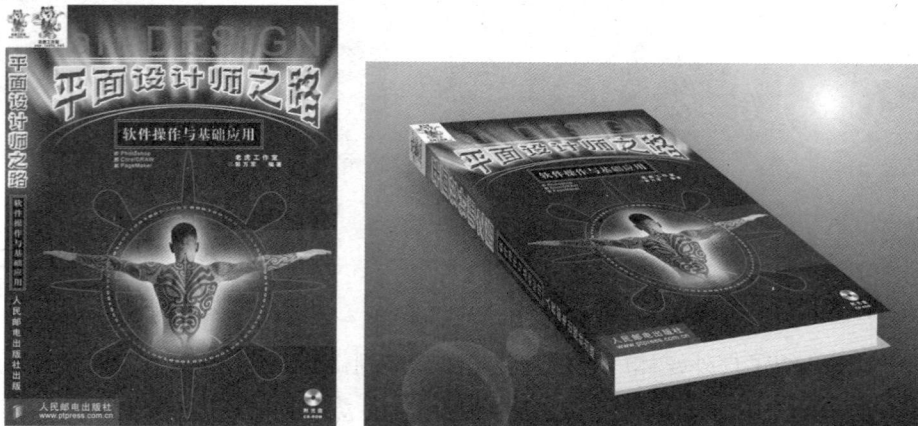

图12-91 原素材图片及制作的书籍效果

附录 A　常用文件格式

本附录介绍几种常用的文件格式，并对其存储信息情况、应用范围和优缺点进行简介，如表 A1 所示，读者在遇到相关的文件时可以方便查阅。

表 A1　　　　　　　　　　常用文件格式简介、应用范围及优缺点

格式名称	文件格式简介	应用范围及优缺点
AI	AI 是一种矢量图形格式，在 Illustrator 中经常用到，它可以把 Photoshop 中的路径转化为"*.AI"格式，然后在 Illustrator、CorelDRAW 中打开并对其进行颜色和形状的调整	可以在各软件之间使文件进行相互转换
BMP	BMP 格式是微软公司软件的专用格式，也是 Adobe Photoshop 最常用的点阵图格式之一，支持多种 Windows 和 OS/2 应用程序软件，支持 RGB、索引颜色、灰度和位图颜色模式的图像，但不支持 Alpha 通道	最通用的图像文件格式之一，可在大部分软件中调用。但 BMP 格式产生的文件较大
EPS	EPS 格式是由 Adobe 公司专门为存储矢量图形而设计的，在 Photoshop 中打开由其他应用程序创建的矢量 EPS 文件时，Photoshop 会对此文件进行栅格化，将矢量图转换为位图	可使文件在各软件之间进行相互转换。常用于在 PostScript 输出设备上打印
GIF	GIF 格式的文件是 8 位图像文件，几乎所有的软件都支持该格式。它能存储成背景透明化的图像形式，所以这种格式的文件大多用于网络传输和展示上，并且可以将多张图像存成一个档案，形成动画效果	GIF 格式产生的文件较小，但它最大的缺点是只能处理 256 种色彩
JPEG	JPEG 格式也是网络流通中最常用的格式之一，是所有压缩格式中最卓越的。虽然它是一种有损失的压缩格式，但是在图像文件被压缩前，用户可以在文件压缩对话框中选择所需图像的最终质量，这样就可以有效地控制 JPEG 在压缩时的数据损失量。JPEG 格式支持 CMYK、RGB 和灰度颜色模式的图像，不支持 Alpha 通道	它能保留图像的颜色信息，可通过选择性地去掉数据来压缩文件。生成的文件较小
PDF	PDF 格式是一种电子文本格式，常用于 Adobe Acrobat 软件。Adobe Acrobat 是 Adobe 公司用于 Windows、Mac OS、UNIX(R)和 DOS 系统的一种电子出版软件。PDF 文件可以包含矢量图和位图图形，还可以包含电子文档查找和导航功能，如电子链接。PDF 格式支持 RGB、CMYK、索引颜色、灰度、位图和 Lab 颜色模式，不支持 Alpha 通道。PDF 格式支持 JPEG 和 ZI 压缩，但位图模式文件除外。位图模式文件在存储为 Photoshop PDF 格式时采用 CCITT Group4 压缩	PDF 格式常用于制作电子读物，如电子说明书、电子小说和产品介绍等。在 Photoshop 中打开其他应用程序创建的 PDF 文件时，Photoshop 会对文件进行栅格化
PICT	PICT 格式支持带一个 Alpha 通道的 RGB 文件和不带 Alpha 通道的索引颜色、灰度、位图文件。PICT 格式对于压缩具有大面积单色的图像非常有效。对于具有大面积黑色和白色的 Alpha 通道，这种压缩效果也非常明显	PICT 格式广泛用于 Macintosh 图形和页面排版程序中，是作为应用程序传递文件的中间格式
PNG	PNG 格式可以使用无损压缩方式压缩文件，支持带一个 Alpha 通道的 RGB 颜色模式、灰度模式及不带 Alpha 通道的位图、索引颜色模式。它产生的透明背景没有锯齿边缘，但是一些较早版本的 Web 浏览器不支持 PNG 格式	主要用于网络传输和展示。但一些较早版本的 Web 浏览器可能不支持 PNG 图像

格式名称	简介	常用范围及优缺点
PSD	PSD 格式是 Photoshop 的专用格式，它能保存图像数据的每一个细节，如图像的层、各图层中的效果和相互关系、通道等许多信息，便于对单独的层进行修改和制作各种特效。它还可以存储成 RGB 或 CMYK 色彩模式，也能自定义颜色数目进行存储。另外，由于 Adobe 产品之间是紧密集成的，因此其他 Adobe 应用程序（如 Illustrator、InDesign、Premiere、After Effects、GoLive 等）可直接导入 PSD 文件并支持许多 Photoshop 功能	在用户未完成图像处理任务前，PSD 格式是一种最常用的存储格式，它可以较好地保存图像信息。其唯一的缺点是存储的图像文件特别大
TGA	TGA 格式也是较常见的图像格式之一。MS-DOS 色彩应用程序普遍支持 TGA（Targa）格式，该格式支持带一个 Alpha 通道 32 位 RGB 文件和不带 Alpha 通道的索引颜色、灰度、16 位和 24 位的 RGB 文件。存储 RGB 图像为这种格式时，可以选择像素深度	TGA 格式专用于使用 Truevision（R）视频的系统
TIFF	TIFF 格式是最常用的图像文件格式，它既在 MAC 上使用，也可以在 PC 上使用。这种格式的文件是以 RGB 的全彩色模式存储的，在 Photoshop 中可支持 24 个通道的存储，TIFF 格式是除了 Photoshop 自身格式外唯一能存储多个通道的文件格式，还可存储注释和透明度等数据，最大文件可达 4GB，但大多数应用程序不支持文件大小超过 2GB 的文档	TIFF 格式实际上被所有绘画、图像编辑和页面排版应用程序所支持，而且几乎所有桌面扫描仪都可以生成 TIFF 图像。所以 TIFF 格式常用于在应用程序之间和计算机平台之间交换文件

附录 B Photoshop CS3 快捷键

掌握好 Photoshop CS3 中的快捷键，可以提高工作效率。希望读者能将其熟练掌握。各工具和命令的快捷键如表 B1 所示。

表 B1　　　　　　　　Photoshop CS3 中各工具和命令的快捷键

工具按钮			
工具	快捷键	工具	快捷键
矩形、椭圆选框工具	M 或 Shift+M	移动工具	V 或 Shift+V
套索、多边形套索、磁性套索工具	L 或 Shift+L	快速选择工具、魔棒工具	W 或 Shift+W
裁剪工具	C	切片、切片选择工具	K 或 Shift+K
污点修复画笔、修复画笔、修补和红眼工具	J 或 Shift+J	画笔、铅笔、颜色替换工具	B 或 Shift+B
仿制图章、图案图章工具	S 或 Shift+S	历史记录画笔、历史记录艺术画笔工具	Y 或 Shift+Y
橡皮擦、背景橡皮擦、魔术橡皮擦工具	E 或 Shift+E	渐变、油漆桶工具	G 或 Shift+G
模糊、锐化、涂抹工具	R 或 Shift+R	减淡、加深、海绵工具	O 或 Shift+Q
路径选择、直接选择工具	A 或 Shift+A	横排、直排、横排蒙版、直排蒙版文字工具	T 或 Shift+T
钢笔、自由钢笔工具	P 或 Shift+P	直线和各种形状工具	U 或 Shift+U
注释、语音注释工具	N 或 Shift+N	吸管、颜色取样器、标尺、计数工具	I 或 Shift+I
抓手工具	H	缩放工具	Z
临时使用移动工具	Ctrl	临时使用抓手工具	空格
默认前景色和背景色	D	交换前景色和背景色	X
切换标准模式和快速蒙版模式	Q	设置画笔笔头大小	[或]
标准屏幕模式、最大化屏幕模式、带有菜单栏的全屏模式、全屏模式	F		

文件操作			
工具	**快捷键**	**工具**	**快捷键**
新建文件	Ctrl+N 或 Ctrl+Alt+N	打开文件	Ctrl+O
浏览文件	Alt+Ctrl+O	打开为	Alt+Shift+Ctrl+O
关闭	Ctrl+W	关闭全部	Alt+Ctrl+W
关闭并转到 Bridge	Shift+Ctrl+W	存储	Ctrl+S
存储为	Shift+Ctrl+S	存储为 Web 和设备所用格式	Alt+Shift+Ctrl+S
恢复	F12	文件简介	Alt+Shift+Ctrl+I

编辑操作			
工具	**快捷键**	**工具**	**快捷键**
页面设置	Shift+Ctrl+P	打印	Ctrl+P
打印一份	Alt+Shift+Ctrl+P	退出	Ctrl+Q
还原/重做	Ctrl+Z	前进一步	Shift+Ctrl+Z
后退一步	Alt+Ctrl+Z	渐隐	Shift+Ctrl+F
剪切	Ctrl+X	拷贝	Ctrl+C
合并拷贝	Shift+Ctrl+C	粘贴	Ctrl+V
贴入	Shift+Ctrl+V	填充	Shift+F5 或 Shift+BackSpace
填充前景色	Alt+Delete 或 Alt+BackSpace	填充背景色	Ctrl+Delete 或 Ctrl+BackSpace
自由变换	Ctrl+T	再次变换自由变换过的图像	Ctrl+Shift+T
再次变换图像并复制	Ctrl+Shift+Alt+T	删除选区中的图像或选取的路径	Delete
颜色设置	Shift+Ctrl+K	键盘快捷键	Alt+Shift+Ctrl+K
菜单设置	Alt+Shift+Ctrl+M	首选项	Ctrl+K

图像调整			
工具	**快捷键**	**工具**	**快捷键**
打开【色阶】调整对话框	Ctrl+L	自动调整色阶	Shift+Ctrl+L
自动调整对比度	Alt+Shift+Ctrl+L	自动调整颜色	Shift+Ctrl+B
打开【曲线】调整对话框	Ctrl+M	打开【色彩平衡】调整对话框	Ctrl+B
打开【黑白】调整对话框	Alt+Shift+Ctrl+B	打开【色相/饱和度】调整对话框	Ctrl+U
去色调整	Shift+Ctrl+U	反相调整	Ctrl+I
图像大小调整	Alt+Ctrl+I	画布大小调整	Alt+Ctrl+C

图层操作

工具	快捷键	工具	快捷键
从对话框新建图层	Shift+Ctrl+N	以默认选项建立图层	Alt+Shift+Ctrl+N
通过拷贝建立图层	Ctrl+J	通过剪切建立图层	Shift+Ctrl+J
将背景层转换为普通层	Alt+双击背景层	创建剪贴蒙版	Alt+Ctrl+G
图层编组	Ctrl+G	取消图层编组	Shift+Ctrl+G
合并图层	Ctrl+E	合并可见图层	Shift+Ctrl+E
置为顶层	Shift+Ctrl+]	前移一层	Ctrl+]
后移一层	Ctrl+[	置为底层	Shift+Ctrl+[
激活最上层	Alt+[	激活最下层	Alt+]
从上往下加选择图层	Alt+Shift+[	从下往上加选择图层	Alt+Shift+]
调整图层的透明度	0~9		

选择操作

工具	快捷键	工具	快捷键
全部选择	Ctrl+A	取消选择	Ctrl+D
重新选择	Shift+Ctrl+D	反向选择	Shift+Ctrl+I
选择除背景层外的所有图层	Alt+Ctrl+A	羽化选择	Alt+Ctrl+D
调整边缘	Alt+Ctrl+R	将路径转换为选区	Ctrl+Enter
载入选区	Ctrl+单击图层、通道或路径缩览图		
载入选区与已有选区相加	Shift+Ctrl+单击图层、通道或路径缩览图		
载入选区与已有选区相减	Alt+Ctrl+单击图层、通道或路径缩览图		
载入选区与已有选区相交	Alt+Shift+Ctrl+单击图层、通道或路径缩览图		

滤镜菜单

工具	快捷键	工具	快捷键
重复上次滤镜操作	Ctrl+F	重复上次滤镜命令（弹出对话框）	Alt+Ctrl+F
抽出	Alt+Ctrl+X	液化	Shift+Ctrl+X
图案生成器	Alt+Shift+Ctrl+X	消失点	Alt+Ctrl+V

续表

视图菜单			
工具	快捷键	工具	快捷键
以 CMYK 方式预览开关（校样颜色）	Ctrl+Y	打开/关闭色域警告	Shift+Ctrl+Y
放大视图	Ctrl++	缩小视图	Ctrl+-
按屏幕大小缩放	Ctrl+0	实际像素显示	Alt+Ctrl+0
显示/隐藏额外内容（选择区域、参考线等）	Ctrl+H	显示/隐藏路径	Shift+Ctrl+H
显示/隐藏网格	Ctrl+'	显示/隐藏参考线	Ctrl+;
显示/隐藏标尺	Ctrl+R	对齐	Shift+Ctrl+;
锁定参考线	Alt+Ctrl+;	显示单色通道或 Alpha 通道	Ctrl+数字
显示复合通道	Ctrl+~	分析/记录测量	Shift+Ctrl+M
窗口菜单			
工具	快捷键	工具	快捷键
显示/隐藏动作面板	Alt+F9	显示/隐藏画笔面板	F5
显示/隐藏图层面板	F7	显示/隐藏信息面板	F8
显示/隐藏颜色面板	F6	显示/隐藏工具箱以外的所有面板	Shift+Tab
显示/隐藏除标题栏、菜单栏外的所有面板及工具箱和属性栏	Tab		